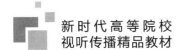
新时代高等院校
视听传播精品教材

视频写作实务

阿忆 / 著

A PRACTICAL
GUIDE TO WRITING
IN VIDEO PRODUCTION

中国国际广播出版社

图书在版编目（CIP）数据

视频写作实务 / 阿忆著. —北京：中国国际
广播出版社，2023.6
ISBN 978-7-5078-5350-6

Ⅰ.①视… Ⅱ.①阿… Ⅲ.①字幕－视频制作
Ⅳ.①TN948.4

中国国家版本馆CIP数据核字（2023）第112532号

视频写作实务

著　　者	阿　忆	
责任编辑	万晓文	
校　　对	张　娜	
版式设计	陈学兰	
封面设计	赵冰波	

出版发行	中国国际广播出版社有限公司 ［010–89508207（传真）］
社　　址	北京市丰台区榴乡路88号石榴中心2号楼1701
	邮编：100079
印　　刷	环球东方（北京）印务有限公司

开　　本	787×1092　1/16
字　　数	230千字
印　　张	15.5
版　　次	2023 年 6 月 北京第一版
印　　次	2023 年 6 月 第一次印刷
定　　价	68.00 元

说在前面的话

20 世纪 30 年代，英国纪录片大师约翰·格里尔逊（John Grierson）率先在非虚构影片中使用画外音（Voice-over），使电影告别了默片时代。但是 20 世纪 50 年代，受众对格里尔逊式的片子渐渐失去了兴趣，电影纪录片反其道而行之，通篇没有一句旁白，这便是法国的"真实电影"（Cinéma vérité）和美国的"直接电影"（Direct Cinema）。

没过多久，人们发现这样不行，太绝对了。

此间，恰逢电视广播骤然崛起，在胶片极其珍贵的情况下，日复一日的媒介信息多是通过口播方式发布。这无疑是荧屏中最无趣的节目，不过是给收音机广播加上了图像，但它促成了电视写作的最初探索。只是此时的电视写作与收音机广播的写作没有什么差异，与纸媒写作也颇有些相似。

为电视写作带来巨大变化的是 20 世纪 70 年代，磁带摄录机取代了胶片摄影机，其素材带中有两个声道：一声道记录各类同期声（Sound Bite），二声道在后期制作中用来配乐和配解说词（Narration）。由于多种视听元素能够便利地交汇发挥作用，满堂灌式的口播文稿不再适用，旁白不得不适应它所面临的新环境，服从技术改变带来的新规律。

渐渐地，电视写作成了一门学问，变成专业知识。

在美国，几乎所有招聘新闻制作人的广告中都有一项不尽相同的要求，"必须擅长写作""过硬的写作技能是必备条件""必须有过硬的写作功底"。这也可以看出，电视撰稿人不一定是一个专门职业，记者和后期编辑都可能要为自己的作品撰写文稿。除非是具有高度专业性内容的节目，或是对文稿质量要求极高的视频，比如近年兴起的群言视频中的幽默演讲稿，自己写不好，才委托专职撰稿人来完成。事实上，视听行业中也确实存在着一支专业撰稿人队伍，笔者就是其中一员。如果记者仅仅是信息收集者，编辑只负责机上技术操作，都不参与最后的成稿写作，那么职业撰稿人就要负责组织信息，与前两者商议着完成写作。

在电视广播行业，视频写作不光被视为一个技术工种，更是被看作一种关乎社会进退的引导力量。对于电视撰稿人的社会价值，美国的利利基金会（Lilly Endowment Inc.）曾在公布电视创作奖的宣传单上说过这样一段话：

> 电视撰稿人有着巨大的影响力，电视屏幕上所反映的种种价值观念都源于他或她的头脑、内心和灵魂。教育家、牧师和政治家也很少有一个电视撰稿人的道德力量。这赋予电视撰稿人令人敬畏的责任，但也给了改进他或她的同胞的价值观念的极大机会。[①]

的确，电视撰稿人会为自己能够直接参与社会问题的疏解而感到荣幸，并因自己能为人类思想进步作出贡献而获得满足，世上没有多少职业能让人通过日常工作就实现如此伟大的梦想。

电视撰稿人也有其难处，他不仅是在为个人和具有相对共同点的小群体写作，他是在为相同点极少的大多数陌生人同时写作，这使他总是面临着来自受众市场的巨大压力。为此，为环球影视中心提供系列片的芭芭拉·道格拉斯（Barbara Douglas）曾在《女性与媒介业》（*Media Report to Women*）一文中提示说，撰稿人完全可以通过适当的妥协，创造出既有极大商业价值又不至于出卖灵魂的文稿。她深情地写道："我希望前程远大的年轻人能正视这样一个狭窄的妥协余地，不要为了赚钱而去做低级的模仿，也不要自命清高，只管写一些让影视制作人员逃之夭夭的阳春白雪。"[②]

撰稿人面临的这些考验，都需在学习电视写作阶段得以确认，并获得自如应对它们的基本知识。

要说明的是，数码媒介时代的视频写作和传统媒介时代的电视写作相似度比较大。本书称之为"视频写作"，主要是为了适应新时代的认知习惯，书中除了有许多纯粹的视频写作案例，同时充斥着大量电视写作范例，当年的技巧和经验今天仍有教益，并不过时。所以，本书所说的"视频写作"概念是电视写作和新型视频写作的合体，但重点是后者。

在学习视频写作之前，你可能已经从小学到大学上了 10 年写作课，但是请注意，你学习的是纸媒写作，使用的是标准书面语，那是一种辞藻丰富、句法严格、

---

① 赫利尔德.电视、广播和新媒体写作［M］.谢静，等译.北京：华夏出版社，2002：382.
② 赫利尔德.电视、广播和新媒体写作［M］.谢静，等译.北京：华夏出版社，2002：382.

标点符号规范的语言。这与电子媒介写作相去甚远。视频写作范式，既是对传统写作要领的继承延续，又必须符合视听媒介传播的基本规律。因此，相应的文字基础和写作功力要有，但更重要的是适应视频制作的特殊需要。

阅读这本书，可以帮助你了解视频写作和纸媒写作的区别，这非常重要。

这里首先要感谢出版社和责任编辑，为了让读者看到真正的视频撰稿词，能破例放弃书面语的编辑标准，保留笔者引文段落中主语错乱的病句和看上去实在不应该的标点符号用法。视频文稿结合画面后，同一段落的主语是可以更换的，否则它们形成的综合语言会生硬死板。而视频文稿中的标点符号，并不是短句的区隔，它们是断句的标记，诵读者只有在标出逗号的地方停顿，才能在语气上显得亲近而生活化。

由于不是书面语，视频解说词看上去很简单，但这并不是说写好解说词很容易。实际上，写好视频解说词，要比写好纸媒文稿付出更多的心血。它不再是写作者独往独来的专权创作，撰稿人必须与他人配合，甚至听命于人，却又要形成个人特色。视频中的语言文字也不能再像口播时代那样独控全篇，它不得不与其他视听要素协调，时而显现，时而让位，必须精心把握分寸。

本书研习的视频写作内容限定在非虚构范畴，只会涵盖以下方面。

1. 视频构架

2. 标题

3. 导语

4. 播音员、主播、出镜记者、主持人的串词

5. 出镜记者和主持人的提问关键词和重点应对词

6. 解说词

7. 主题歌词

8. 字幕和字标

也就是说，凡是非虚构视频中需要用文字表达的部分，均属视频写作的内容。

本书与同类教材最大的不同是，彻底抛弃了以视频品种划分章节而后分门别类讲述写作要领的机械方式，改由视频写作的三大状况、四大及格线、三大优秀标准结构出全书的十章。笔者的理由是，无论是视频新闻，还是视频专题片，抑或是视频广告，它们要遵循的写作原则和要达到的写作水准都是完全一样的。与其说在视频新闻一章谈到行文要简洁，又在视频广告一章中谈到同样的问题，不如设一章专谈简洁，要求所有视频类型的行文都要做到简洁。

1988 年，印第安纳大学、南加利福尼亚大学、马里兰大学的新闻学师生对美国

三大广播公司晚间新闻节目三位主播 11 天的新闻稿进行抽样，以正确（Correct）、清晰（Clear）、简洁（Concise）、口语化（Conversational）为指标，分析后做出评估，这便是视听写作的 4C 合格标准。

这次评估的结论是，三位主播的写作水平均属上乘，但他们也有缺陷。

美国广播公司（ABC）主播彼得·爱华特·詹宁斯（Peter Ewart Jennings）得分最高。他亲自撰写四分之三的文稿，但他在文稿中注入太多倾向性观点，对新闻内容做出过多解释和评论。得分居第二位的是美国全国广播公司（NBC）主播汤姆·布罗考（Tom Brokaw）。他亲自撰写一半文稿，认为"记者不能认为他们自己比他们报道的新闻更重要"。其思路清楚、文笔流畅，但经常在一个句子中注入太多信息。在 1987 年 2 月 18 日播出的新闻中，他写出这样一句话，"AAMCO 传送公司今天同意向 14 个州付款 50 万美元以消除数以百计的顾客的抱怨"。电视新闻是禁用长句的，但布罗考的长句颇多，听起来有些吃力。得分最低的是哥伦比亚广播公司（CBS）主播丹·拉瑟（Dan Rather）。他会亲自撰写近一半文稿，其中总是让人感觉他在说"请注意我"，而不是"请注意现在这些画面"。①

视频产品就是这样，总是难免遗憾，即使电视广播史上如此伟大的主播，也会暴露缺陷。换句话说，视频写作的训练是力争完美，但完美很难实现，我们的一切努力都是接近完美。

笔者用正确、清晰、简洁、口语化构成本书中最重要的四章，无论是哪种视频类型，都必须首先做到这四点以达到及格水平，然后向有趣、感人、思想性三大章中的高标准努力。这七章是本书的重中之重。

要知道，创造力是在书本上和在课堂上学不到的，它是天赋和长期经验融汇而成的产物。本书的功能，只是详解视频撰稿人必须掌握的技术奥秘，就像画廊传授透视、用笔、调色、构图的基本技能。这些不一定能带来创造力，但创造力肯定要以这些技能为基础。

读到此，可以翻过这一页，开始阅读本书了。

阿忆

2023 年 3 月 1 日

于北京大学新闻与传播学院

---

① 赵平. 美国三大新闻节目主持人的新闻写作评估［J］. 新闻与写作，1991（8）：18-19.

目录

第一章
视频写作与视频的关系

本章提要：研习视频写作前，我们首先要通过视频文字能否独立成篇、视频撰稿与视频采编的工作次序这两个话题，了解视频写作在不同类型的视频作品中能发挥怎样的作用。继而，我们要关注视频元素的多样性问题，弄懂为什么视频文字语言是用来听的，为什么要用同期声强化现场感，为什么画面语言是视频传播的核心，什么是大容量传播。在此前提下，我们探讨旁白与画面的三种关系，理解文字语言与画面语言相互配合的常识。最后是本章落点，明确文字语言的弱点，懂得当文字创作失去了独立性时，创作者应该持有怎样的心态。

起首这一章，旨在解决视频写作在视频摄制和视频成品中的地位问题，这个认知会直接决定我们的视频写作理念和视频写作质量。

一、视频文字能否独立成篇？

对这个问题的理解，可以十分有效地帮助我们认识视频写作在视频产品中的地位和功能。视频文字究竟能不能独立成篇，学界早就有了定论。学者温化平在《电视节目解说词写作》中开宗明义：除了画面语言，最吸引人的就是听觉语言。但她随即指出，"解说词作为电视记录性节目的重要组成部分，无论从哪个角度分析，它都不是也不可能是一个完整的文学体裁，一种单纯的语言艺术"，它不可能独立存在。[①] 温化平的这本书，是研究电视文字语言的第一本专著，于 1988 年出版。她

---

① 温化平.电视节目解说词写作［M］.北京：北京广播学院出版社，1988：前言.

的论断从此被学界业界普遍接受。不过，笔者并不完全赞同。

在多一半的电视节目中，文字语言确实不能独立成篇。我们以 2023 年 1 月 14 日中央电视台《新闻联播》栏目"新春走基层"单元播出的《老周的浪漫出租车》为例，来理解温化平论断的合理性。这条新闻的主角是济南出租车司机周文昌。

旁白：2021 年春天，周文昌把对妻子的爱意，写在便利贴上，贴在抬眼就能看到的地方。起初只有他一个人在写，慢慢地，就有乘客询问他，能不能也写下自己的心情，于是周文昌在车里准备了笔和便利贴。两年来，一张张纸条被贴上了车顶，学生、老师、父母、孩子、相爱的人、等爱的人，素不相识的人们像在隔空对话。他们鼓励自己，也抚慰彼此。

周文昌：这张，当时是我从济南西站，拉到了一个从威海来的大哥，他留下的。大哥跟我说他是做海鲜生意的，来济南办事。"星光不问赶路人。"

旁白：赶路的人们在车里相遇。周师傅跟大龙交换了联系方式，约定再来济南的时候还去车站接他。

画面：两位记者去威海找到了袁珑。

记者：大龙！你好你好你好。终于找到你了。我们是按图索骥来的。（给大龙看她从周文昌出租车上摘下来的大龙的留言）

袁珑：这个？

记者：这是你写的吗？

袁珑：是，是我写的，掉色了都。一年前写下的，当时，人少，业务量也少，就寻思去济南省城，跑跑业务，看能不能，揽一个大单。再怎么难我也得，也得努力，就给自己打打气吧，我就写下这么一句话，希望我们那次这个业务能谈下来。

记者：结果呢？

袁珑：结果没谈成。

旁白：这一年多来，大龙说他争取过每一个机会，就算五件十件货，也会认真挑选打包送过去。从最困难的时候几个礼拜盼不来一单生意，终于坚持到了餐饮业的复苏。春节前是海鲜销售的旺季，他新招了十几个员工，每天联系客户，盯着近 10 万斤货的装箱发运，从清晨一直要忙到夜里两三点钟。

袁珑：干通宵也行。我对我，家乡的这些土特产特别有信心，我就觉得这事肯定能做好。

记者：那你相信岁月不负吗？

袁珑：相信！只要努力，只要坚持，肯定，肯定能成功，肯定能行。

画面：周文昌车顶满满的留言贴、开车的周文昌、周文昌的车在路上、三个恋人镜头、一个女童镜头。

旁白：晓风晨露，炊烟暮霭，平凡的岁月因有爱而浪漫了起来，也因努力而闪闪发亮。

乘客1：这三年过来，咱什么都好了。

乘客2：还得工作呀，还得赚钱呀。

乘客3的女儿打进电话：爸爸你好好上班吧。

乘客4：我买的腊月二十八的飞机票。

旁白：载着乘客们的心情，周师傅的出租车继续行驶在2023，与不同的人相遇，听不同的故事。

新闻中的这个段落，如果去掉画面又去掉同期声，只留下旁白文字，那么大量的有效信息会丢失，变成彼此之间缺乏过渡与衔接的残篇。所以，旁白不是独立的写作，不能自成体系，独立承担全部报道任务。它是整个视听产品中的一组部件，缺之不可，惟之不善。从运作上看，旁白负责穿针引线，类似于编织艺术，因此它必然呈现出碎片化的特征。

可以这么说，发展完善的艺术形式，原本都有自己独立的表述系统，可一旦作为表现元素进入视听节目制作领域，便失去了完整性和独立性。音乐是成熟的艺术形式，原本自成系统，但在视听节目中却变成视频音乐，是视频的一种表现手段和构成因素，不再是独立的艺术形式。文字语言也一样，它在视听产品中必须与其他表现手段，尤其是画面和同期声，默契配合在一起，共同完成完整意思的传递。所以，那些想在文学上出人头地的写作者不屑做节目撰稿人，因为没有独立创作的自由，英雄无用武之地。

不过，温化平的论断似乎忽略了，还有很多视听产品，其文字语言其实是可以独立成篇的。我们以2021年10月15日"思想史万有引力"账号发布在西瓜视频上的《文明社会与民间正义》为例，来看看视频文字可不可以独立存在。

私人恩怨私人解决是一个古老的自然传统。

不管是中国还是西方，最早的法律，都支持血亲复仇。血亲复仇的概念最早可能来源于部落时代。当一个部落的成员被外族杀死时，其他的部落成员要为其报仇。在血亲复仇的基础上，我们进化出了同态复仇。比如《汉穆拉比法典》的以牙还牙、以眼还眼，中国的"杀人偿命"，等等。它们都是同态复仇的思想体现。同态复仇，源于人类最早的朴素正义，它属于自然权利的一部分。所以，不管是东方还是西方，他们都独立进化出了这种观念。

那么人类为什么要进化出复仇机制呢?

从社会角度来说，复仇是一种群体的进化机制。它通过牺牲个体去维护群体的内心价值，不管是昆山龙哥事件还是福建莆田事件。大众之所以同情嫌疑人，是因为被害人违背了基本的伦理道德，僭越了人们内心的道德秩序，而复仇者则捍卫了群体的内心正义。所以复仇是一种群体的演化策略。

因为复仇是人类社会性的产物，所以在私人复仇的基础上，发展出了国家复仇。比如美国"9·11"后，他们花费了几万亿美金，掘地三尺也要从地洞中挖出本·拉登;比如以色列对纳粹残留的追捕，都是国家复仇的一种形式。国家复仇的意义是通过国家复仇可以建立较高的威慑力，让外族不敢轻易侵犯，可以最大限度维护本族群的利益。

复仇机制对群体有价值，但是，对个体而言，复仇的成本非常高。复仇的行为对复仇者个体没有任何实质性的好处。要么是复仇过程中两败俱伤，要么是复仇胜利后被权力机构追责，他都会面临极高的代价。

那么个体复仇为什么还会发生呢?

因为这是人类追寻意义的结果。一个所谓的理性人，如果考虑成本和代价，他是绝不会去复仇的。因为从任何角度衡量，个体复仇都是低收益、高投入的行为。投入的是自己的生命，而收益仅仅是内心的价值平衡。但是人类的特殊之处在于，在理性之上还有对意义的追求。个体在完成复仇的刹那，仇恨消解!内心的价值秩序回归!人们通过复仇的仪式，完成了对内心道德秩序的捍卫。所以不管付出的成本有多高，复仇后将面临怎样的刑罚，个体依然会奋起捍卫内心的价值和意义，依然会奋不顾身、飞蛾扑火。

但是，个体朴素的正义并不代表文明的趋势。我们为什么不能支持个体复仇呢?因为复仇是个技术活，个体复仇不但不能达到效果，反而容易带来更大的伤害。比如在莆田事件这个典型的个体复仇中，复仇者不但已经远远超越了同态复仇的范围，造成了严重的人员伤亡，而且伤及无辜，甚至连孩子都被伤害。这种复仇已经成为一种反文明，它远远超越了同态复仇的自然权利，导致了对人们内心价值秩序更严重的颠覆。

人们内心的朴素正义必须被维护!这是任何社会稳定的基础。但这并不代表你必须亲自下场，自己干，因为你不够专业。

那么个体应该如何复仇呢?

那就是把复仇权外包给权力机构。国家权力机构的存在目的之一，就是帮你完成个体复仇！你把复仇权让渡给那些读过四年刑侦专业的人，让掌握了各种资源的人帮你搞定。说白了，这是一种权力外包，让专业的人去干专业的事。

只有这样，才能最大限度减少复仇过程中的失控，才能最大程度捍卫人们内心朴素的正义。因为国家存在的目的之一，就是捍卫我们内心的价值！

这段4分20秒的解说词，起承转合周全，段落说理完整，完全可以独立成篇。由此可以说，温化平的结论符合一部分电视节目解说词的规律，却忽略了电视专题片撰稿词的存在。事实上，电视广播时代的所有专题片和数码媒介时代的所有话题短视频，其文字部分均可以独立成篇：单独发表。

也就是说，在视听产品中，一类以文字语言为辅，一类以文字语言为主。前者的特点，文字语言是彼此割裂的，不具有独立性。后者的特点，文字语言是连贯的，具有极大程度上的独立性。

不过要说明的是，视频解说词具有独立性，并不意味着它可以不考虑其他视频表现元素的作用。《文明社会与民间正义》的解说词不错，但它不是视频佳作，其画面全程配以法国纪录片《家园》的镜头，使视觉阅读有些吃力的文稿在诉诸听觉吸收系统时变得轻松多了，但它的画面并没有对文字起到助推作用，声画功能仿佛在各行其是。所以这个视频只有21000次观看，迄今为止，没有一条评论。因为撰稿人的思维方式和表达方式是纸质化和音频化的，没有做到真正意义上的视听综合呈现。

二、视频撰稿与视频采编的工作次序

撰稿与采编谁先谁后并非只有一种固定模式，谁都可能居先，谁都可能靠后，也可能两者并行，它们的工作次序取决于摄制哪种类型的产品。

1. 后撰稿先采编

摄制新闻片、专访节目、纪录片、真人秀时，一般是先采拍，以获得画面素材和文字素材，其中一部分文字素材通过视听手段转化为画面或字幕，其余部分作为背景材料，为旁白撰写提供参考。在画面及同期声粗编结束后，撰稿人会根据视频诸要素的完成度，考虑如何发挥旁白的作用，使模糊信息得以确切表达，并勾连起整个视频的结构。也就是说，在这种工作模式中，文字创作为画面编辑服务，而文字撰写量相对较少。如果抽除文字信息，画面信息会残缺不全，但仍然可以勉强独立存在。

纸质写作是作者自己说了算，但视听节目的中心思想和结构布局通常由编导确立，撰稿人居于从属位置。即使撰稿人就是编导自己，他们的思路也是先画面后旁白，没有边编边写的习惯。这种工作程序决定了文字语言以画面元素为前提，以画面元素的欠缺程度决定自己的介入程度，主持人背诵的成稿或配音员诵读的旁白均以完善画面信息为主要任务。

但是，工作程序上的先后不是割裂前后工作思路的借口。编辑画面时，头脑中应该想到哪些地方应该留给文字做进一步解说。撰写文字时，眼睛要观察画面，明白画面已经传达了哪些信息，还缺哪些信息需要自己做补充。[①]

2. 先撰稿后采编

摄制专题片时，常常需要文稿先行，供编导构思视觉转化方案，采拍和收集相关视听素材，最终以视听表现手段来配合文字信息的叙事线。

按照工作程序，影视剧摄制先是由编剧拿出文学剧本，而后由导演改为分镜头工作剧本。与其相仿，先撰稿后采编的视频摄制模式中也存在着文学脚本和工作脚本两种形式，只是运作情况有所不同。

摄制投资巨大、生产周期很长、视听化程度极高的视频作品，首先要由最熟悉内容信息的总撰稿写出文学脚本，总编导据其进行视听转化构思，或者形成初步的工作脚本而后开始采拍，或者仅仅依照视听化思路进行采拍，完成粗编后由总撰稿根据情况改写解说词。

央视海外中心和江西电视台对外部1993年合拍的12集系列专题片《庐山》就是采用的后一种工作模式。总编导李近朱接受任务时，已经拿到中国国际旅行社庐山支社总经理罗时叙写好的文学脚本。文稿信息丰富、文采飞扬，但欠缺视听化考量。在李近朱的建议下，罗时叙数易其稿，重新构思，将文学脚本改为拍摄大纲。采拍完成后，仍不急于写词，而是根据采拍所得，确定编辑思路。当画面和同期声全部编成之后，才根据一年来对庐山的认知和丰实的史料，在大量的同期声段落之间填写字数不多的旁白。这是电视台第一次投拍庐山专题，其工作模式看似先文后画，其实还是先画后文，最终实现文画结合。

① 赵淑萍.电视采访与写作［M］.修订本.北京：中国广播电视出版社，2008：124.

先行撰写脚本时，有一点非常重要，即文字脚本必须充分考虑到视听配合的可能性，要量力而行，切勿纸上谈兵。诸如绵延不断的心理描写、大段大段的语录、洋洋洒洒的抽象议论，这些内容用画面表现起来会极其困难。也就是说，在构思脚本时，除了考虑主题、结构、线索等信息要素，还要考虑声画关系，镜头组接的逻辑和节奏，同期声与配音、配乐音效等技术问题。撰稿人必须具有视频创作的整体意识，不能自顾自地为所欲为。

摄制低成本投入、生产周期很短、视听化程度有限的视频作品，不可能任由编导和记者漫天撒网，先取得海量素材，再慢慢把握其中的专题信息，研磨出撰稿策略。这种情况下，一般是由具有视频制作经验又非常熟悉相关内容信息的总策划兼任总撰稿，直接拿出工作脚本，指挥编导和记者完成采拍和编辑。

笔者 2002 年为凤凰卫视撰写的大型系列媒介史专题片《百年大公报》就是以这种方式制作而成的。《大公报》报庆是 6 月 17 日，笔者领受任务时早春已至，展播期迫在眉睫，而节目经费大约 12 万元，不到央视同类节目投资的 1%，只能降低视听化程度，以解说词为绝对重心。于是，笔者直接拿出工作脚本，为记者规定好采拍内容，为编辑确定画面素材来源，连音乐如何使用都做好指导。这种以解说词为重心的节目，文字篇幅几乎占满时长，如果抽去文字信息，只剩下画面传递的信息，受众会不知所云。

这种专题片创作对工作脚本的特殊要求有四点：第一，表述基本完整，可单独成章，作为独立的文字作品供读者欣赏；第二，以效果故事和传神细节作为主要内容，叙述成分大于纯粹议论的成分；第三，欢迎纵横勾连；第四，句句议论含有实在信息。

因为画面编辑为文字创作服务，只是文字信息的视觉说明，有时候甚至只起象征作用，仅仅是陪衬，为的是使文稿在表述抽象信息时免于图像上的空白，实际意义并不大。于是在实际工作中，有的专题片节目组干脆先把撰稿词在磁带上录好，再对应着撰稿词的信息贴上与之具有一致性的画面。这样做太机械，使编导完全丧失了发挥能动性的空间，丧失了撰稿词与采编之间的自然互动。事实上，编导在实施视听转化的过程中，可能对文本次序、长度、意思有所改动，如果这种改动具有提升作用，撰稿人应该欣然修改文本。

3. 撰稿与采编并行

理论上讲，撰稿和采编不是可以截然分开的工种，即使撰稿工作在流程上处在采编工作之后，但也不意味着撰稿人要等到动笔时才考虑如何写作，而应该在采访过程中就开始不断酝酿。所以，撰稿和采编的理想合作状态应该是撰稿人参与视频摄制的全过程。不一定要直接上手操作，但最好处于参与状态，及时了解各个环节的工作，把握它们与解说词的配合度。

在欧美电视媒介中，主持人配有专职撰稿人，由他们提供节目可能涉及的背景资料，让他们根据自己的个性遣词造句，请他们为画面配旁白。但即便如此，有些主持人仍会亲自写作，比如哥伦比亚广播公司的新闻主播埃里克·塞瓦赖德（Eric Sevareid）。他从业 30 年，很少依赖别人给他提供文稿，会依据自己设计的工作脚本进行出镜采访，随之修改脚本信息，把完善过的脚本交给编辑，并配合着录制好旁白。实际上，塞瓦赖德自己便是与采编工作并行的撰稿人，他的撰写工作是出色的。完全可以这么说，所有将自己融入采编行动中的撰稿人，都要比置身其外的撰稿人出色得多。

撰稿和采编应该是摄制工作中的有机整体，唯有通盘考虑，前采才会更有针对性，撰稿才能随时调整，后期制作才会更加精确。

三、视频元素的多样性

视频是由复杂元素综合而成的多维结构。它既包含时间线，串联叙事元素，又包含空间线，展示造型元素。它可以在时间的延续中展现空间造型，也可以在空间的转换中展现时间流程。它的时间表现力不足，可用声音语言作为补充。它的空间表现力极强，可用画面语言来实现。

如果我们将各种视频元素表达出来的意思均视为语言，那么最容易诉诸受众认知的语言首先是旁白和人物同期声，其次是音乐语言和音效语言，最后才是画面语言。这个排序可能会令人惊讶，因为画面是视频的首要元素，却不是最能影响受众和用户的语言，而最能施加影响力的竟是文字语言。

1. 视频文字语言是用来听的

加拿大媒介思想家马歇尔·麦克卢恩（Marshall McLuhan）曾在《理解媒介》中这样解读媒介演化史：文字发明之前，人类处在受听觉支配的口头文化社会；而文字的出现，打破了眼耳口鼻舌身的平衡，突出了视觉作用，尤其是在 16 世纪机械印刷得到推广之后，感官失衡的进程大大加快；但电子革命正在恢复感官平衡，其中电视影响力最大，"它作用于人的整个感知系统，用最终埋葬拼音文字的讯息塑造人的感知系统。结束视觉独霸地位的，首先是电视"。①

笔者这样理解麦克卢恩的意思：我们的先祖在没有文字的时代，其表述思维以听觉信息和直观画面为基础，其表述方式是口头的和绘画的；而当人类的抽象能力提高后，文字成为传递信息和记录历史的主要工具，可阅读文字需要更高的智力水平，受众首先要识字，还要结合自己的生活经验，在脑海中对文字内容进行想象；视听媒介却还原了先祖的直观表述，它对现实生活运用着复原式记录方式，在活动画面中补以文字语言，但这种文字语言不是让受众看的，而是给他们听的；在学者看来，这是退化，它让受众养成了被动接受的惰性欣赏习惯，但在大众看来，这是解放，他们无须识字，即可像先祖一样吸纳信息。

这里面有两个非常重要的含义：第一，听和看画面比阅读文字更人性化，视频旁白和画面语言的综合功效远胜于纸质文字；第二，视频旁白是用文字写出来的，但它是说出来给受众和用户听的，视频写作的所有特征均源于这个事实。

2. 同期声可以强化现场感

我们用一个案例做个设想：某国外交部部长即将签署一项数额庞大的军购协议，在举行签字仪式的大厦外面，示威者挥舞旗帜、高呼口号，警察努力控制着局面。此时，外交部专车抵达，外交部部长径直走向会场，丝毫不理会抗议人群。我们如果拥有以下素材，应该如何编辑这条新闻？

全景，外交部专车驶近签字大厦，可截取 4 秒

中景，抗议人群被警察手挽手拦住，可截取 6 秒

中景，护卫打开车门，外交部部长从车里出来，可截取 5 秒

小全景，抗议者高举标语，连声齐呼"不要枪炮要黄油"，可截取 7 秒

中景，外交部部长目不斜视，走上台阶，进入大楼，可截取 14 秒

这些素材中，最吸引人的是第四个镜头，这是这条新闻的重点，而最能对比这个镜头的画面是外交部部长的反应，也就是最后一个镜头。

从第二个镜头开始，我们可以配上这样的解说词："外交部部长抵达签字大厦

---

① 麦克卢汉，秦格龙.麦克卢汉精粹［M］.何道宽，译.南京：南京大学出版社，2000：372.本书正文中的"麦克卢恩"即其他论著中的麦克卢汉。"McLuhan"中的"h"不发音，这是一个基本常识，其正确读音是［məˈkluən］。将"han"音译为"汉"是错误的，应该是"恩"。

时，站在警戒线外的抗议者人声鼎沸，他们迫切想要表达对这笔武器交易的看法。"刚好 11 秒，在第四个镜头开始之前结束。

那么此时，我们是用旁白复述抗议者的口号，还是运用抗议者呼喊口号的同期声？很显然，如果我们通过画面让受众看到外交部部长对抗议者视若无睹，同时又让受众看到外交部部长对抗议者的呼喊充耳不闻，效果一定更好，它会使最后一个镜头的含义更加明确。

所以请务必记住，如果现场出现效果较好的自然声，那就一定要留出时间，让这些声音被受众听到。这些声音不仅具有强烈的现场感，而且是原始信息，可信度远比旁白高。

3. 画面语言是视频传播的核心

画面虽然不是最能影响受众的语言，却是视频的首要元素，是重中之重。在视听产品中，其他任何元素都可以中断，唯有画面必须始终贯穿，不能有须臾间歇。画面是所有元素的载体，离开了它，任何文字语言都无法存在。[1] 所以，无论受众能在多大程度上受到它的影响，"画面语言永远是第一位的，是基本语言"[2]。这就是我们花在画面摄制上的精力总是超过花在旁白写作上的精力的原因。

因为直观性，画面语言在很大程度上摆脱了民族语言形成的交流障碍，成为全世界通用的表述工具，可以同时被不同国家的人和不同层次的人所理解。如果听觉影响力因为民族语言的隔膜骤降为 0，那么视觉影响力的担子就不得不加重到 100%。至于视觉影响力能否承受这样大的压力，想一想卓别林就知道了。默片时代不可能出现任何一句旁白，但卓别林仅凭画面语言成就了自己，全世界都能看懂他的表演。

画面语言因为具象而生动，在表现空间环境、现场氛围、视觉细节方面具有独特优势，而且它具备一定的独立叙事能力和深刻的客观揭示能力。

1996 年，在麦天枢担任总撰稿的系列片《中国农民》中，记者造访一个文化传统浓郁的村子。摄录师运用长镜头，记录了记者与一个在田间劳作的年轻女人的问答。记者问女人，想不想摆摊经商？女人笑着说不。再问为什么，她笑而不答。良久，女人说了句：我爱人是个教师。羞赧中透露着自豪和清高。

如果没有画面全程呈现出女人的反应和神态，仅凭解说词做描述，很难让受众领会她的价值观。

---

① 何日丹.电视文字语言写作［M］.北京：中国广播电视出版社，2001：79.
② 姚治兰.电视写作教程［M］.3 版.北京：中国传媒大学出版社，2015：173.

画面语言具有极大的信息包容性，一帧画面中的信息，必须用许多句文字语言来翻译，因此画面可以使平淡无奇的解说词听上去十分生动。

以 2021 年 6 月 18 日 "孙二娘" 账号发布在抖音上的短视频《乘坐火车 北京到俄罗斯》为例，其解说词如下。

> 中国最贵的火车票，高达 6000 块钱一张，却依然一票难求，它就是电影《囧妈》的列车原型，K3 国际列车。这趟列车从北京出发，一路横跨蒙古国，穿过西伯利亚，最终到达莫斯科。
>
> 这是一场横跨欧亚大陆的浪漫之旅，票价硬卧 3500，软卧 5000，包间 6000。
>
> 第一天中午 11:20 从北京出发，一路向北，游历多变的北国风光。第二天途经蒙古国，尽情欣赏草原美景。第三天一睁眼，就可以看到，神秘的贝加尔湖，这是世界上最大最深的淡水湖。第四天到达斯柳笛扬卡，《孤独星球》里面形容它是，过分豪华的火车站。第五天列车穿过西伯利亚的白桦树林，这是此生不能错过的，绝美风景。第六天到达终点站，莫斯科，可以尽情体会当地的，特色民族风景。
>
> 赶紧收藏起来吧，等疫情过去，来一场说走就走的旅行吧。

首先说一句题外话。从文法上看，第一句话是病句，"它" 应该指代 "火车票"，而 "火车票" 是 "列车原型" 根本说不通。但这是视频写作，"它" 字卡在一个车厢镜头中出现，用户会认为 "它" 指的就是这个镜头中的火车，与第一个镜头中出现的 "火车票" 没有关系。而我们要重点关注的是，这段解说词平淡无奇，但配以多彩的风景画面，听上去，它却显得十分浪漫。

除了一部分专题片，其他视听产品的基本传播方式均以画面语言为基础，文字语言作为辅助手段中的一种，为之提供服务。受众看不清的，要做出解释。受众看不懂的，要破解其意。受众看不到的，要补充和扩展信息。基于这个认知，在拍摄画面时，要高度重视直接表现力。画面语言能表现的，绝不留给旁白做解释，只有无法表现的，才留给视频写作和其他手段去完成。

4. 多种视频元素形成大容量传播（High-Capacity Communication）

受众观看专题片的时候，可能深受感染，产生强烈共鸣，觉得解说词写得太棒了。但当他们找到这部片子的文稿埋头阅读时，却会惊讶地发现，怎么也读不出看片时的那份激动。原因不算复杂，专题片尽管是动用视听化手段最少的节目类型，但依然是视听产品。它的信息传递模式是大容量传播，即综合语言并进，在任何一个时间截点上，都可以同时显现色彩与明暗、镜头角度及其运行线路、视觉动态、旁白或同期声、剪辑形成的逻辑、音乐或音效。受众观看专题片，不仅仅听到了旁白，而且同时接收了配合信息。与其说他们是被旁白所感动，不如说他们是被包括旁白在内的综合元素所激荡，而阅读文本时，其他令他们激动的元素不在了。

以 2006 年 11 月 24 日央视播出的大型系列专题片《大国崛起》第 12 集《大道行思》中的一个片段为例。画面中央是一个背对镜头的男子，兴奋地左摇右摆，向远处大步高跳，第三步落地后，他旋转了一圈，同时摘下礼帽又戴上，然后跑远，他的脚下是欢庆胜利的人们抛撒的彩条，身旁有一个男子冲着镜头高举报纸，上面写着"日本投降了"，音乐贯穿画面，节奏鲜明，充溢着喜悦，而它的解说词只有一句："1945 年 9 月 6 日，在二战刚刚结束、日本正式投降后的第四天。"试想，当去掉了画面诸元素和音乐，受众只看这一句解说词，怎么可能感受到胜利的巨大狂喜？这就是单一语言与大容量传播的区别。

视频成品是一个有机统一体，其中的所有元素及其表现手段都不是简单的拼凑相加。它们根据自身的表现力各司其职，承担着不同的任务，密不可分地共同完成叙事任务。这些元素在单独作用时，都有自己擅长的优势，也都有自己拙钝的劣势。长于此，常常短于彼，没有包治百病的灵丹妙药。它们必须相互配合，弥补他者的不足。画面四平八稳，解说词却可以跌宕起伏。叙事缓慢凝滞，音乐却可以加快节奏。在这种格局中，"每一种因素的出现与存在，都是以其他相关手段的出现和存在作为前提和基础"[①]，所有元素都可能成为其他元素的神至之笔。但这同时意味着，任何一种元素都不可能单独完成全部叙事任务，所有表现手段在使用时都不是自己想怎么发挥就怎么发挥，它们必须受到视听语言整体结构的制约。解说词也是如此，尽管它是最能对受众施加影响力的元素，却不能随便跳出来说话。

还要注意的是，在视听产品中，没有任何一种元素永远处于统治地位。

在同一个视频中，上一个段落可能以画面为重，下一个段落就可能以声音为重，接下去的段落又可能以视觉字幕或音乐音效为重。

在电视广播时代，制作团队还会根据播出时段的不同，相应调整各种视听手段

---

① 徐舫州，李智.电视写作［M］.北京：中国传媒大学出版社，2017：2.

的使用程度。受众早间忙着如厕、洗漱打扮、用餐、出行，没时间坐在屏幕前面完整看节目，所以早间新闻不能过于依赖画面表达，对画面效果和看的成分不苛求，但要求旁白和同期声相对完整，以突出听觉信息。

传播学者约翰·埃利斯（John Ellis）和里克·奥尔特曼（Rick Altman）曾说："我们只听声迹就能了解电视上播放的内容。因为电视是一件我们在做别的事情（例如，做饭、进餐、聊天、照顾孩子、清洗东西）时习惯地将它打开的家用电器，所以我们与电视机之间的关系常常是我们这方面成为听众而非观众。"①

总之，视频中的所有元素，包括解说词，都是根据不同的需要，或者处于支配地位，或者处于配合状态。

四、文字表述与画面的关系

视频表述系统是将声音表述线和画面表述线组织在一起，进行双线互补。其旁白和图像，同时诉诸听觉和视觉，双线并进。但在所有视频要素中，画面表述线是持续线，声音表述线可以适当间断。旁白的叙事特点恰在于间断性，因此文字语言永远少于画面语言。不过，这两者并行出现的时候，并非竞争关系，而是互为主辅，处于你中有我、我中有你的胶着状态，彼此映照配合。

在中央电视台对外部编发的《电视对外解说词初探》一书中，战友歌舞团创作员吴洪源曾用"若即若离"来阐述文字语言与画面语言相互依存的关系：

　　有时以画面为主，解说为其展示抽象的内涵；有时以解说为主，画面为其做形象的显示。有时解说为即将出现的画面做必要的铺垫；有时画面为已经出现的解说做必要的补充。有时在一句解说的冒号后面引出一连串的画面；有时在一个画面的启示下引出一连串的解说。有时解说可以完全脱离画面的具体形象，阐述一个观点或一种信念；有时画面可以完全不用解说而单独表现一种情绪或一个情节。观众在这种若即若离的同步方式中，有时以看为主，因为没有解说的干扰与局限，可以在视觉形象的情趣中自由地展开想象。有时以听为主，可以于解说阐发的情趣内得到某种满足。有时先看后听，有时先听后看；有时看是听的注释，有时听是看的升华。

---

① 艾伦.重组话语频道：电视与当代批评［M］.麦永雄，柏敬泽，等译.北京：中国社会科学出版社，2000：18.

这便是双线交织发展的综合模式。旁白既可以与画面结合，共同表意，也可以暂离画面，传达与画面具有关联却相对独立的信息，甚至可以与画面对立，反向揭示画面信息的性质。

1. 有时候，文字语言紧贴画面，解释画面信息

这种方式是声画对应，旁白与画面自然结合，共同表达一个意思。但画面表意程度有限，需要旁白进行解释，而旁白没有画面佐证，又不够形象。此时要注意的是，旁白既要揭示出画面的内涵，又要防止重复画面已经明确的信息。

在 2010 年央视投拍第二部大型系列专题片《庐山》第九集《变通》中有一个长达 22 秒的镜头，其解说词是："这间主席的卧室面积将近 100 平方米，不知是否太空旷的原因，毛泽东不太喜欢在这里过夜，通常他只在这里办公，晚上回到美庐睡觉。"如果只看画面，我们只能知道这是毛主席在"芦林一号"的大卧室，但不可能知道他其实并不在这里睡眠。如果只听解说词，我们无法感知这间大卧室到底多空旷。

2019 年，央视纪录频道播出《影响世界的中国植物》第五集《竹子》，其中有这样一段话："竹林的秘密藏在看不见的地下世界。这些根茎将一根根竹子连接在一起，它们才是整个竹林真正的主干。地表之上的每一根竹子，都是这些根茎的分支。这里储存着竹林光合作用转化的能量以及大地中的养分。"此处的三个镜头只能表现裸露于地表的数条竹根，不可能传达所有竹子都长在一条根茎上的意思，而只听旁白，不可能知道联结作用如此巨大的竹根是什么样子。

撰稿词以画面为依托，谋求声画严格对应或大体对应，以起到精准强调和引发信息拓展的作用，这是视频编辑和视频写作通常采用的做法。

这样撰写解说词时有两个问题要注意：

第一，一个镜头中含有许多信息点，却时长有限，解说词只能围绕一点展开。

这种情况下，强调哪个信息，忽略哪些信息，可以决出视频撰稿人水平的高下。优秀撰稿人总是能发现并有效强调值得强调却被其他人忽视的画面信息。

第二，旁白关键词应与画面关键信息严格对应。

旁白关键词具有鲜明的针对性，当它与所指的画面信息同时出现，会取得声画结合的最佳效果。要特别注意的是，必须严格对应的关键点绝不能错位。因为关键词都是特指物、特殊信息、特别细节，如果不严格对应画面信息，不但交叉碰撞和借力的效果无法实现，而且会产生诡异荒唐的结果。比如，解说词介绍说"这是养猪专业户王翠花"，因为与画面信息错位数秒，此时出现的却是哼哼唧唧的老母猪，

受众看了哭笑不得，王翠花看了会非常生气。

2.有时候，文字语言出离画面，延展画面信息

视听作品，常常由镜头传达一部分信息，由旁白补充更多部分，比如，什么时间，在哪儿，为什么，会怎么样。此时，需要把声音当作脱离画面的独立因素，让旁白和视觉信息按照各自的逻辑并行发展，分别表述自己的内容。表面上看，声画彼此分离，各行其是，但实际上它们是用不同方式表达方向一致的意思。

这样做，不会削弱声画之间的内在联系，反而会在更深的层次上达到互相衬托的效果。1989年春节，央视《地方台50分》栏目播出郑鸣为北京电视台摄制的报告文学片《半个世纪的爱》，其中有一组画面是王尚荣中将在家人帮助下尝试着拉动拉力器，旁白如下。

当年这双大手一挥，便会有千军万马奔涌而过，如今这双曾经自信挥动的大手，已经拉不动那几根细细的弹簧了。此刻，他需要借助妻子和孩子们的力量。

将军决战岂止在战场。

就像当年攻打沙家店，攻打宝鸡，王尚荣和黄克夫妇又同病魔进行了10年殊死的搏斗。死神曾不止一次地走近将军，但又一次次溃败而去。

从"将军决战岂止在战场"开始，旁白开始脱离画面，扩展为时间跨度极大的概述。画面仍是具体的，解说却是概括的。画面表现的依然是点，旁白表述的已经是面。但是，从本质上看，旁白和画面表现的是同一主题，都是衰老的老将军对衰老的抗争。

这种延展性旁白，可以由画面上看得见的具体形象出发，从画面中的直接信息写到画面外的间接信息，也可以从受众可以想象的间接信息写到画面中的直接信息，强调画面上具体形象的价值。

以任卫新1990年为央视撰写的系列专题片《万里海疆》中的一个段落为例。画面是渔民在海上吹螺号，旁白的上半句话却是"当黄土高原上的腰鼓敲得豪迈奔放的时候"，但紧接着是下半句话"海边渔民的螺号吹得荡气回肠"，紧扣画面，让受众感受到海螺号与安塞腰鼓的不同。接下去的画面是渔民竞技，但旁白的上半句话却是"如果说腰鼓、旱船、高跷是中国大地文化"，而紧接着的下半句话是"那这海上渔民的竞技活动，或者走平衡木，或者举鲨鱼，可就是海洋文化"，再次紧

扣画面，突出这些竞技的海洋气质。如此半句外延，半句回扣，使声画关系时散时聚。

3. 有时候，文字语言与画面形象反向发展，以反衬画面信息

这种方法十分罕见却非常有效，这里必须做出详解，供学习者参考。

在央视 1983 年播出的系列专题片《话说长江》第二集《巨川之源》中有一组画面，是长江源头的冰天雪地，人们穿着冬衣，但解说词在直接写冷的过程中却插入半句反向写热。

> 陈铎：这儿永远是冬天，在最冷的时候，温度在摄氏零下 42 度，年平均温度，也只有零下四度。
>
> 虹云：当武汉南京的人们，热得跳入长江畅游的时候，而在这里工作的人们，谁也没有那股勇气，脱去鸭绒服或者皮大衣。

这半句反向写热，一是告诉受众，这里和武汉、南京一样是夏天，但满眼的冰雪竟像是严冬；二是通过声热画冷的强烈对比，反衬长江源头的气候状况，使其看上去更加寒冷。

这是强化画面感受的冒险方法，镜头里明明是黑，解说词却偏偏说白，画面上显然是坏，旁白中却大声叫好，但受众不会被误导，他们会以文字信息为参照系，感受到画面信息处在相反的极端，因而更能认清画面信息的本质。

1997 年，香港亚视摄制的《寻找他乡的故事》第 23—25 集《日本农村的中国妻》中，有一组画面是黄莹一家人围坐在餐桌边吃饭，相互无语，每个人都自顾自地扒着碗里的饭。其旁白是：

> 这顿饭黄莹用了半个钟头就做好了，她只匆匆扒了几口饭，吃了一点儿菜，就饱了。一家人在一起吃饭，她对日本丈夫的冷漠，连局外人都能感觉得到。

旁白说黄莹对日本丈夫冷漠，但画面上看到的却是日本丈夫对黄莹的冷漠，日本婆婆也面无表情，而黄莹和前夫生的 11 岁儿子一直拘谨着，一家人缺乏亲情和友善，气氛让人感到十分压抑。

2020 年 7 月 4 日，"解忧大队 233"账号在哔哩哔哩网站发布《真正的"顶级"豪宅长啥样？奢华超乎想象，我心动了》，这是画丑声美的经典一例。

表1-1 《真正的"顶级"豪宅长啥样？奢华超乎想象，我心动了》的画声对应

画　面	配　音
两位西装革履的男士在破房子前碰红酒杯。	成功人士，巅峰住宅。 风情庭院，二狗之家。
其中一位西装男把水桶里的水倒在石头上，以便在石头的特写镜头里形成瀑布。	坐拥临水美景，尽享贵族至尊。
一排小葱和一丛生菜。	私家葱林，养生秘境。
土坯通道和木门插。	入户十米长廊，一键滑动解锁。
残破的土墙。	全生态沃土风化外立面，每一处细节，都经过百般打磨。
破报纸糊的顶棚。	垂掉式顶棚设计，让您感受时代的气息。
破损的窗纸。	纯镂空门窗，让您和这个世界畅通无阻。
落满灰尘的破家具。	全套家具，精工匠造。
破床板上的小开门。	隐藏式保险柜，为您守住财富和秘密。
破墙前，烧着柴火的灶台，两位西装男正在煮菜。	开放式厨房，油烟无处可藏。
红烛旁，一西装男敲打着笔记本电脑键盘，一西装男穿着马甲，站其身后侍奉。	零耗电照明技术，为您点亮成功之路。
镜头从破躺椅上的西装男身上拉开，退至屋顶大窟窿之外。 侧拍破躺椅上的西装男，画面上方是破屋顶外的星空。	顶层通风系统，亦可仰望星空，探索宇宙奥秘。
红砖房外的塑料马桶和电吹风，破绿布上的玉米芯、砖块、土坷垃，坐在马桶上的西装男面带微笑。	繁华深处，尊享私家厕卫。 智能热风马桶，纯生态厕纸，任你享用。
蜂窝煤火炉，风雪天，一西装男提着火炉缓步向前走，另一西装男和一女人一同走着，同时烤着手。	自由式移动供暖系统。
破电扇。	旋转式制冷家电。
村庄位置地图。	傲居村中央核心枢纽，北依中央驴地广场，东临郭记鸡场，繁华触手可及。
两位西装男从逼仄的小卖铺里往外走。	距离购物中心，仅需3分钟路程。
诊疗部简陋的窗口。	坐拥城市医疗中心，拥抱健康，安享生活。
一西装男走出院门，一西装男侧立门外敬礼，土墙上写着"物业监控系统""进：正正正""出：正正正"。	七星级管家服务，数字化出入系统。

续表

画　　面	配　　音
小女孩开着玩具车从过道中出来。	专车专位，彰显尊贵。
一西装男擦土墙，一西装男扫蜂窝煤。	全天候保洁服务，给家，爱的呵护。
两位西装男狂扫地面，暴土狼烟。	洗尽铅华，方懂化奢为雅。
风吹动着破窗帘。	臻品生态大宅，二狗盼您到来。

解说词越是渲染奢华，画面中的院落房屋越是显得破败，反讽意味顿生，视频让人看了忍俊不禁。

小结：

在视频成品中，文字语言通过受众的想象活动，把画面外的间接信息与画面中的直接信息结合起来，造成声画碰撞交融，其效果是离开画面的旁白和离开旁白的画面难以单独做到的。它会大大扩展画面的外延，深化视频的内涵，使其表现力大幅提升。

五、文字语言的弱点

分析文字语言的弱点，主要是与画面语言的优势相较而言，这可以让我们更为清晰地认知文字语言在视频系统中的地位，在进行视频写作时保持清醒态度。

首先，画面语言是直接呈现事物实体，但视频的文字语言只能对事物实体进行指代表达，是一种概念化的中介符号，具有抽象性。受众听到一个词，必须通过中介符号的"可内视性"，在脑海中浮现出相应形象。[1] 而中介符号的功能实现必须具备一个前提条件，就是受众具有相应的生活经验和实际感受。亚里士多德博学多才，但他听到电、纳米、5G这样的词汇，一定不知所云。文字语言的这个特点，构成了它的第一个缺陷，即很难影响缺乏相应常识的人。这就是那些主要依赖文字表达的专题片收视率和完播率一直很低的原因。

其次，画面语言是复杂结构，由多种元素合成，而文字语言是简单结构，只具有相对简单的含义。画面语言的最小表意单位是一帧静态图片，文字语言传情达意的基本单位是字，而图片的实指内容常常多于字的直指内容。一般而言，一帧画面的内容很难用一个字来概括，要用好几句话才能翻译一帧画面的意思。也就是说，

---

① 徐舫州，李智.电视写作［M］.北京：中国传媒大学出版社，2017：23.

单字是孤立元素，而一帧画面却是信息组合，是一种陈述，相当于许多字组成的许多句子。这构成了文字语言的第二个缺陷，即相较于画面语言，它的表达总是显得很吃力。这就是纸质表达一般会长于视频表达的原因。

再次，画面语言可以确定它要表现的形象，文字语言却有多义性，它是所有字词相互依存的表述系统，其中每个字词的含义都要由其他字词的存在来确定，只有前后字词就位后，其中一个字词才能确定含义。比如用"黑"字造句，"这个人太黑了"，如果没有特定语境，我们无法确定这个人是皮肤太黑，还是心太狠，抑或是光线太暗。这构成了文字语言的第三个缺陷，即脱离画面语言的帮助，它必须表述完整，因为用语很长。

最后，画面语言可以直接呈现事物状态，而文字语言要想形象描述状态必须精准选择最有质量的字词。但是，一个字词是否质量很高，并不由它自身决定，而是由那些可以选择却被弃置不用的相近字词的库存部分决定。比如"春风又绿江南岸"中的"绿"字，在这个位置上，有许多库存字可供选择，如"吹""来""进""过""布""染"都可以表现春风对江南岸的影响，但比较一下，所有这些库存字都不如"绿"字形象而传神。那么问题是，用画面语言可以直观反映的状态，用文字语言却要在库存中挑选最合适的字词，但我们未必能选对。

视频文字语言的这些弱点，只有在画面语言存在的情况下才可能得到改善。

六、当文字工具失去了独立性

视频写作不同于普通写作，却不能与普通写作完全割裂，必须具有较强的文字驾驭力，但同时又要懂得，视频的文字语言不再具有独往独来的自由，必须受到视频结构的种种限制。不过，真正的高手不会惧怕限制，他们会在制约中表现出合乎规律的精彩。让视频撰稿人高兴的是，他们在受到束缚的同时也获得了某些自由，比如，不必拘于常规语法。如果把解说词从整个视听语言中单独抽取出来，读者会惊讶地发现，那些在视频中听上去毫无瑕疵的语言，其实在逻辑上有着明显缺陷，某些语句不连贯，代词指代是混乱的，关键信息有时候突然缺失。但出现这些问题，正是因为视频中其他元素发挥了作用，如果非要依照普通文法来行文，那恰好是犯了视频写作的大忌。

中国传媒大学电视学院徐舫州教授指出，"电视解说词创作是否专业，其关键在于作者能否明确意识到：电视解说词只是电视节目诸多创作手段当中的一种手段，它必须同电视的其他表现手段协调配合起来，共同构成一个完整的表述系统"①。

动笔之前，撰稿人首先应该根据视频的整体需要，确认哪些信息和情绪必须传递出去，画面和其他手段已经完成到了什么程度，解说不要重复；其次再去思考哪些地方需要用解说进一步强调和渲染，还有哪些内容需要补充传达，应该在什么时机展开旁白，画面或其他元素可以为解说提供怎样的支点和借力。

视频写作只是制作团队中的一个工种，文稿无论多么精彩，仍可能根据视频整体需要进行多次调整。有时候，旁白念完了，画面还在空走。有时候，旁白还在念，相应画面却结束了。为了便于临时调整，解说词应该写得有些弹性，语句短了，可以及时填充，语句长了，可以当即切割。这种伸缩弹性，来自修饰语和附加词，它们不是语句的重要成分，增加了，可以多一点儿主观情绪，去掉了，也不影响主旨大意。总之，因为不是独立的文字创作，抱着一字不变的倔强态度，很不现实。在视频制作团队中，必要的妥协是为了整体和谐。

本章结语

进行视频写作时，最常犯的错误是声画两张皮，即撰稿人的写作意志先行，置画面信息于不顾，一心要让文字语言达到预想目的。比如，报道经济情况，配白说的是春耕，画面却是果实；旁白说的是房产业，画面却是炼钢厂。在学习文字写作技巧之前，应该谨记的是，文字语言必须符合视觉逻辑。

本章思考题

一、编导是视频摄制小组的决策者、协调人、指挥者，同一题材放在不同编导的手中，各种视频元素的使用情况会大不相同，他们的擅长和偏好决定着各种元素的结构关系和每种元素的占比。摄录师出身的编导会重画面而轻旁白，文字作者出身的编导会重旁白而轻画面，音乐制作出身的编导会更加注重音响手段。你觉得，这会不会影响视频内容的客观性？

二、以下两句旁白的后面，都要接商务部部长的同期声讲话，如果是你编辑这段视频，你会采用哪句旁白？

---

① 徐舫州.电视解说词写作［M］.修订本.北京：北京师范大学出版社，2016：303.

① 谈到新一轮贸易谈判，商务部部长对出席会议的人说："……"

② 商务部部长向出席会议的人谈到了新一轮贸易谈判，"……"

请谈谈你做出选择的原因。

第二章
视频写作的重要作用

本章提要： 由探析画面语言的局限性入手，反向认知文字语言弥补画面语言缺陷的基本任务。继而明确提出两个问题，一是文字语言的结构功能有哪些，二是文字语言的强项是什么。第一个问题的答案是，引出后续信息，弥合画面接缝，顺畅而迅速地完成转场，完成对简讯的穿插式汇编，连接前后段落。第二个问题的答案是，解释画面，拓展画面信息，强调画面细节，调动联想和想象，发出议论。这些内容便是视频写作在视频结构中的重要作用。

如果说在上一章中我们强调的是视频写作的局限性，让文字创作摆脱傲视其他媒介手段的独裁心态，清醒地意识到自己只是众多表现手段中一种，那么在这一章，我们要了解的却是视频写作的重要性，即在局限的专属空间中，文字语言应该在视频结构中发挥怎样的作用。

我们由画面语言的局限性展开这个问题的探讨，画面语言存在缺陷之处，正是文字语言必须发挥作用的地方。

一、画面语言的局限性

视频媒介最为独特的核心优势是画面，但并非所有信息都能通过画面传达出来，许多时候，它都需要辅助，这便是其他表现手段发挥作用之时，而最能发挥作用的当属文字语言。

1. 画面边框限制着观者视野

只要不是全景镜头，画面边框便无法突破，于是常规镜头扬长避短，充分利用边框作用，控制受众视线，调节其注意力。因此，受众直接感受到的画面，其空间区域和造型能力是有限的。但很多时候，要使受众理解他们看到的东西，还需要让他们了解画框外的信息和立体造型中背对镜头的部分。还有一些时候，画外空间是受众进行审美再造的天地，立体形象没能呈现的方面有他们乐于揣测的兴趣点，但画面却不能偏离叙事主线——满足受众。但好在是，解说词也可以调节受众的注意力。此时，它的主要作用是拓展可感空间，使受众通过联想和想象再造，感知画框外无限空间中的相关信息，知悉立体形象处在视线之外的上、下、左、右、后五个方向上的相关点。

解说词是突破空间局限和方向性遮蔽的有力工具。

2. 画面语言难以清晰交代新闻五要素

讲述一个新闻故事，必须告诉受众五个要素，即何人（Who）、何时（When）、何地（Where）、何事（What）、何因（Why），但画面语言在交代这些信息时，会经常遇到不同程度的困难。

（1）不容易交代人的综合信息

画面在呈现人的外貌方面具有绝对优势，但如果这些人没有形象知名度，受众无法知道他们是谁。要注意的是，仅仅是名人，受众不一定知道他们长什么样子。约瑟夫·普利策（Joseph Pulitzer）、威尔伯·施拉姆（Wilbur Schramm）、哈罗德·拉斯韦尔（Harold Lasswell），这些在新闻界和传播学界如雷贯耳的名字，新闻与传播学院的学生无人不晓，但笔者授课时放映他们的肖像时，从无一个学生能够回答出他们是谁。所以，仅仅是名人不行，必须是形象上具有极高辨识度的名人。此外，所有人必须通过职务字幕（Title）和插入性旁白来介绍他们的情况。

（2）不容易交代各种时间信息

画面表现春夏秋冬，表现日出、日落、黑夜，具有先天优势，但它很难表现哪年、哪月、哪日、几时，不能总是运用日历和钟表来介绍具体时间。受众对画面上频繁出现同类形象会产生厌烦，觉得视频制作者黔驴技穷，但他们并不排斥介绍性的字幕语言屡屡出现。

获得 1993 年中国电视奖一等奖的简讯《空中联欢会》，报道的是江泽民主席访问欧美四国后归国时与空乘人员联欢的情况。在简讯前半部分，是江泽民主席手持电话筒唱歌的同期声，为了交代时间，在画面上打出这段字幕：

此时的时间是葡萄牙午夜 12：30，北京时间早上 7：30，葡萄牙在静静地熟睡，北京在悄悄地苏醒，刚刚结束了美国、古巴、巴西、葡萄牙四国之行的江泽民总书记与随行人员正用歌声、笑声洗掉十几天积下的疲劳。

有些事件的报道需要表述精确时间，但画面语言具有模糊性，同样需要字幕发挥作用。2013 年 6 月 26 日，央视《焦点访谈》栏目播出《神十开启新梦想》，其时间线索非常繁杂，无法用画面表现，但用字幕表述却易如反掌。

6 月 25 日 7：05，天宫一号和神舟十号分离

6 月 26 日 7：21，神舟十号轨道舱与返回舱分离

6 月 26 日 7：43，推进舱与返回舱分离

6 月 26 日 7：48，返回舱进入黑障区，通信中断

6 月 26 日 7：55，返回舱降落伞打开

6 月 26 日 8：07，返回舱安全着陆

介绍时间元素，也可以使用旁白方式，但在旁白中，时间信息逗留的时间实在太短，不如字幕在荧屏上停留的时间长。

（3）不容易交代具体的地点信息

交代环境状况是画面的特长，但画面很难告诉我们眼前的环境在哪里。如果它所在的城市拥有著名景观或标志性建筑，我们可以通过画面为其定位，但这种位置不够具体，还是太抽象。而文字语言为视觉环境定位简直太简单了。

1998 年 10 月 16 日，央视《新闻调查》栏目播出《透视运城渗灌工程》，揭露山西运城劳民伤财的虚假渗灌工程。但运城地区很大，记者进行实地调查的区域在哪里，片子是通过旁白和出镜记者王利芬的串场词交代的。

旁白：为了弄清究竟是否只是个别地方不足，我们选取运城地区的临猗县和芮城县这两个全区节水渗灌的典型县。我们首先前往的是临猗，临猗县当时承担的任务居全区第一，达 12 万亩。在这个县，我们任意选取了一个村。

王利芬：我们现在就来到了临猗境内，我们随便在路边车停下来然后选取一个罐子，看这个罐子能不能使用。

旁白确定要去两个县，这是计划和将来时。记者交代先到了哪个县，这是行动和现在时。旁白缩小了标题的地域范围，记者缩小了旁白的地域范围，使受众清晰

地知晓调查正在哪里进行。

地点介绍，同样可以使用字幕方式，停留在环境画面上。

2013年6月2日，《新闻调查》播出《淮河癌伤》。片子一开始，出镜记者与被访者交谈几句，同期声变为画外音，环境画面上标注出具体地点。

■ 图2-1 画面中文字表明采访地点在河南省沈丘县中凹子村

与时间介绍一样，用声音语言介绍地点，一般要强调三次左右才能给受众留下印象，但用字幕语言介绍，它可以在屏幕上停留8秒钟，便于受众吸纳信息。

需要强调一下的是，如果某些信息对视频内容而言比较重要，比如事件发生的时间、地点、其中关键人物的姓名，那就必须重复它们。假设一架直升机失事了，应该在报道一开始就说明失事地点，但受众可能没注意到关于地点的第一次介绍，后续需要用别的办法重复这个信息。例如，视频导语（Lead-in）提到直升机在亚利桑那州的科罗拉多大峡谷坠毁，可以在后续旁白中特意提及亚利桑那警方。科罗拉多州丹佛电视台（KUSA）新闻节目制片人莱昂纳·哈德（Leona Hood）曾说："永远不要让观众为那件事发生在哪里感到疑惑。"[1]

（4）不容易简要描述何事，也不容易清晰讲述何因

单凭画面描述何事，讲述何因，不是不可以，但会十分冗长，而且相当费力。而用文字语言解释画面，三言两语便可以勾勒出事件信息，讲明白前因后果。

2021年11月28日，"成长思维社"账号在抖音上发布无题短视频，内容是一个女生用各种蔬菜设计了各种时装。

① 里奇. 新闻写作与报道训练教程：第3版［M］. 钟新，主译. 北京：中国人民大学出版社，2004：281.

　　四川有一位女大学生，在乡村田野上演的时装秀，她用各种菜叶，设计成服装并穿在身上……据了解，她是一名设计师，对设计衣服很有天赋……这位女孩身高1米75，体重105斤，可以说是模特级大美女。

　　几句话，说清了何地何人。至于时间信息，对于这种视频并不重要，用户也能猜到是最近。接下去，视频又用两句话，展开了何事。

　　她设计的服装，用材还是比较广泛，有大白菜、喂猪的甜菜，甚至还用上了长长的豆角……她通过自己的所学特长就地取材，把年轻人的敢想敢做展现得淋漓尽致。

　　她是个有追求的人，在普普通通的家乡，上演不一般的时装秀。她有自己的梦想，没有华丽的服装，自己就用蔬菜设计出服装，没有走秀舞台，她就以乡间小路做舞台，自己创造条件上演时装T台秀。这不仅仅是简简单单的时装秀，更是女孩子对青春、对梦想的希望，对美好事物的向往。

　　最后这段话，解释了何因。可以设想，如果没有解说词的帮助，画面如何倾尽这些意思。制作者可以岔开叙事主线，用一个片段表现她有梦想，再用一个片段表现她没钱买布料，还要用一个片段表现她没能力租T台。如果这样做，不到2分钟的短视频不得不变成超过12分钟的微电影。

3. 画面必须具有形象性

　　画面的直观表达，既是它的强项，又是它的弱点。对具有实际形象的事物，画面无须多言，受众一目了然。但对于看不见摸不着的东西，画面一筹莫展。

　　（1）不易表现嗅觉、味觉、触觉

　　有声画面可以非常高效地表现视觉和听觉，却常常对表现嗅觉、味觉、触觉束手无策。它可以让受众看到烈火焚烧房屋，听到燃烧物噼啪作响，却无法让他们立即意识到现场的空气令人窒息。它可以让受众看到美酒的颜色，却无法让他们知道酒香和味道。它可以让受众看到黑人的皮肤，却无法让他们知道那是所有人类皮肤中最柔嫩细腻的一种。

　　（2）难以揭示人物复杂的心理活动和内心世界

　　画面强于表现人物的表情和行动，因为表情和行动具有外在形象，而要表现人物的内心活动，必须将其外化为视觉状态。比如，沉默或癫狂的样子、目光的流露、喜悦或忧伤的神情。但只要憋着不用语言说出来，受众怎么也无法知道画中人物具体的所思所想。

（3）要想表现极富想象力的场景必须大费周章

我们可以反向理解这个问题，回顾一下视频媒介之前的旧媒介在描述想象场景时有便利，以收音机广播为例。由于时间节点和空间呈现上没有同一性，视觉上又丝毫不受限定，收音机广播既能拉我们回到10000年前，也能带我们进入10000年后；既能让我们潜入阴森的地狱，也能让我们升入敞亮的天堂，而且前后、上下既不耗时，也不费力，更不花钱。

美国的全国广播工作者协会（NAB）主席伯纳德·曼（Bernard Mann）曾经编了这样一段纯音频示范，借来彰显收音机广播语言对想象空间的任意塑造力。[①]

> 青年：我要把一座700英尺高的奶酪山倒进密西根湖，湖水已被抽干，盛满了热巧克力。然后，加拿大皇家空军将满载的10吨酒味糖水黑樱桃倒进这奶酪山，欢呼后再加25000个。好的……注意大山……
>
> 音响：奶酪山倾倒时发出的巨大的嘎嘎声！
>
> 青年：注意空军！
>
> 音响：飞机轰鸣声。
>
> 青年：注意黑樱桃酒味糖水樱桃……
>
> 音响：炮弹的啸叫声和樱桃打中奶酪的声音。
>
> 青年：好的，再加25000个樱桃……
>
> 音响：人群喧哗。声音越来越响，然后戛然而止！
>
> 青年：现在……你想在电视上试一试吗？
>
> 听者：这……
>
> 青年：你瞧……广播是一种多么特殊的媒体，因为它可以激发你的想象力。

与纸媒一样，收音机广播是一个可以充满想象的世界，任凭撰稿人在完全自由的时空中驰骋，没有艰难布景和高难度动作的制约，他们可以轻松做出电视广播很难操作的事情。的确，纯音频听众只能听到撰稿人和主持人让他们听到的描述，但他们可以在脑海中看到想象的世界，而想象不受视觉限定。但视频画面没有给想象预留任何空间，它太拘泥于现实，难以展现根本不存在的虚拟世界，也难以展现尚

---

① 赫利尔德.电视、广播和新媒体写作［M］.谢静，等译.北京：华夏出版社，2002：9.

未存在的未来。

（4）难以再现过去

与纸媒叙事和音频叙事相比，视频叙事因为形象化的要求，失去了很多报道机会。前者不受时空限制，可以自由地回溯、追忆、描述发生过的往事。后者只善于展现实际存在的情形，而且是镜头前刚好存在的情形，对实际上存在过的情形已经难以再现。例如，1996 年央视摄制大型系列专题片《邓小平》第一集《早年岁月》时，无法复原邓小平在法国勤工俭学时的具体言行，只能采取故地重游的方法，去邓小平读书的巴耶中学、做轧钢工人的克鲁索市施耐德钢铁厂、做制鞋工人的夏莱特市哈金森橡胶厂、做钳工的雷诺汽车厂采拍目前的情况，由赵忠祥诵读总撰稿陈晋的解说词，复原当年的情景。

同样的，第五集《十年危艰》无法再现邓小平 1970 年前后下放南昌新建区在拖拉机修造厂做工的生活，无法再现他在那条著名的小道上行走的样子，制作团队只能依然采取用空间表现时间的办法，在解说词的帮助下，传达历史信息。

时间是不断流逝的，人不会停驻在旧时光中，他们的行动也已烟消云散，但他们曾经存在过的空间位置是稳定的，空间变化也很缓慢。这为摄录师和编导利用现有空间镜头表现在同一空间中过去发生的事情提供了可能性。

例如，在一起银行抢劫案中，两位营业员与歹徒搏斗，一位不幸牺牲，一位身负重伤，爬行数百米去报信。做报道时，摄录师不能也没必要安排重伤者沿路重爬一趟，他只要拍摄了营业所内外的空镜、血迹、重伤者爬行过的街道，撰稿人便可以为画面配上这样的解说词："看到街区无人，她忍着剧痛，一米一米，艰难地爬向数百米外的警亭，鲜血染红了身后的路面。"

由于新旧空间的接近性，受众心理会产生环境认同，产生对过往信息的理解。但画面安排上的这些努力，如果没有解说词的加持，一切都无济于事。

（5）缺乏抽象概括能力

生活中有太多的抽象的概念和数据、原理和规律、思想和哲理很难仅仅依靠画面说清楚，像"中国人口已增至 14.12 亿""经过努力，全国现有耕地面积已达到 19.179 亿亩，林地面积也达到了 28412.59 万公顷""我国石油产量突破了 2 亿吨"这类信息，再高明的摄录师也无法表现出来。

另外，视频画面善于对一时、一地、一个具体事物进行表现，而如果综合概括不同时间、不同地点、多个事物，它是乏力虚弱的。

而所有这些缺陷，用文字语言弥补，如振落叶。

4. 画面具有无序性

当一个镜头中呈现出许多元素和信息，如果没有解说词进行梳理和引导，会显得纷乱而嘈杂。受众无法弄懂拍摄者的表达意图，也不知道编辑让自己注意哪里，甚至弄不清画面中的各种元素是什么，彼此之间是什么关系。另外，视频拍摄不可能总是运用长镜头，耗费大量时长，一定会有所中断，由后期编辑组接画面。但画面不具备精确叙事能力，在一组画面之间不存在明显的叙事线，如果没有解说词承担主要叙事任务，进行信息衔接，使画面既断又连、既接又转，一组碎镜头很难表现好故事的情节段落。

1999 年 3 月 24 日，北大西洋公约组织（简称北约）发动对南斯拉夫联盟共和国（简称南联盟）的空中打击。3 月 25 日，美国广播公司、美国有线电视新闻网（CNN）、加拿大广播公司（CBC）、凤凰卫视等播发了上百条战势新闻，其中战机画面极具冲击力。但如果没有解说词，受众弄不清哪些画面中的飞机是北约的，哪些画面中的飞机是南联盟的，无法知道飞行的时间，飞行航线是从哪里到哪里。还有些新闻穿插了现场观众观看北约军演的镜头，如果没有解说词，受众很容易混淆军事演习和空袭实战。

单个镜头画面和一组镜头画面均具有无序性，而文字语言能够在混沌中创造有序。所以，画面的表意功能在很大程度上必须依赖文字语言提供支持。

5. 画面具有多释性

同一个画面，往往具有多重含义，这使创作者的意图和受众的理解之间会产生不同程度的差距。受众不一定接受创作者试图传递的意思，他们常常根据自身经验和心理需要去理解画面，接受一部分信息，忽视一部分信息。

伯明翰大学当代文化研究中心主任斯图亚特·霍尔（Stuart Hall）曾在论文《编码/解码》中论述了视听制作人如何编码以及受众如何解码，他说："只有当编码者和解码者在他们的文化生活中使用相容的符码和象征系统时，意义才可在这个过程中得以转换。我们的背景（比如说，性别、阶级、种族起源、性取向、宗教等）影响着我们对符码和象征的解读。"[1] 创作者必须明确做出定向指示，引导注意力，消除不确定性，保障信息传递的准确性。

1999 年 9 月 14 日，江泽民主席访问新西兰。在新闻画面上，可以看到毛利人

---

[1] 葳尔丝，等. 摄影批判导论：第 4 版［M］. 傅琨，左洁，译. 北京：人民邮电出版社，2012：238.

手持长矛，摇旗呐喊。江泽民主席捡起一个矛头，递给毛利人，毛利人一阵鼓噪。解说词告诉受众，毛利人通过外来客递上矛头的方向，判断对方是敌是友，这是他们欢迎来宾的传统仪式。

文字语言的价值在于，为受众读解画面信息提供顺畅的渠道，缩小创作意图和受众理解之间的差距，减少或排除他们对画面信息的种种误解。

一个手拿牙签剔牙的妇女，可能是注意口腔卫生的细心人，也可能是不知礼数的粗俗者。拍摄者和编辑当然只想传达其中一个意思，那就需要衔接上下画面进行说明。最简洁的方法则是，通过撰稿人的文字语言进行限定和确指，告诉受众这个剔牙的妇人处在什么环境，是私密空间，还是公共场合。

画面含义具有多释性和可塑性，如果创作者指向不明确，表意必然是含混的。但如果说受众的感觉是自由流淌的河水，那么文字语言就是河床，规定了河水的方向。

二、文字语言的结构功能

在视频中运用文字语言的一般原则是：应该首先考虑发挥画面的作用，如果能用画面语言充分表现意图，那就没必要使用解说词；当画面语言不够充分或根本无法表现创作者的意图时，必须让文字语言发挥作用。

解说词一般不描绘自然景色和主体样貌，因为画面对形象信息的传递轻而易举，此时加入解说词是多此一举。而当视觉环境出现异常，或画中人物陷入沉思，如果没有文字语言释义，受众无法知悉创作者所要传达的信息。

文字语言在视频结构上的这种时断时续，很容易被理解为，它仅仅是画面语言的补充。所以，理论界早有这样的共识——画面信息是文字语言的导引，文字语言为画面信息服务。这个共识并不正确，文字语言的诱因不一定是画面信息，它可以有独立意志，文字语言也不一定要为画面信息服务，它可以有独属于自己的目的。实际上，文字语言并不是画面信息的从属和奴仆，它和画面信息一样，都是为了表达创作意图而存在。也就是说，创作者的意图是文字语言的导引，文字语言为创作者的意图服务。只是在视频结构中，解说必须与画面信息配合，阶段性地出现，让人误以为它在为贯穿始终的画面服务，其实两者都是在为表现创作意图服务。解说可能为画面提供服务，但这不是它的根本目的和全部使命。

在视频结构中，文字语言还要承担技术性的衔接作用，这同样不只是服务于画面，而是为了使创作意图和表述线路连贯，顺利转入不同的段落和话题。

1. 引出后续信息

1985 年，中央新闻纪录电影制片厂摄制了纪实片《南极，我们来了》，吴洪源为它撰写了这样两句解说词：

> 过去，南极只在我们的心中，在我们的梦中。
> 如今，南极来到了我们的眼中。

所有教科书都将这段解说词仅仅理解为"为看而写"，说它是以我们眼中的南极究竟是什么样子为悬念，在用潜台词提醒受众"请关注即将出现的画面"。但实际上，它的作用不光是为了引出画面，它当然包含着"请注意看"的潜台词，可它最关键的作用是引发后续信息，这种信息可能是画面信息，也可能是画面中的文字信息。

如果说在南极片中画面风光是比较重要的因素，那么在下面这个例子中，故事情节是它的主要内容，而画面语言不足以表现全部意思，更多的信息要用文字语言来表达。

2011 年 3 月 9 日，央视《讲述》栏目播出《丹妮的抉择》上集，开篇画面是燃放的烟花，袁迪宝一家在客厅中聊天、2010 年台历特写，其旁白如下：

> 2010 年春节大假，厦门的袁家弥漫着特有的喜庆。表亲三哥上门拜年，袁家老人袁迪宝、儿子、儿媳，一家围坐着唠着家常。谁都没有意识到，这次聊天竟会牵动起 83 岁袁迪宝老人的前情往事，一桩沉寂了将近 60 年的旷世之恋就这样不经意地被打开了。

通过设置悬念，引发受众兴趣，沉寂了 60 年的旷世恋是怎么开始的，经历了什么，袁迪宝老人能否与恋人重逢？但是无论如何，这段旁白不只是为了引出画面，而是为了引出主要由文字语言讲述的完整故事。生活中发生的故事，周围人是用眼睛看到的，外围者是用耳朵听来的，但转述给别人不能不用嘴巴。当然，视频作品的解说量越小越好，但如果画面表现力不够，解说词必不可少。

2. 弥合画面接缝

由于时长限制，视频画面不可能完整展现事件的原始进程，只能摘取重要段落进行组接，省略冗余部分，以紧缩时间过程。这势必造成前后画面和前后段落在时空上的割裂感。如果有解说词在组接画面中延续着，便可以淡化画面之间的衔接痕迹，使受众忽视画面之间存在的缝隙。而消除段落之间的跳跃感，可以使用填充塞缝法，让主持人出场，用串联词完成前后拈连。

拉紧画面缝隙的方法像是告诉受众，您就当是没有缝隙，我们给您抹平了。

段落塞缝的方法却明示受众，缝隙是存在的，但我们给您填补好了。

3. 顺畅而迅速地完成转场

视频从一个话题转向另一个话题时，需要过渡性的解说词承上启下，发挥串联功能，实现画面转场。

《万里海疆》有这样两组镜头，前面是相声演员冯巩大讲他对海洋的认识，后面是水兵在军舰甲板上打旗语，画面转场极其突兀。

但冯巩最后说了一句："我今天说的话，也是两个字，海侃。"画面定格。于是，任卫新写道："演员的话语风趣幽默，水兵的旗语神圣庄严。"这使后面的旗语与前面的话语顿时产生了逻辑拈连，一下子消除了画面转换的生硬感。

实际上，表面毫无关联的段落之间总会藏有衔接因素，关键是我们会不会找出这些因素，并巧妙设计它。

2001年早春，先后出现三个新闻事件，引发全球关注。3月12日，阿富汗巴米扬大佛被塔利班炸毁。3月15日，巴西石油钻井平台爆炸后沉入海底。3月23日，俄罗斯"和平"号空间站坠毁。三个事件发生地相距遥远，彼此毫无关联，但巴米扬大佛、巴西石油钻井平台、"和平"号空间站有一个共同特点，它们都是世界最大。于是，央视《本周》栏目回溯三个事件，编辑成《永别了，大个子朋友！》。

> 世界上最大的空间站——俄罗斯"和平"号在就要迎来自己16岁生日的时候，在烈火与海水中走完了充满辉煌和磨难的一生，魂归太平洋。这里曾是12个国家108位宇航员在太空中温暖舒适的家。俄罗斯前宇航员谢尔盖·阿夫杰耶夫说："在这里生活，就像坐在房间里，窗外就是地球。天气有阴有晴，树叶绿了又黄。我第一次到太空行走，就像是走出房门去捡几片树叶。"一位热心肠的澳大利亚农民在野外的草地上修剪出两个绝大的X标志，为"和平"号当向导。他希望为人类工作了一辈子的"和平"号在重回地球时别砸着人，他可能不知道"和平"号坠落的最后阶段根本不受人的控制。回家，回家，原本5年就该回家的"和平"号，在太空整整飘荡了16年，而这个体重140吨的大个子，只有十几吨的躯体能回家，而且已经化成1000多块碎片。

3月15号凌晨，在巴西里约热内卢附近海域，伴着三次剧烈的爆炸，世界上最大的海上石油钻井平台开始下沉。据推测，爆炸可能是油气泄露引起的。5天之后，这个有40层楼高的庞然大物带着9条救援者的生命，沉入大海。人们花了3亿5000万美元建造起它，希望它能工作到19岁，可它只工作了一年。它体内150万升石油已经开始泄露，巴西面临着有史以来最大的一次环境污染。

这是世界上最高的石雕立佛，足有38米高。它曾聆听过1000多年前的驼铃声，亲眼看过古丝绸之路的繁荣。可就在这个月，它却被阿富汗塔利班武装炸毁了。在战火中，即使再辉煌巨大的文明，也会变得弱小和无力。

"和平"永生、平台入海、大佛无言，我们在和它们告别的时候，最想说的就是，随着人类的进步，更多的空间站、更多的钻井平台、更多的文物会比它们活得更好，比它们更长寿。

2002年6月27日，西班牙老百姓庆祝圣胡安仲夏节，发生集体食物中毒，而土耳其总理发布错误信息，引起股市动荡。两个新闻事件貌似没关系，但其实它们有一个共同特点，都是由嘴造成的，病从口入，祸从口出。于是，《本周》这样连缀了两条消息：

西班牙一个小镇上，有将近900人因为在节日盛会上吃了不卫生的蛋糕，结果又拉又吐又发烧。

同一天，土耳其总理埃杰维特也坏在了这张嘴上。77岁的他一会儿说新的大选可能会提前，一会儿又说大选不会提前，人们被他搞糊涂了，土耳其股市也跟着大起大落了好几次。

这种发现貌似不容易，但当我们养成细致观察的习惯，又掌握了基本方法，便可以纵横捭阖，出神入化地完成任何组合。

首先，学会在前段旁白的尾部确定适用的语言因素，它常常是一个关键词，在后段旁白的句首进行重复，完成画面过渡。

1987年，为庆祝中国人民解放军建军60周年，央视军事部摄制了12集专题片《让历史告诉未来》。第11集《献给母亲》有这样两个段落。前段说的是，与其他国家的军费养军不同，解放军在努力自养。后段说的是，世界上和平谈判总是无效，而解放军却自裁100万兵力。两段没有逻辑关系，其解说词是这样转场的：

男声：一位美国将军参观了部队办的养殖场后，一连说了三声<u>不可思议</u>。

女声：或许，更加令全世界<u>不可思议</u>的是，中国政府在一夜之间宣布把自己的军队减少 100 万！

通过观察和思考，发现两件事的共同点是不可思议，那就利用"不可思议"这个词造就关联性。

其次，学会利用前段画面中的一个形象，使其充当导引，产生后段叙述。

在央视纪录片《南极，我们来了》中，为了介绍考察站建起的三套设施，后期编辑在三个段落开始之前运用了同一个过渡画面，即一只企鹅站在礁石上东张西望。

吴洪源用三种感知系统为同样的画面配上了不同引发功能的解说词：第一段落起首，"哦，这只企鹅似乎<u>看</u>到了什么"，画面是气象站的风向标在风中转动，然后是气象站的其他设施；第二段落起首，"哦，它似乎又<u>听</u>到了什么"，音频出现发报机的声音，画面上出现邮电局的设施；第三段落起首，"哦，它似乎又<u>闻</u>到了什么"，画面上出现食堂，声画配合，把食堂饭菜介绍了一番。

总之，在前段叙事和后段叙事之间找到任何一个共同点，都可以利用它，顺利

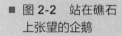

■ 图 2-2 站在礁石上张望的企鹅

完成转场。

4. 完成对简讯的穿插式汇编

简讯编排必然涉及排序和串接问题，哪条简讯应该做头条，哪些简讯可以是时段头条，所有简讯应该如何串接，在视频传播时代，这些问题不存在了，但在电视广播年代，这是一门很有意思的学问。

我们仅以《本周》对 2003 年夏季简讯进行的穿插式汇编为例，了解用文字写作进行简讯串联的奥秘。当时有如下新闻：

（1）北京一对夫妇，为抗击"非典"的医护人员发明了通风和调温的隔离服；

（2）国家足球队队员吴承瑛参加高考；

（3）浙江萧山发现的一条古船，被确定为世界上最早的船，距今 8000 年；

（4）22 岁的长春姑娘周小庆在电梯间遭遇抢劫，她把五大三粗的抢劫者压制在身下；

（5）2 岁零 9 个月的徐州娃娃创作了 500 多幅作品，正在举办个人画展，其涂鸦之作浑然天成，令艺术家赞叹；

（6）黑龙江一条小狗的模样很像小老虎；

（7）江苏连云港发现人脸螃蟹；

（8）美国成功发射"机遇"号火星探测器；

（9）美国 32 名试管婴儿在丹佛一家瑞典医疗中心聚会，那里在 16 年间育出了 5000 个新生命；

（10）哈利王子中学毕业，举办个人照片展；

（11）《哈利·波特》出版第 5 集；

（12）美国电影巨星派克病逝；

（13）埃塞俄比亚马拉松世界冠军结婚，新娘的婚裙长达 500 米，绣满关爱艾滋病人的红丝带；

（14）英国足球明星贝克汉姆转会，其夫妇两人每年爆出 18500 条新闻；

（15）中学生任天诗给死树立碑。

首先，要在这些简讯中挑出分量最重的做头条新闻，而分量最重的新闻应该是"机遇"号火星探测器发射成功。那么，哪几条简讯可以串接其后呢？有人觉得应该是试管婴儿和"非典"防护服，因为它们都与高科技有关。但实际上，火星探测器与人类最古老的船串接起来思路更为开阔，它们同为出行工具，却有着 8000 年的历史跨度。这样看，可以大胆一点儿，改由分量不是最重的萧山古船做头条，这样做符合"先本上而后海外"的编排原则，只要它不是很长，然后立即接上火星探测器发射成功。接下去，可以提及火星上有一块酷似人脸的火星石，它是浑然天成的。于是，以"浑然天成"为关键词，串接连云港人脸螃蟹、东北虎脸小狗、徐州 2 岁零 9 个月娃娃的画，让这三个简讯合成一个段落。

讲述徐州娃娃的结尾提及一组数字，于是后续编排，均围绕数字展开。

贺红梅：最能概括这小家伙人生经历的就是数字，2 岁零 9 个月大，1 岁 7 个月完成自己的处女作，15 个月创作了 500 多幅作品。其实，我们每个人的生活都充满了数字。

旁白：8 号，吴承瑛参加了高考，根据国家规定，优秀运动员只要考 280 分，就能上大学。贝克汉姆被证实要从英国的曼联队转会到西班牙的皇家马德里俱乐部。有人做了统计，小贝夫妇一年能制造出 18500 条新闻。32 名试管婴儿聚集到了美国丹佛市的一家医疗中心，和别的孩子不一样，在生命开始的时候，他们不是在妈妈温暖的肚子里，而是在这家中心的试管里。16 年来，这中心一共培育出 5000 个小生命。戴安娜王妃的儿子哈利王子 11 号中学毕业了，为了纪念 5 年的中学生活，王子举办了照片展，妈妈戴安娜的照片放了最醒目的位置……这也是个叫"哈利"的孩子，他也是个没妈的孩子，可他学会了魔法，还成了全世界孩子的偶像。12 号，《哈利·波特》第五集《哈利·波特与凤凰社》出版了。13 号，格里高利·派克永远离开了爱他的影迷，演了 50 多年电影，他终于可以休息了。派克今年 87 了，可在观众心中，他还像《罗马假日》里一样年轻而英俊。14 号，埃塞俄比亚举行了一场盛大的婚礼，新郎是悉尼奥运会的马拉松冠军阿贝拉，新娘的裙子有 500 米，上面绣满了对艾滋病人倾注关爱的红丝带。

由艾滋病引出克服危难的三种策略，每一种策略带出一个简讯。

艾滋病是灾难，战胜它需要勇气。

长春中环小区的电梯监视器就用 2 分钟给我们讲了一个 22 岁姑娘勇敢的故事。和周小庆同乘电梯的还有一个小伙子，一个劲儿地往小庆的包上靠。经过搏斗，把五大三粗的小伙子压在身下。

对付困难的第二条攻略是智慧。

这对姓刘的夫妇为医护人员发明了隔离服，不仅倾注了智慧，而且饱含他们对医护人员的爱心。

对付危难的第三条攻略是爱心。

任天诗，北京长辛店二中学生。奶奶家住城南，一年前，那里是绿绿的一片，现在，好多小树都死了。他给小树立了墓碑，他最大的愿望是这里的小树都能活过来。

现在的视频简讯集锦使用的是集纳式编排，电视简讯的穿插式汇编已经没了用武之地，但学习它的经验，对我们掌握用文字语言串联段落的方法大有益处。

5. 连接前后段落

在视频制作中，对不同形式的段落进行连接，是指连接旁白画面和同期声画面。同期声画面最忌讳与旁白画面没有过渡逻辑，莫名其妙地突然出现，又毫无征兆地突然消失。旁白应该为同期声的出现进行恰当的铺垫。

在1993年版的《庐山》中，有两个同期声段落相距非常近。前段是记者与山间卖拐杖的小贩在攀谈，结尾是小贩热情地送给记者一根拐杖，说了一句："你就记着我是庐山卖拐杖的就行了。"此后仅够写上一句旁白，立即就是游人拉着主持人赵忠祥要求合影留念的同期声。两段同期声内容没有关系，但要用一句话承接前段，合理引出后段，难度非常大。这句旁白是"虽然未曾谋面，但有他乡遇故知之感"。任务顺利完成。

视频粗编完成后，同期声画面往往已经根据需要安排在适当的位置，其前其后的解说词一定要精心设计，根据同期声的内容，使其出现的时机合理化。

三、文字语言的强项

文字语言在传递信息方面具有天然优势。比如《新闻联播》，如果把声音关掉，仅看画面，顶多只能看懂一两条，而把画面调黑，只听解说，却基本能听懂。在碰到重大突发事件时，视频传播者如果没能获得画面素材，他们会单独运用文字语言，或者在荧屏上打出字幕，或者仅使用音频，首先把信息传播出去。明确和迅捷是文字语言的特色。

文字语言是提高视频信息质量和视频传播效率的有力手段。

1. 解释画面

视频画面肯定让人看得见，却不一定让人看得懂。如果解说词没有帮助受众看懂画面，那是它的失职。请看下面这段话：

> 在长征胜利 70 周年大型展览上，首次展出了许多历史文物，这是背包，这是望远镜，这是手枪。

这种解说词毫无用途，背包、望远镜、手枪，这都是受众在画面上看得见的文物，但他们不知道这是谁的背包、谁的望远镜、谁的手枪。所以，应该把解说词改成下面这样：

> 在长征胜利 70 周年大型展览上，首次展出了许多珍贵的历史文物，这是周恩来用过的背包，这是朱德用过的望远镜，这是左权用过的手枪。

旁白无须复述画面信息，却要对画面信息做出解释，说明情况。

摄影导演孙增田在 1992 年摄制的纪录片《最后的山神》中，用画面展现了一个像帐篷一样的居住点，并配了这样一段旁白：

> 这种用几根树干做支架、用兽皮围起来的住处，鄂伦春人叫"仙人住"，这是孟金福夫妇在山林中的家。在过去的千百年中，鄂伦春人就这样世代生息在大小兴安岭，一直过着从远古沿袭下来的游猎生活。

仅看画面，受众无法知道这竟是鄂伦春人的家，旁白一定要说出来，千百年来，鄂伦春人就是住在这样的家里，世代繁衍。

2. 拓展画面信息

旁白写作对画面具有一定依附性，受画面时长、内容、氛围的制约，但解说词旨在"提升画面表现力，而不是简单地重复画面内容"[1]。

文字语言提升画面表现力，至少有两方面的工作可做。

（1）为画面信息增量

画面是一种造型表达，具有表面性，缺乏信息深度，而解说词可以极大地增加画面信息的厚度。

---

[1] 里奇. 新闻写作与报道训练教程：第 3 版［M］. 钟新，主译. 北京：中国人民大学出版社，2004：280.

《最后的山神》中有一组画面，受众看到的画面只是孟金福举起猎枪，旁白却为这个画面增加了信息。

> 孟金福的枪太老了，老得都不易找到同型号的子弹。可他不想换成自动步枪，那样看不出猎人的本领。他更不肯学着用套索夹子去狩猎，那样不分老幼地猎杀，山神是不会高兴的。

先是道出枪太老了，然后道出不愿换枪、不用套索夹子的思想根源。

《最后的山神》中还有一组画面，受众能看到的只是孟金福划着船，但旁白却扩大了画面的时空。

> 孟金福经常看好一个风向稳定的夜晚去蹲碱场。
> 蹲碱场是鄂伦春人传统的狩猎方法。碱场就是盐分大的湖泊或水潭，到了夜里，动物常来喝水，猎人就在这时候伏击它们。
> 这一夜，一个动物也没有出现。
> 如今，动物越来越少了。

空间从孟金福划船的视觉核心扩大到碱场沿岸，时间先是扩大到整夜，然后扩大到如今这个时代，扁平的画面立体化了。

（2）补充画外信息

画面的具体性必然导致它的有限性，视频画面本身难以把庞杂的关联信息容纳进来，也不可能耗时费力地重现大背景，更不可能全面展现事件过程，所以解说词应该用简洁的语言交代背景信息、环境因素、人物的基本情况、主要因果关系。

《让历史告诉未来》讲述朝韩分界线时，画面是"三八线"上的板门店外景，其解说词立即补充了它的历史信息。

> 板门店，为朝鲜战争画了一个句号，但同时又从这里，把朝鲜国土、朝鲜民族分割为两半。
> "三八线"从这房子中间穿过，桌上的几根电线，就是这所房子里不可逾越的军事分界线。为了这条线，美国等 16 国军队和南朝鲜军队的 109 万人死伤在这片土地上，37 万中国人民的优秀儿女在这里流血牺牲。

《华尔街日报》头版撰稿人威廉·布隆代尔（William Blundell）说："我们总是停留在现在进行时中，这就是我们所属的时态。尽管有的时候，过去和未来在我们的故事中也是相当重要的组成部分，但它们往往都被忽视掉了。如果我们能够抓住过去和未来，我们的故事内容就得到了延展。"[①]

3. 强调画面细节

学界常说，画面上有的信息，旁白不必重复。但业界并不要教条式地理解这句话。当画面信息比较复杂，旁白复述其中一个信息，旨在引导、限定、强调。如果画面信息是表面化的，旁白可以在复述它的同时加深它的程度。

在央视纪录片《半个世纪的爱》中，有一个段落讲的是郭布罗·润麒和金蕊秀夫妇，画面是宫墙、大殿，然后镜头摇至普通的室内，老夫妇在煎饺子，旁白如下：

溥仪和婉容的婚姻是一个悲剧，而眼前这对老人的婚姻生活却是恩爱和美的。他们是一对皇亲国戚，金蕊秀老人是末代皇帝溥仪的三妹，郭老则是婉容的弟弟，昔日的皇妹国舅如今成了贫民百姓。

他们在煎饺子，那油，倒得也极为俭省。

高高的宫墙里，曾经是他们的家。那里，有她的童年，也有他的童年。

一切都过去了，如过眼烟云。

煎饺子是画面情节，但油用得很节省却是细节，说明老夫妇生活的不易。但它不容易被注意到，即使注意到却没解说词，受众也不会被触动。解说词作用于受众的听觉系统，但一定要立足于他们的视觉感受，使他们把听觉信息和视觉信息叠加在一起，产生合力。加上一句"那油，倒得也极为俭省"，一是深化了细节，二是唤醒了感悟。

同样，《半个世纪的爱》中另一个段落讲的是《文艺报》原主编孔罗苏夫妇的故事。他们家挂着一个小风铃，解说词为它做了深化。

门庭上的风铃叮叮当当地响了起来。我们有些奇怪，风铃为什么要挂在那里呢？孔老告诉我们，是要挂在那儿，因为只要老伴儿在屋子里一走动，它就会

[①] 布隆代尔.《华尔街日报》是如何讲故事的［M］.徐扬，译.北京：华夏出版社，2006：51.

响起来，它一响，我心里就踏实了。

一个不起眼的小风铃，经过强调，成为老夫妻相濡以沫的佐证。

有的时候，由于前期拍摄不够细致，编辑想要突出的细节不在画面的显著位置，无法引起注意，这便需要撰稿人运用解说词强调这种细节，使其发挥作用。

《半个世纪的爱》讲述李光亮夫妇的段落中有这样一段旁白：

> 这支《金婚曲》是李光亮老人自编自唱的，当他写完这支歌时，他首先唱给了老伴儿。一支曲子唱出了两个老人的心声，助听器上一根细细的线，连着两颗老人的心。

李光亮在纪念会上为夫人唱歌，夫人耳背，戴着助听器聆听。助听器的耳机线细若游丝，受众不易察觉。但一经发掘，立即发挥了效能。

这里要说的是，仅靠旁白强调细节，只是退而求其次的补救方案，其功甚伟但效果有限。1990年，江西新余电视台、江西人民广播电台、央视联合摄制《大山的奉献——井冈抒怀》，全篇结尾处，有一组烈士纪念碑处于构图中心。如果没有吴洪源用解说词做提示，受众很难注意到其中一座墓碑前有几朵小野花在风中摇曳。这种情况下，解说词是很棒，但没有小野花的特写，视觉冲击力不足。

4. 调动联想和想象

联想和想象的共同特点都是想开去，但联想是从一处想到另一处，联想物是现实中存在的东西，想象直接是一处终点，事实上并未发生。无论是联想，还是想象，文字语言都比画面语言容易施展。

联想是跳跃性思维的结果，通过点明被联想事物之间的接近点，将彼此无关的事物联系起来，说明一个问题。以《话说长江》第八集《从宜宾到重庆》为例，它要介绍当年没有名气的宜宾，只能用解说词调动受众的联想。

> 陈铎：是的，宜宾不太出名，然而宜宾出产的五粮液，可是中国的八大名酒之一呀。说起来并不奇怪，生活中常有这样的事嘛，譬如，一部故事影片，扮演主角的演员嘛，人们都能说得出来，但很多人都不知道这故事片的编剧是何许人。

用享誉全国的五粮液引发受众对五粮液产地的联想，用妇孺皆知的幕前演员和默默无闻的幕后英雄对应五粮液和宜宾，为受众筑牢联想的桥梁。

运用文字语言调动受众联想时，如果联想空间太小，那就意义不大，如果联想空间过大，彼此对接不上，那便无法建立联系，不能引发受众共鸣。

用文字语言促使受众发挥想象的情况有两种：一种是创造想象，基本是无中生有；一种是再造想象，是对不曾见到的实情展开思维。前者富于文学性，没有定法，发挥自便。后者常常用于媒介报道，是视频文字语言的一种手段。

历史专题片在记述往事时，无法逆时呈现当年的情景，但可以利用现有空间环境作为载体，陈述这个空间中曾经发生的故事。它们不用做情景再现，仅通过文字语言调动想象，便可以较好地弥补缺失人物形象的遗憾。

在专题片《大山的奉献——井冈抒怀》中，有一组画面是井冈山上的一条无名小路，弯弯曲曲，在荒草中若隐若现，通向远方。吴洪源配写了这样的旁白：

> 在这崇山峻岭中，一条荒芜的小径出现在我们的面前，它牵动着我们的双眼，也牵动着我的心。透过那层层的荒草，我仿佛看到了红军留下的脚印，仿佛听到了红军前进的足音。是的，革命正是从这崎岖的小路走上了胜利的坦途。

画面中已没有红军，没有脚印，环境声中也听不到足音，但调动受众的再造想象能力，可以让他们在脑海中浮现出红军的形象。

你是否注意到，吴洪源在这段旁白中使用了"我们"和"我"两个不同的人称，这是非常严谨的。小径出现在眼前，"我们"一定都能看见，但它是否牵动了所有人的心，是否让所有人都仿佛看到红军的足迹？这可不一定。因此对于后两个感受，吴洪源仅使用了"我"这个第一人称。

新闻视频也常常运用再造想象的办法完成报道。2012年6月26日是国际禁毒日，央视新闻频道《法治在线》栏目播出《揭秘金三角大毒枭糯康》。可注意2分48秒之后的这个段落：

> 旁白：老挝金三角经济特区的金木棉码头，是湄公河上的一个重要货运码头，每天都会有相当数量的船只停靠于此，而且大多数都是中国货船。10·5湄公河遇袭案就发生在离这个码头只有两三公里的地方，在码头上用肉眼都可以看到13名中国船员被杀害的地点。

刘建辉：我身后这片区域，就是震惊中外的10·5湄公河遇袭案的案发地，它位于湄公河流域金三角地区泰国一侧。案发当时，据目击者称，两艘出事的中国船只，就被拴在了远处的那棵树上。正常情况下，过往的商船是不会在这个区域停靠的，就在目击者也感到困惑的时候，船上突然传来了枪声。

这段旁白和主持人的实地报道均使用了再造想象手段，带动受众对事发地点进行观察，在脑海中想象事发情景。这种方法可以弥补实情画面缺失的遗憾，在一定程度上满足受众的知欲。

5. 发出议论

议论尽管含有实在信息，但其中的思路、逻辑、哲理带有抽象性，画面几乎无法表现，而文字语言却可以明确进行表达。

央视1991年摄制的专题片《啊，云下边的山》中有一个段落，每个镜头都是山的全景，旁白围绕山展开议论。

在中国近代史上，有这么一位先行者，他出生在广东香山。他少年时就读于夏威夷檀香山，他的衣冠珍藏在北京西山，他的遗体安葬在南京紫金山。他姓孙，名叫中山。他的生生死死都离不开这个"山"。

是啊，他就是一座大大的山，他就是一座高高的山，他也是一座渴望见到太阳然而始终未能见到太阳的山。

这样的文字语言，完全可以独立，但脱离了画面，它的意象会被虚化，配上合适的画面，它便增添了力量。总之，相应的画面无法说出哲理，却可以为哲理提供一片土壤，让它生长得更为茁壮，而且带有抒情意味。

6. 矫正失误镜头

视频文字语言可以将错就错，对镜头语言的失误进行补救，对越限画面信息进行回调，表达出摄录师不曾想到的意思。

《半个世纪的爱》的摄录记者在完成京城一对老年夫妇的采拍后，运用一个长镜头，在老夫妇的小院中左拐右转，移出院门口，继续向前推进，这时有几个放学的孩子从门外走过，意外闯入画面。但这个片子旨在反映金婚老夫妇的生活，跟小孩子完全没关系，于是解说词对画面信息进行了重整。

胡同里的孩子放学了，蹦蹦跳跳的，一个小女孩，她忘记跟同学们打招呼了。当然，她不会特别关注对门院里的这一对老人，更不会想到老人也曾经蹦跳着走过和她一样的童年。

这样一来，闯入画面的孩子和他们根本不认识的老人产生了逻辑关联，而且时光飞逝和生命的沧桑感不禁令人感叹。

本章结语

对视频写作功能和强项的归类，只是为了研究和学习，在实操过程中各种功能和强项可能会彼此交叉、相互渗透。

以台湾卓越文化传播公司 1995 年公映的专题片《一寸河山一寸血》第 42 集《永恒的悼念》为例，该片在记述了卢沟桥抗敌战役之后，把镜头对准宛平古城北墙，推上特写，呈现墙上一簇野花。

更存真的战斗遗迹却留在城北一段被保留下来的城墙之上，城墙上的枪眼也许更能说明当时厮杀的惨烈。

时间果真能够用来抚平人们心头的创痛，就看这斗大弹坑里的小黄花吧，它仿佛在春风中摇曳着，为天地间生命的韧性讴歌。

这段解说词，既是再造想象，又是细节强调，也是议论和抒情。所以，在学习视频写作时要明辨界限，在进行视频写作时要灵活应变。

本章思考题

一、假如给你一段粗编画面，第一个镜头是公园里人来人往的大全景，第二个镜头是两个儿童在跷跷板上玩耍的小全景，第三个镜头是一个孩子跳蹦床的中景，第四个镜头是三个孩子在甬道上奔跑的小全景，第五个镜头是年轻父母坐在草地上远看孩子们的大全景，你将如何避免重复画面信息来写解说词？

二、前段声画内容是足球赛事中沸腾的观众席，后段声画是空中的大型客机，你会如何用一段旁白进行衔接？

第三章
内容正确无误

> **本章提要：** 首先由思想方法入手，探讨它对确保内容正确无误的作用，以便从一开始便牢固树立起正确的认知理念。在此基础之上，应该对信息能否被正确表述予以高度重视，认真考量旁白是否与事实信息一致，解说词是否与视觉信息一致，用语是否正确无误，在意思表达上有无歧义。最后，要研究视频写作中的看法如何保证正确无误，它必须以拥有正确的自我认知、对舆论拥有正确的态度、确立正确的主题、具有恰当的分寸感为前提。

正确传播信息是媒介的天赋责任。《纽约世界报》总编普利策给采编人员制定的最重要的纪律是，"精确、精确、精确"。[①] 他认为，记者没有才华，是可以容忍的，但他不能是一个粗心人。

媒介的使命是真实而准确地传递信息，满足受众未知、欲知、当知的基本权益，其深层意义和价值在于可以为受众提供日后遇到同类或类似事件时可以持有适当的看法，采取正确行动。所以，媒介的社会责任重大。

1954 年，联合国世界新闻自由小组委员会制定了第一个新闻道德规约——《国际新闻道德信条》草案，其第一条规定是媒介工作人员不得删除任何重要的事实，不能扭曲事实，应尽一切努力确保公众接收的信息绝对准确。

一、思想方法正确无误

视频媒介具有视听综合效应，解说词附着在眼见为实的画面上，即使信息内容

---

① 高钢.新闻写作精要［M］.北京：首都经济贸易大学出版社，2005：176.

超出画面含义，一样容易让受众相信。如果信息有误，后果更为严重。在学习技术性免错要领之前，我们首先应该在思想意识上达到一定高度。

1. 从一开始便牢固树立起正确的认知理念

媒介写作有两种失真，一种是故意失真，一种是业务性失真。两者的关键区别在于，故意失真是确知自己撰写的信息不真实却坚持发布，是主观故意；业务性失真是不知道自己撰写的信息不正确，或不保证自己撰写的信息正确，是客观过失。简单说，一个是知错，一个是不知错。在媒介实践中，绝大多数失真并非故意失真，而是业务性失真，或与故意失真十分相似的业务性失真。

2007 年，笔者在央视《实话实说》栏目为怀孕生育的和晶代班主持了 8 个月之后，谋划了最后一期节目，把和晶迎了回来，自己自此告退。这个是拥有极高关注度的栏目，8 个月之内的第二次人事变动再次吸引了大批娱乐记者。节目播出第二天，一家报纸的娱乐新闻报道显示，笔者十分尴尬地与和晶握手，将话筒交还给她，最后一个镜头还没结束，笔者无地自容又非常感伤，一低头跑下了舞台。

■ 图 3-1　笔者在节目尾声请和晶走上舞台

■ 图 3-2　笔者在节目中的最后一个镜头

在图 3-1、图 3-2 两个镜头中，可以清楚地看到，笔者笑容满面。这位纸媒娱乐记者的报道与实际情况截然相反，她是不是故意失真？当然不是，即使是普通人，只要观察力正常，便不会犯下如此错误。这只能说明，那位记者根本没看这期节目，不知道自己是错的。可问题是，没看节目，怎么敢做出这样的报道？因为自笔者接手这个节目，媒介便臆断收视率严重下降，最终挺不住了，不得不把节目交还给和晶。很难让人相信，有人会在收视率攀升的情况下，把央视那么难得的位置让出去。于是，无须求证收视报表，无须浪费时间通篇观察，按照自己的估算和想象报道出去就行了。

业务性失真的可怕之处在于，报道者错了，自己却不知道。这种错误的根源在于，轻信自己的主观臆断，不知道主观臆断来自危险的偏见。

2015 年，佳能相机在YouTube 上发布短视频广告《6 位摄影师，1 个男人，6 种视角》，寓意深刻。在视频中，实验者把一个大汉先后交给 6 位摄影师，让他们为他拍摄肖像照，要求拍出他的本质。大汉是沙滩救生员，但实验者告诉第一位摄影师，他是白手起家的富豪，摄影师非常尊敬他。实验者告诉第二位摄影师，大汉救过一条人命，摄影师赞誉他的勇敢。第三位是女摄影师，实验者告诉她，大汉有前科，女摄影师拍摄时教他做人的道理。实验者告诉第四位摄影师，大汉是职业渔民，摄影师让他双脚交叉搭在凳子上。实验者告诉第五位摄影师大汉有通灵本领，又告诉第六位摄影师大汉曾是个酒鬼。拍摄完成后，6 位摄影师聚在一起，欣赏他人的作品。

此时，大汉走进门，感叹说："看起来像 6 个不同的人。"当他一一说明自己不是肖像照中的那些角色时，视频画面上依次出现 6 幅肖像照。

■ 图 3-3　6 位摄影师根据实验者的简介为大汉拍摄出截然不同的 6 幅人物照

表 3-1 《6 位摄影师，1 个男人，6 种视角》尾部，肖像照与肖像角色的对应解释

画面上的满屏肖像	画外同期声
特写： 像渔民一样憨笑的样子。	我不是渔夫。
中近景： 双手放在双膝上，目光偏执。	我不是酒鬼。
大特写： 明眸上看，深邃状，抿着嘴。	经济危机把我整得够呛，但我从来不是富豪。
小全景： 处于右下方，扭脸睨视镜头，拧巴着嘴。	从来没进过监狱。
中近景： 咧嘴大笑，阳光，无私。	我是沙滩救生员，但我讲的故事从没发生过。
小全景： 坐在画面右侧，微仰拍，神秘，深不可测。	不是通灵人，连"通灵"这个词都很难拼出来。

6 位摄影师轻信别人的一面之词，根据自己对 6 种社会角色的刻板印象（Stereotype）预设和构思，把同一个人拍出了 6 种样态。视频字幕说："图片更多的是由镜头后面的人塑造的，而非镜头前面的人。"同理，视频画面是拍摄器后面的人和后期编辑塑造的，视频文字是敲击电脑键盘的人写的，但我们描述的人、物、事是不是他们和它们本来的样子呢？

在谈及正确传播内容时，我们首先应该确立这样的认知理念：用事实说话，避免想当然地写作，尤其是对于写作对象的思想方法、内心活动和情绪的描述，必须避免草率认定，对拿不准的信息宁可省略不写。

2. 对信息重要性的正确甄别

电视广播时代，集成简讯节目要有编排意识，挑选头条新闻和时段头条新闻，所有简讯需要正确排序，其中涉及对重要性的判断，并要在撰稿词中突出重要性。

1981 年 1 月 20 日，两个在分量上旗鼓相当的新闻同时出现，里根在这一天就任美国总统，伊朗释放美国人质。美国全国广播公司《晚间新闻》主播约翰·钱塞勒（John Chancellor）挑选伊朗释放美国人质做头条新闻，而且用时不短，其理由

是，自 1979 年 11 月 4 日起，人质事件始终具有高度的不可预知性，而同是从那时起，所有人都知道里根会就职总统。于是，钱塞勒的开场白是这样写的："晚安，444 天，人质危机的最后一天，这一天也是里根就任总统的第一天。""最后一天"和"第一天"是对应关键词。紧接着，《晚间新闻》播出的是人质在德黑兰机场登机的镜头。

对信息重要性的甄别，不光是在集纳简讯时判断哪一条新闻最重要，而且在制作每一条简讯时都要判断哪一个要素最重要，它直接关系到撰稿词的重点放在哪里。哈德在拿到一桩绑架案的新闻素材时做出这样的判断，犯罪嫌疑人是因为被邻居用摄录机拍到了袭击绑架过程而被捕，那么在这则简讯中，那些犯罪嫌疑人叫什么名字、是怎样的人、为什么实施绑架都不重要，重要的是，邻居用家用摄录机拍下了犯罪过程。于是，哈德的撰稿词强调了这个特点。

有时候，我们对信息重要性的甄别标准会发生错乱，需要格外警惕。

2004 年 2 月 16 日，吉林市中百商厦发生火灾，国内媒体播发简讯，中央人民广播电台的第二句串场词是"目前已造成 53 人死亡"，而某媒体第二句串场词是"吉林省市领导均赴火灾现场"，最后一句才是"目前已有 53 人死亡"。在火灾报道中，伤亡数字显然要比主管领导到场更有新闻价值，后者是常规行为。

3. 信息的确认

确认信息是否属实，通常有两种方式，最好是能亲历事实，进行体察；其次是获取消息来源，发现经由中间环节过滤后丢失了什么，发生了怎样的变异，然后进行修补和矫正。

美国有线电视新闻网资深随军记者彼得·阿内特（Peter Arnett）的座右铭是："只写我自己亲眼之所见。"[①] 但更多的情况下，许多报道不可能源于记者的直接观察，记者不可能看到政策草拟、列席军事会议、亲历谋杀过程、旁观夜贼入户行窃。如果记者不在现场，信息只能是从文件和卷宗中获得，从在场者那里听取，而许多报道所依据的信息在记者获知之前已经经过数次过滤。因此，搜集相关材料，充分占有材料，交叉比对，发现疑点，是记者做报道的第一个步骤。然后，采访参与者、目击者、知情人、相关权威人士，破解疑点，获得更多的可靠素材。其中，多方核实信息是工作中的重中之重。

核实信息应该是媒介工作者的天性。

---

① 门彻. 新闻报道与写作：第 9 版［M］. 展江，主译. 北京：华夏出版社，2003：48.

《啊，云下边的山》中有这样一个段落，画面是广东中山市南朗镇的翠亨村以及孙中山的故居，它的旁白如下：

> 翠亨村是孙中山的出生地。有趣的是，全村的房屋大门都朝东，唯独孙家的大门是朝西的。而且，里里外外，窗户多得出奇。这房屋的出资者是孙眉，房屋结构和朝向的设计者是孙中山。虽然，谁也不能牵强附会地推论，这是孙中山主张西化的象征。但是，孙中山的确是提倡在中国通过革命实现资产阶级理想的第一人。

全村所有房屋都是东向，只有孙家朝西，摄制组开拍之前就有所耳闻，但是不是如此，确定撰稿词之前一定要亲察。事实上，翠亨村确实只有孙中山设计的两层楼朝西，与全村民宅截然相反。

在媒介工作中，速度是摄制工作的基本要求，却是准确性的天敌。核实需要实地寻访，问询当事人，即使是打电话或是查资料，都要花时间。由此耽搁10分钟，甚至是三四天，都可能意味着作品不能抢先出笼。但无论如何，核实是必须的，与其抢先发布带有错误信息的作品，不如宁可延后发布无误作品。

2018年4月22日，"爱历史视频"账号在哔哩哔哩网站发布一条视频，记述1944年苏联红军在白俄罗斯战役中取得关键性胜利后，在7月17日押解白俄罗斯方面军运至莫斯科的57000名德军官兵游街，战俘队伍绵延3公里，其解说词说"当时气温高达40度"，以致数千名战俘虚脱。

根据常识，以莫斯科所处的纬度看，温度高达40度是可疑的。而且，视频中围观战俘的苏联人，男人戴着帽子，穿着西装，女人系着头巾，也可以说明温度不可能那么高。稍加查证即可知，莫斯科有史以来的最高气温是38.2度，出现在2010年7月29日。当然更为严重的是，视频解说词与"老张侃侃谈历史"2017年7月12日发布在搜狐网站的文图《详解：1944年苏军押解5.7万名德军战俘莫斯科游街》的中间段落一字不差，包括"40度高温"的信息。

视频传播时代，由于失去了电视广播时代的严格前审，这种信息错误大量出现。2020年，"社会思维学"账号在抖音上发布微视频，全文如下：

> 1981年，法国社会党领袖密特朗来中国访问，在游览孔府时，他手扶龙柱让随行的摄影师拍了一张照片。回国后，摄影师洗出照片一看，不禁吓出一身冷汗。原来，龙柱下的密特朗眼睛是闭着的。出了这种失误，摄影师自觉无法向密

特朗交代，密特朗向他催要了几次照片，但他都以各种理由拖延着。

　　一天晚上，摄影师对着这张"败笔"发呆。突然，他想起了中国翻译曾经向密特朗介绍龙的象征意义，他灵光一闪，提笔在照片上写下几个字："倾听龙的声音。"第二天，密特朗看到照片后很是高兴，称赞他高超的摄影技术。

　　三个月后，密特朗当选为法国总统。一年以后，这张《倾听龙的声音》的特殊照片，获得了世界摄影大奖。倾听龙的声音，感受中国文化的思想内涵，挽救了那张失败照片的命运，也挽救了那位摄影师的命运。

　　这是自 2009 年起出现的讹传佳话。实际的情况是，密特朗参观完孔庙大成殿，返至大成门下，大成门有四根二龙戏珠浮雕石柱，密特朗在其中一根石柱旁席地而坐，闭目小憩。曲阜摄影家孔祥民见状，立即端起相机拍下这个瞬间，诗人公刘为之赐题："倾听龙的心声——密特朗在曲阜。"孔祥民是孔丘第 75 代孙，根本不是法国摄影师。这幅照片，直至 1984 年第 13 届全国影展，才引起国内轰动。法国人知道它，是 1987 年山东省赴法举办影展，照片被放大到 1.2 米，被法国政府收藏。[①] 但它没有获得过世界摄影大奖。

　　微视频没做信息核实，以讹传讹，与事实相去甚远。

　　实际上，不光个人作品错误屡现，数码媒介平台的错误信息也是比比皆是。

　　2021 年初秋，好看视频发布的一个视频，回首刚刚过去的 8 个月：

　　7 月以来，世界各地，出现极端的罕见高温。科威特城测出 73 度超高温，创下历史纪录。由于温度太高，一些汽车的外壳，甚至直接被烤化。

　　编辑和撰稿人误把 2018 年 6 月 19 日在亚利桑那州图森市被工地烈火烤毁的汽车当成 2021 年 7 月 13 日在科威特城被烈日烤化的汽车。实际上，视频引用的那张图片中，其中一辆车是亚利桑那大学研究生丹尼的，图森工地火灾后，这张图片已经在社交媒介上流传开来。

4. 常识性是辨别信息正误的重要条件

　　仍以好看视频回顾 2021 年前 8 个月的视频为例，它有两个段落的错误均与缺乏常识有关，避免第一个误解需要一定的科学素养，而避免第二个错误只需具有中

---

① 孔伟军.倾听龙的心声：镜头里外的孔祥民［M］.济南：山东画报出版社，2005：42-44.

学地理水平。

7月1日，科学家们经过测定后发现，地球自转速度突然呈现加快趋势，一天已经不足24小时。2021年，或将成为几十亿年来最短的一年，而造成地球自转加快的原因，主要是全球变暖，导致的地球两极冰川融化、地震等。为了保持同步，世界时钟，不得不进行调整。

这是因为缺乏常识而耸人听闻，其实，那一天的时间只少了不到2毫秒。

首先，地球自转加速只是近年现象，总体上逐渐减慢是它的大趋势。其次，在季节变化上，地球自转会在某些月份减速，在某些月份加速；在年际尺度上，地球自转速率也会出现前几年放慢而后几年加快的现象。再次，地球自转速度减缓，说明其转动惯量增大，原因是地球整体物质在展开；而地球自转速度加快，说明其转动惯量减小，原因是整体物质在收拢。中国科学院上海天文台研究员段鹏硕用芭蕾舞演员原地旋转的角动量守恒原理做出过解释，演员通过伸展或收缩双臂和单腿局部来改变转动惯量，达到减缓或加快旋转速度的效果，地球自转速度时而减缓、时而加速，道理是一样的。总之，近两年地球自转加快属于正常现象，不过是海洋运动和大气运动使然。

7月28日，美国阿拉斯加半岛以南91公里处，发生8.2级大地震，地震引发的海啸，给沿岸地区的人们造成了难以估量的损失。

而处于热带的巴西，更是发生异常降雪，33座城镇被冰雪所覆盖。

7月降雪，这是多么细思极恐的一件事。

巴西7月降雪，不在它的北部热带地区，是在它的南部亚热带地区，那里是南纬33度，相当于北纬33度的秦淮一线。中学地理常识告诉我们，巴西处在南半球，季节刚好与我们相反，它的7月28日相当于北半球的1月28日。其南部降雪确实罕见，但根本达不到"细思极恐"的地步。

许多属于常识范畴的信息，不一定为我所知，但我们至少应该敏感一些，见到可疑的词汇应该认真查证一番。

2023年1月18日，凤凰卫视《午间专列》栏目播报《荷兰将援助乌克兰一枚"爱国者"导弹电池》，还把新闻标题明晃晃地打在屏幕下端，难道翻译、编导和撰稿人、播音员、字幕员、导播、审片都不觉得"电池"一词不可思议吗？只援助一枚电池是不是太小气了？如果援助的仅仅是一枚电池，西方媒介为什么不讽刺荷兰小气，只做正面报道，还认为这件小事具有新闻价值？

具有常识者知道，"battery"在电池发明之前的原始词义是"炮"，电池发明后因为其外形像炮，于是西方人用"炮"命名了电池，因为电池大量应用，非英语国家的人都知道battery是电池，不记得它曾经是炮。可如果能觉得荷兰只援助电池一枚怪异，查查便可知道，"battery"放在军事术语"patriot missle battery"词组中，是"炮系"的意思，而"爱国者"防空导弹系统包括一个交战控制站、7辆左右的发射车、一套雷达，还有发电和其他支持车辆，需要90名官兵操持，把"battery"翻译成"电池"就太可笑了。

凤凰卫视错了，许多个人媒介没有察觉，纷纷转发，形成了讹传。

新闻撰稿词中出现的这类翻译错误，时有发生，出错者不乏重量级媒介。

2019年3月15日，澳大利亚青年塔兰特在脸书（Facebook）启动直播，先后持枪闯进新西兰的两座清真寺，射杀51人。在译报这起枪击案时，有媒体说，塔兰特在杀人过程中"腿上绑着很多本杂志"。翻译者不知道塔兰特腿上绑着的magazine是弹夹，只知道magazine是杂志。可枪手在腿上绑着很多杂志不奇怪吗？但许多媒介在跟风报道中竟原封不动地复制了错译。

5. 慎用概括性结论

撰稿词在综述概括时应该非常谨慎，不要抹杀个体差异，一概而论，也不要由个体优劣轻易推演出其所处群体的优异或者顽劣。

那些在危难中救助他人的公民很了不起，但他们既不叫"英雄豪杰"，也不叫"标兵模范"，更不叫"中华儿女"。他们有姓有名，与众不同，有着个体的独特意志和经历，特别是在媒介那里，他们更应该只代表自己，与那些概念化的大词区分开。可是，为什么每当他们做出善举，我们总是要把个体引发的感动和敬佩代入一个概括性的共同体？将个人或具体事物的光辉习惯性地归类于大概念，这是宏大叙事依赖症。

反之亦然，将几个人或几件事情的负面事实习惯性地升级为群体评价，是过度总结症，也叫"看本质强迫症"。

1986年11月14日，某栏目播出《麻山乡的独白》，请注意这段串场词：

> 麻山乡人的生产方式是陈旧的，但是麻山人的贫困哲学却是丰富的，而这个"靠"字，正是这贫困哲学的精髓。靠天、靠政府、靠自己也说不清的命运，

可唯独没有想到自己还长着一双可以创造的大手。常言道，穷则思变。麻山乡的农民够穷的了，但是他们却穷得心安理得，他们不仅没能在贫穷的环境里奋起，反而形成一种安贫乐道、得过且过的习气。

麻山乡的农民是否都对贫穷心安理得？他们每个人都有得过且过的习气吗？在那里，没有一个人奋起而成功是可能的，但也没有一个人奋起却失败了吗？如果有，就不能说他们没有奋起。媒介采访了几个人，不足以说明整个乡都是如此，许多时候，个例就是个例，不应该贸然推导出普遍性。

二、表述正确无误

思想方法正确，观察和理解也正确，却不一定表述也同样正确。常常会有这样一些情况：我们太想强调一个事实，却把它的程度严重化了；我们心里想的是一个样子，却把它说成了另外一个样子，而且完全没有意识到心想和言说的差距；有些事情在我们的意识中是它的全部，可在我们的言辞中它的范围却被缩小了。因此，应该在表述时高度重视这些问题。

1. 旁白与事实信息取得一致

《大国崛起》第12集《大道行思》中有这样一段解说词：

为纪念反法西斯战争胜利60周年，俄罗斯举行了盛大的庆典。与60年前三个大国在雅尔塔秘密安排世界秩序不同，这一次，莫斯科请来了60多个国家的元首和政府首脑。但真正唱主角的却是乘坐60年前苏联军用卡车前来的2600名二战老兵。活跃在世界舞台上的各国首脑和历经沧桑的老兵一同进入了人们的视线。

画线这一句，既违背常理，又背离事实，各国首脑参加的大型庆典中根本不可能由普通老兵唱主角，他们在画面中出现的时间还不到10秒钟。撰稿人不可能不懂得这个道理，也不会不知道这个事实，他只是为了强调常人不大容易注意的次要信息而过分拔高了它的价值。

专题片撰稿词的这种夸大，不同于广告词的煽情，后者是为了刺激消费者的购买欲，怂恿他们购买一些负担不起的东西，甚至教唆孩子纠缠他们的父母要求购买更多的玩具，其主观上就是不想符合事实。不过客观地说，广告制作者确实相信夸张的广告要比信息真实的广告更有效果，但他们绝大多数都懂得，应该把夸张限制在某种程度之内。

我们需要常做一些训练，譬如 2009 年版的《北京市家具买卖合同》第六条规定，家具的有害物质限量不符合国家或北京市的强制性标准，买方有权无条件退货，我们会不会把视频解说词写成"家具有污染可无条件退货"？能不能意识到"家具污染超标可无条件退货"与"家具有污染可无条件退货"有着很大区别？后者为了强调消费者权益而在表述上不小心扩大了他们的法定权利。

2. 解说词与视觉信息取得一致

2007 年 3 月 13 日，湖南卫视《变形计》栏目播出《不舍的村学》下集，湘西凤凰县九龙小学唯一的老师吴艺伟交换到北京府学小学，其中有一个段落是吴老师接受北京孩子的捐书。

> 一些孩子自发地发起了捐助活动。这些书在吴老师的眼中全都是宝贝，是山里孩子奇缺的。吴老师兴奋之余，连搬书的手，都在颤抖。

在一组画面中，孩子们每抱过来一摞书，吴老师都是稳稳地接过，放在自己身后的桌上。最后一个镜头是中近景，吴老师的手臂稳稳地接过一摞书本，然后转身。在这集节目中，撰稿人表现吴老师从贫困的大山里来到首都时的惊讶和不适，使用了许多形容词和副词，描述他的反应，其实多有夸张之处。这个段落的撰稿词干脆到了置画面信息于不顾的地步，这会使受众反感。

视频撰稿人首先要明白受众具有基本的视觉辨别力，描述画面上根本不存在的细节，会让他们震惊和愤怒。

在前一天播出的上集中，为了凸显府学小学交换到九龙小学的苏磊老师初到湘西的陌生感，撰稿人已经在频繁使用夸张的修饰词。

苏老师走进吴老师的家门，撰稿词说："跨过高高的木门槛，苏老师看到的是一个陌生的世界，这就是自己将要生活 7 天的家吗？"其实门槛根本不高。吴老师的妻子倾其所有努力为苏老师做了丰盛的菜，苏老师觉得饭太多，端着碗走到锅台倒回去，旁白是"是吃不了还是吃不下，苏老师的食欲似乎不是太好"。此时苏老师尚未落座，而最后一个镜头是苏老师把碗吃空了。夜深了，吴家让苏老师住进已经有 200 年历史的房子，把最好的床留给了她，旁白却说："不过，苏老师似乎还不大习惯。"望着干净整洁的大床，苏老师说："新的床单被罩，还有，很显然就把我当成一个很重要的客人来对待，我觉得就是非常感动。"可接下去的旁白却说："夜色四合，山村的夜是这样的黑、这样的静。在零星的犬吠中，远离了都市的喧嚣。可是这一夜，苏老师能睡得着吗？"

这种背离画面信息的描述，已经像是刻意制造冲突，似乎是在挑拨离间，实在是很不可取。

关于旁白与视觉信息取得一致的问题，还要从反方向考虑一下。比如，在报道故意伤人案件时，编导使用了近景镜头，是街市上的行人，那么撰稿人就不能这样写："她被歹徒殴打时，周围没有一个人伸出援助之手。"受众会天然认为旁白和画面信息就是一致的，所以这样的旁白与近景画面叠加，受众会觉得冷血的就是画面中这几个人。

3. 用语正确

这个小节的目的是帮助撰稿人养成清洁语言杂质的习惯，让表达更准确。

（1）字义词义要精准

请看下面这段解说词，能否看出它的哪个用字有问题？

从安徽来京打工的叶浩魁和叶雨林，是一对小夫妻，去年刚刚结婚。由于婚后女方一直没有怀孕，夫妻俩便到北京一家医院检查。这一查不要紧，夫妻双方全都被诊断患有不孕症。紧接着，这家医院为他们进行了各种项目的检查和治疗，短短 5 天里，小叶夫妻俩就花了 37000 多元。这钱花下去，如果能治好病，也不冤枉，可让夫妻俩万万没想到的是，半个多月后，他们被其他医院告知，妻子叶雨林已经怀孕一个多月了。也就是说，去这家医院看病时，妻子已经有了身孕！

丈夫不能生育，是不育，不是不孕。妻子不孕也可称为不育。所以，"夫妻双方全都被诊断患有不孕症"必须改为"夫妻双方全都被诊断患有不育症"。

对于常用字词，我们应该在使用前和每次使用时仔细揣摩其含义，挑选出恰如其分的一个。譬如，媒介经常使用的"披露"一词，与"说"这个字相比，我们是否能体会出"披露"含有"我们基本相信这个信息"的意思？但如果使用的是中性字"说"，则排除了我们的主观倾向？我们使用"两位"这个数量词，含有尊敬的意思，用"两名"替换便去掉了尊敬，而使用"两个"则略带不敬，因此我们不能说"两位贪污犯"，只能说"两名贪污犯"或"两个贪污犯"。曾有一则翻译新闻说，"又一位纳粹逃亡军官在南美逝世"。这里犯了两个错误，除了"一位"是敬词，"逝世"也带有敬意。表述死亡的词汇有很多，走了、没了、逝世、病逝、病死、遇难、罹难、见阎王、上西天、与世长辞、驾鹤西去、寿终正寝、一命呜呼，哪些词汇应该用来表述纳粹分子之死，其实不难选择。区分褒义、中性、贬义，褒义词对应正面人物和正义行为，贬义词对应反面人物和不义行为，客观陈述时使用中性词。一位主持人介绍一部电视连续剧时说："它歌颂了真善美，也践踏了假恶丑。"抨击假丑恶是正义行为，而"践踏"是贬义词，此处可以用揭露、批判、鞭挞，却不能用践踏、摧残、蹂躏。

需要特别注意的是，用词精准的主要障碍之一，源自撰稿人渴望运用那些便于激发受众情绪的言辞。这种渴望是危险的，它可能导致的结果是，撰稿人的语言表述比事实本身更生动、更令人兴奋，这常常会使文字信息脱离事实。因此，使用带有感情色彩的字词一定要恪守一个原则，即我们运用的词汇一定要与它们描述的事实相匹配。"走"是一个客观动词，当我们对它进行主观修饰时一定要确认，溜溜达达和闲庭信步一定是对某人轻松慢行的描述，大步流星和健步如飞一定是对某人自信快进的表达。

另外，像权力与权利、侦察和侦查、法制和法治、定金与订金这样的词汇，其含义全然不同，应该提前弄清它们的差别，在撰稿和上字幕时不要滥用。

恰当的词语是强有力的中介。正确的词语和接近正确的词语之间具有天壤之别，这种区别就像闪电和萤火虫的不同。视频中一个运用恰当的词语，其影响既是物质上的，也是精神上的，它的刺激像雷电般有力。[①]

（2）格外注意敏感用语

对媒介工作者而言，完全理解非主流群体颇为困难，在各国都是如此。

在美国，白人作家时而会使用"印第安女子"或"红白混血儿"这样的用语，在他们和我们看来，这似乎没有问题，但在北美原住民那里，这都是贬义词。

在中国，记者、主持人、撰稿人常常自称"正常人"，把残障人称为"残疾人"，有时甚至称之为"残废人"，因为不知道残障人是多么讨厌这些词汇。媒介工作者自称"正常人"，意味着残障人不正常，残障人愿意接受的是媒介工作者自称"健全人"。"残废人"意味着人没用了，"残疾人"意味着有病应治，但能不能好不知道，而"残障人"只需克服障碍就可以独立自主。

---

①　门彻.新闻报道与写作：第9版［M］.展江，主译.北京：华夏出版社，2003：181.

从事视频文字创作的时候出现这类问题，肯定不是有意的，只是社会结构使我们少有机会去深入了解特殊群体。

对于这个问题，又不能滑向另一个极端，一概用委婉语替换可能被认为是刻薄的通行词语，比如称聋人为"无听力者"。语言应该切中事实，描述真切的世界，而不是减弱、模糊、扭曲它。芝加哥有一位司法记者在报道强奸案时，编辑部提醒他，报纸发行人禁止刊登被他们认为是刺激性的语言，而强奸是忌用语。于是，记者在报道的第二段写道："那个女人沿街奔跑，尖叫着，'救命啊，我受到了刑事攻击！救命啊，我受到了刑事攻击！'"这样做，把一件严肃而悲伤的事件弄滑稽了，而且它会使受众与现实渐渐脱节。

（3）杜绝病句

笔者主持《视野》栏目时，每每拿到各位撰稿人的台词时，最头疼的就是为他们改病句。创办《翻阅日历》栏目时，笔者招募了40人的撰稿团队，绝大多数撰稿人是硕士毕业生，有几位拥有博士学位，但同样的问题是提笔便写病句，而且最可怕的是，给他们指出来这些是病句，他们怎么也看不出来。例如：

> 他们不仅没有随着人群逃跑，而是坚守在灾难的现场。
>
> 由于这些狙击手是比较特殊的部队，所以他们的作战距离一般都是在350米以下。
>
> 当时，乒乓球的强国是日本队，他们在世界上拿了很多冠军。
>
> 很快，喝茶就成了欧洲人的日常饮料。

笔者曾尝试着让撰稿人大声朗读自己的病句，以为这样可以让他们察觉到句子不舒服，但结果收效甚微。2019年3月4日，"善良的社会小赖"账号在好看视频上发布《世界上轮子最多的车》，请注意以下这小段：

> 说起世界上轮子最多的车，很多人可能都以为是火车了，在以前的时候确实是火车的轮子最多，火车有300多个轮子。可就在最近，中国制造出了一种机械设备，它如今才是世界上轮子最多的国家。

"它"指代谁？宾语是国家，"它"作为主语应该指代的是中国，但中国造出了轮子最多的车就一定是世界上轮子最多的国家吗？如果"它"指代设备，设备怎么可能是国家？这样一个明显的病句，居然配进了视频，让人听了好笑。

恐怕别无他法，如果自己总是被人批评写病句，要好好研读中学语法教程。

（4）避免断句错误

2018 年 9 月 26 日，湖南广播电台主持人戴晓琛在抖音发布微视频《盘旋一星期后，口语化主持小哥强势归来！》。戴晓琛用画外音问钢铁主任，为什么要扣他 400 块钱，钢铁主任生气地让他听听总编室对他三段广播录音的反馈。

记得那年皇马 2 亿打包贝尔的消息传出来之后……

不知道大家小时候有没有看过一本杂志，叫作，小哥，白尼……

——好的，欢迎我们今天的嘉宾张东亚，健康终结者。张东亚先生你好。
——哦，我叫张东。

这是个幽默笑话，但当真看它，不能全怪主持人，撰稿人应该把"贝尔"、"哥白尼"、"张东"或"亚健康"圈在一起标出来，避免主持人断句出错。

（5）防止错别字、丢字、多写的字

一个撰稿人，交稿前要养成检查一遍的习惯。撰稿人应该尽力做到在提交的成稿中没有错字、丢字、无意中多打出的字，特别是错字，如果被字幕机打在荧屏上，受众会一眼看到。

要特别注意的是，字幕机是在字库里的同音字词中选取文字，如果字幕员操作水平不高，责任心又不强，同音不同义的字词造成的严重字幕错误就会频发。曾经有一条电视新闻，报道山东招远市的农民在开采金矿的同时坚持农业生产，其标题应该是"采金不误农时"，打出来的字幕却是"采金不务农时"。字幕丢字同样可怕。2019 年 8 月 12 日，腾讯视频推送《山东省应急厅消息：台风利奇马已致全省人死亡，7 人失踪》，遭网民讥讽后，更改为"台风利奇马已致全省 5 人死亡"。这样的错误，在很长时间里都会是社会上的笑柄。

撰稿人还应注意，要给某些字词标出拼音，避免诵读者读错音。

错字就像水晶瓶上的瑕疵，无论水晶多漂亮，观者的眼睛都不会无视瑕疵的存在，它会降低珍品的价值。

4. 避免表达歧义

有一年教师节，《本周》制片人兼主编王阳写下这样一段话，不承想惹怒了一位观众。

> 今天是教师节，我们给大家提个醒，别忘了给自己的老师问个好，特别是那些今年刚考上大学的孩子，更不能忘了刚把你们送进大学的中学老师，跟老师聊聊你们在大学的情况，老师们肯定特高兴。他们心里会说，这些孩子真没白培养，又懂事，学习又好，将来一定有出息。

节目播出后，第一个电话打进来，劈头盖脸就是一通数落："你们是什么节目呀，只有中学老师是老师，我们小学老师就不是老师了？孩子考上大学，我们小学老师就没功劳了？你们必须在节目里向我们小学老师赔礼道歉！"

其实，"别忘了给自己的老师问个好"，所指范围是所有老师，后面的"特别是"单提出一种情况，叮嘱刚考上大学的孩子感谢把自己送入校门的老师。因为这种情况被强调得太重了，淹没了让学生感谢所有老师的意思，如果能加上几句也要感谢小学老师甚至幼儿园老师的话，便会改变一头独重的感觉，避免小学老师误会。

三、看法正确无误

撰稿词的明确指向是双刃剑，一方面它为受众理解画面提供了帮助，避免误解引发负面反应；另一方面它会限制受众感受的自由度，让他们服从自己的操纵。这种情况无法避免，所以非常重要的一点是，不能给受众灌输错误的观点。

1. 表达正确看法的第一个前提是拥有正确的自我认知

著名主持人沈力主持央视《为您服务》栏目时，专有撰稿人为她服务，但她需要根据自我认知不断调整撰稿词。有一期节目介绍做酸奶，撰稿词是"酸奶是发酵而成的，吃下去会不会有什么不好的作用？这一点我可以让你打消顾虑"。沈力认为，"我可以让你"是居高临下的口吻，于是改成"这一点您可以不必顾虑"。还有一期节目介绍膳食营养，撰稿词中有这样一句："您懂了膳食平衡的道理，就应该举一反三。"沈力认为，这样说带有指令的意思，于是改成"您了解膳食平衡的道理，还可以举一反三"。另一期节目的开场白原本是这样的：

> 有一次我在街上被几位观众朋友认出来了，他们向我诉说××去深圳开公

司当经理了，是不是真的？当时我只好说无可奉告，因为我也不知道。最近一次偶然的机会我见到了她，并告诉她很多观众朋友很关心她，希望她能和观众朋友见面，她答应了。今天就请××同志和大家谈谈近况。

沈力认为有两处不妥：一是"我在街上被几位观众朋友认出来了"，她觉得这样说在抬高自己，于是改成"观众朋友碰到了我"；二是"她答应了"，她觉得如果这样说，又降低了主持人的身份，对方尽管是知名演员，但主持人并不是有求于她，于是改成"我们相约今天在摄影棚里"。

撰稿词经这样的修改，主持人便不是刚愎自用的盟主，不仅输出信息和相关看法具有客观性，而且会让受众觉得自己得到了尊重。

2. 拿出正确看法的第二个前提是对舆论拥有正确的认识

在大众的舆论市场中，具有优势地位的世界观通常是错的。比如"少数服从多数""真理是讨论的结果""真理在舆论的自由市场上一定会战胜谬误"，这些相对正确的观点都被当成绝对正确的真理。事实上，真理经常不在多数人手里，讨论常常带来更大的混乱，谬误在舆论场中的力量常常大于真理。只有对舆论保持清醒的认识，媒介工作者才能不被谬误左右，也不会因得不到响应而沮丧。

3. 传达正确看法的第三个前提是确立正确的主题

寻找和确定正确的主题常常是一件极其费力的劳作。

1994年，约旦成为继埃及之后第二个与以色列签署和平条约的阿拉伯国家，水均益准备采访以色列驻华大使和约旦驻华大使。为了找准基调，确立主题，大家查阅《圣经》和《古兰经》，半夜打电话请教专家，曾给200多字的开场白设计出了20多种版本。最终，节目组决定以和平为主题，题目是"和平：使沙漠变成绿洲"，而水均益的开场白变成了下面这个样子：

> 我们刚才看到的这两位手捧鲜花的小女孩分别来自以色列和约旦，她们的祖父都在1967年的中东战争中阵亡了，在参加约以和平条约签字仪式的5000多名来宾中，当有人看到这一幕时禁不住流下眼泪……
> 今天《焦点访谈》演播室里也有两位有着同样的激动心情的客人，因为他们都曾经目睹和经历了约旦和以色列的战争和血腥，这位是曾经作为一名战士参加过中东战争的以色列驻华大使本·亚可夫先生，这位是曾经作为一名新闻记者报

道过中东战争的约旦驻华大使萨米尔·那乌瑞先生。

　　大使阁下，再次欢迎您。首先我要告诉你们，就像你们两国签署和平条约用了40年一样，今天你们两位——一位以色列大使，一位约旦大使——能够第一次共同坐在我们演播室，也用了很长时间，这是我们的荣幸。那么两位大使能否告诉我，作为一个普通的约旦人和一个普通的以色列人，这个和平条约对于你们意味着什么？

节目的结束语，更是突出和平理想的一致性，以战争与和平、沙漠与绿洲的共同寓言去扣题，使整个内容浑然一体。

　　在希伯来文和阿拉伯文里面"和平"这个词发音非常地相似，这也许可以说明犹太和阿拉伯这两个民族最终追求的目标是一个，这就是，和平。因为这两个生活在沙漠里的民族都有一个共同的寓言，这个寓言也是他们的祖先留给他们的寓言，这就是，战争能够使绿洲变成沙漠，而和平将使沙漠变成绿洲。

主题直接决定着视频对事物的看法。主题正确，视频自然会表达出正确的看法。因此，确立正确的主题，是视频表达正确看法的关键环节。

4. 保障看法正确的第四个前提是恰当的分寸感

师旭平1984年摄制的三集专题片《国庆趣话》是一套不错的节目，曾获得全国综合栏目一等奖，但其解说词并非完美无瑕。我们以讲述游行彩车上的大娃娃模型这个段落为例，看看它的分寸感。

　　农村的新媳妇们会紧紧盯住这个大娃娃本身，她们肯定会仔细琢磨它，为的是弄明白到底是男孩还是女孩。毫无疑问，她们中间的许多人希望这是个男孩子。她们相信在一些地方仍旧流传着古老神话，多看男孩就会生男孩子，多看女孩就会生女孩子。有这种想法的新媳妇们肯定要白费力气了。因为设计者故意做了个模棱两可的大娃娃，说它是男孩女孩都可以。

这段解说词用了两个"肯定"和一个"毫无疑问"。第一个"肯定"的前句就有问题，实际上它的意思是"新媳妇们都会"，只是表面省去了"都"字，这句话的绝对化意味并不明显，但"肯定会"顿时挑明了强加于人的判断。随后的"毫无疑问"更是没有根据地臆断了新媳妇们的心思。如果注意分寸，应该说"可能会紧紧盯住""或许会仔细琢磨"，并删除"毫无疑问"这种断言。不过，第二个"肯定"是有逻辑道理的，因为大娃娃无性别，新媳妇们指望它是男孩以便让自己生男孩的愿望无论如何是无法实现的，其分寸感没有问题。

在视频写作时，每当使用绝对化的语言，比如"一切""任何""每一个""所有的""肯定是""一定能""绝对会"，务必要慎重，不是说这些词语不能用，而是说它们必须与事实相符。如果不能百分之百地保证事实如此，那撰稿词不妨委婉一些，做到言之有度。

《半个世纪的爱》中有一个段落，画面是孙毅中将家的地球仪和世界地图，请看它的解说词是如何把握分寸感的。

一只硕大的地球仪摆在屋子的中央，一面世界地图挂满了这个墙壁，这恐怕不只是生活的摆设吧。

"不只是生活的摆设"，那会是什么呢？是"胸怀世界，放眼全球"吗？可能是，但万一不是怎么办，或者受众不愿认可这个结论又该如何？所以，解说词给出的看法只是一种暗示，并到此为止。究竟怎么理解，由受众自己去想。

5. 确保看法正确的有效手段是以数据为依据

传统采写方法具有很大的偶然性，由于对事实观察不全面，信息综述便不准确，评价和结论往往不科学。

早在 1967 年，底特律非裔骚乱蔓延，奈特-里德报系记者菲利普·迈耶（Philip Meyer）对 437 名非裔进行抽样访调，并用电脑进行数据分析，写出系列报道《十二街那边的人们》。1968 年，迈耶荣获普利策新闻奖，其报道模式被称为精确新闻报道（Precision Journalism）。1973 年，迈耶已是北卡罗来纳大学新闻系教授，他出版了《精确新闻学——一种用社会科学报道的理论》，强调采写新闻要像数学统计一样精确，避免主观错误。

精确新闻采写的生产流程是确定选题—研究设计—定量分析—完成写作。其具体方法是：第一，运用电脑，进行舆论检测，寻找信息源；第二，通过选择性调查，探索某一问题或某种现象的根源；第三，根据所获数据，精确分析事实，得出写作结论。这种方式风行于美国新闻界，电脑技术和抽样方法得以广泛应用，为新闻报道提供了更高的精确度。

数码媒介时代，数据驱动新闻兴起，通过数据抓取、挖掘、统计、分析，最终以数字、公式、图表为主要呈现形式，并辅以文字报道，终成一种范式。

2011 年 8 月 4 日，伦敦反枪支犯罪警队怀疑非裔男子达根非法持枪，于是布控拦截。双方发生枪战，达根当街死亡。两天后，大约 300 人聚集在托特纳姆警察局进行抗议，演变成持续多天的骚乱。抗议者引燃汽车和商店，发生抢劫和袭警事件。一些媒介的看法是，骚乱与贫富差距有关，但卡梅伦首相认为与贫富差距无关。随后，《卫报》记者利用大数据分析结果做出系列报道，其中一个主题是骚乱与贫困究竟有没有关联。

《卫报》记者利用谷歌融合表，在伦敦地图上用黄点标记骚乱者的居住地信息，用灰点标注实际发生骚乱的地点，用不同程度的红色标明贫困地区分布，越红表示越贫穷。网民既可以聚焦某个街区，放大查看，观察每个骚乱点的人流从哪里来，去了哪里，也可以将这幅图扩至整个大伦敦地区，清楚地看出骚乱与贫苦之间存在着某种关联。这种可视化综合表达，比起单纯的文字报道，说服力更强。

在过去的媒介报道中，包括视听媒介的报道，详细的文字叙事是最见效的手段，即使有数据，也只是为文字叙事做辅助，充当观点的佐证。而在可视化数据新闻中，各类图表成了最重要的叙事语言，少量文字只起辅助作用。

在这样的背景下，数据在视频写作中的作用越来越大，哪怕不是数据新闻，数据依然在发表看法的工作中肩负着纠偏校错的重大责任。

2021 年 10 月 29 日，"路口大爷"账号在抖音上发布《最赚钱和最花钱的公司》。该视频根据 2019 年对外贸易 500 强企业的净出口额，对企业进行排位，说明哪些公司帮国家赚回的钱多，哪些公司花掉的外汇多，以改变用户的偏见。

在出口这驾拉动经济增长的马车中，台资出了很大的力，前 10 名中居然有 7 家是台资 IT 企业。第一名的鸿富锦精密电子有限公司净赚 152.4 亿美元，这家公司就是富士康在郑州的工厂。富士康在成都的工厂也赚回了 95.8 亿的外汇，排名第四。所以，你明白为什么郭台铭走在哪儿都是××××的座上宾了吧。一个富士康的工厂，少则几百人，多则几十万，这个庞大体量所吸纳的就业、集聚的产业拉动的 GDP 都是非常可观的。第二名和第三名的达丰是台湾广达集团旗下子公司，生产笔记本电脑为主，净赚外汇接近 250 亿美元。第七名和第九名的昌硕、世硕，净赚外汇 150 亿美元，母公司都是台企和硕集团。

……

最赚钱的公司都是 IT 企业，但多数都是挣辛苦钱，除了 7 家台资，另外 3

家公司分别是，两家广东东莞的企业——华为子公司以及 OPPO 的手机制造商欧珀精密电子，还有一家美国企业戴尔。虽然也帮助国内形成产业的集聚，拉动产业链升级，去生产更多精密的零部件，但整体上还是代工厂居多。

　　再来看花掉外汇最多的十大企业。第一个特点，前 6 家全部都是中字头的央企，一共花掉了 1819 亿美元。第二个特点，10 家公司里面有 7 家全部都关系到国家战略资源，我们每年要耗费大量外汇从国外买石油、化工、粮食、半导体、动力煤和铁矿石。三家汽车企业也证明国内的汽车产业的中高端零部件需要大量进口，现在只有低端的汽车能够实现 90% 以上国产化，而豪华汽车品牌的国产化比例只有百分之五六十。

　　从上面两份名单来看，不得不说我国从制造大国到制造强国还有很长的产业升级的路要踏踏实实地走，而大量进口至关重要的战略资源也看出我们为什么急于解决这个卡脖子的问题。

这段视频中给出的数字直接决定了观点，讲解人几乎不用费太大力气便得出了结论。这比理论分析更便捷、更可信，更容易被用户接受。

本章结语

视频撰稿词在内容信息上正确无误，并非优秀视频写作的特征，它是优秀视频写作的前提和必需，却只是视频写作的及格线。视频写作只有做到内容正确无误才能算是合格，它是越过及格线的第一个标准，唯有信息正确才有资格谈及其他问题。在视频写作的实践中，只有杜绝了错误，正确才能赢得胜利。

本章思考题

一、试试看，能否在不进行查询的情况下，指出这段旁白的错误？
　　几位外出办事的藏族同胞因故没能买上火车票，车站值班员热情地帮助他们买了票并送上了火车，藏族同胞称赞说："你们真像金珠玛米一样，亚克西！"
二、假设有一组画面，是失物招领处的橱窗和其中许多贵重的物品。为其配一
　　段旁白，正确的解读至少有三个，应该是哪三个呢？

第四章
表意清晰明确

> **本章提要：** 保证表意清晰明确，首先要找到重点，用一句话说出目的，用导语明示讲述方向，由导语进入讲述重点，而且以主题统率全篇。其次要为内容要点排好顺序，或者按照事态发展的时间线排序，或者按照空间分布、空间运行线排序，或者按照具体情况自主排序。再次是从标题做起，以具象描述去突出特质。最后是在内容表述上注意文法技巧。本章还着重介绍了表意清晰明确的四个基本原则，即力争全感表达，明确画面含义，对抽象信息进行形象化处理，对所有国际信息均要做本土化处理。

视频写作在表意清晰方面的主要障碍，一是想法太多，不知哪些要说；二是逻辑混乱，讲不清楚；三是表达模糊，不知所云。

这一章的任务便是解决这三个问题。

一、找重点，讲重点

视频写作遇到的第一个问题，常常不是材料太少，而是材料过于庞杂，似乎什么都很重要，不愿漏掉任何信息。此时贸然动笔，肯定是思路不清晰，表达目的不明确。要知道所有含混不清的作品，都是因为未经取舍的考虑，企图穷尽所知。可是，视频时长是用分秒计算的，在有限的篇幅里如果囊括太多事情，结果往往是哪个事情也说不清楚。

正是因为时长所限，视频写作不能面面俱到，必须择取最有价值的内容进行重点陈述，以点带面。

1. 一句话说出目的

首先要说明的是，明确讲述重点的第一步，确实是要收集尽可能多的资料进行全面观察。1988 年，为制作 4 集专题片《祖国不会忘记》，央视《人民子弟兵》栏目的创作员认真查看了长达 8000 分钟的素材，这为旁白撰写提供了充足的背景信息，但节目的总时长只有 80 分钟。所以经验告诉我们，不能让注意力局限在一个事件上，应该尽可能广泛占有资料，但又不能把注意力分散到所有事情上，最终必须舍弃大量内容，集中力量去表现最有价值的信息。

"在电视新闻写作中，你必须做出的最重要的决定不是考虑什么内容可以写进去，而是判断什么内容应该舍弃，"哈德说，"你最终要完成的是在最重要的信息中提炼出一个金子般的核心，把它奉献给观众"。①

在弄清该说什么而不该说什么之前，千万不要动笔。美国戏剧制作人大卫·贝拉斯库（David Belasco）说："如果你不能用名片背面那么大的地方把你的创意写出来，你就没有一个清晰的创意。"② 实际上，凡是不能用一句话说清楚的目的，都是思路不够明确。正如阿拉斯加大学安克雷奇分校新闻学教授卡罗尔·里奇（Carole Rich）所言："这是你要向自己提出的第一个问题。你应该能够用一句话写出答案，并且最好是在 35 个字以内。这就是你对焦点的陈述。把这句话置于报道的最上方，时刻提醒自己不要忘记焦点。如果你决定采取开门见山的手法，这句陈述将成为你报道的导语。如果你希望用一个更有创意的导语，这句陈述将成为你的焦点段落——也成为核心段落。"③

确定讲述重点需要这样一个工作序列：第一步是聚材，需要的是一个"多"字，这是有所发现的前提，一定要以观察量取胜；第二步是分析，突出一个"细"字，这是梳理和判别的过程，要分清孰重孰轻；第三步是取舍，核心是一个"精"字，不要妄想在不长的篇幅中塞进太多内容，要把一件事说透；第四步是理解，关键是一个"透"字，理解透彻之后才会有清晰的表达，我们不可能说清自己尚未理解的事情；第五步才是动笔，重要的是一个"准"字，要扣紧一句话综述，先给出一小段导语。

① 里奇.新闻写作与报道训练教程：第 3 版［M］.钟新，主译.北京：中国人民大学出版社，2004：280.

② 门彻.新闻报道与写作：第 9 版［M］.展江，主译.北京：华夏出版社，2003：238.

③ 里奇.新闻写作与报道训练教程：第 3 版［M］.钟新，主译.北京：中国人民大学出版社，2004：4.

2. 用导语明示讲述方向

要把事情说清楚，一个有效的办法是先给出导语，明确了方向，以便准确进入主题。导语的作用有以下两点。

（1）预告主题以引发受众关注

视频导语是视频开篇的第一句话或第一个段落，其实是视频的广告，旨在唤起注意，是为受众观看视频打开的第一道门。大多数受众观看视频的耐心只有 7 秒，如果不能在 7 秒之内告诉他们你要干吗并且吸引他们，他们就会放弃。所以说，一个视频能不能吸引受众，导语发挥了第一个作用力。

首先要提醒自己的是，不要草率推出那种无信息导语（Nonnews Lead），它无法勾勒讲述的重点。例如，"常务副省长举行了记者会，向记者介绍了情况"，等于什么都没说。必须给出几个关键信息才能算是合格导语，诸如副省长是在什么时间举行的记者会，为什么要会见记者，他对记者说了什么。

> 3 月 1 日上午，常务副省长举行了记者会。他表示，在基础建设的预算方面，本年度面临两种选择，要么继续增加投入，要么下马一些项目。

在内容取舍完成之后，应该自问，要重点讲述的事情中，有什么东西最为突出、最有传播价值，以便用这个信息为受众制造兴奋点。例如，"昨天晚上，洛阳东都商厦发生特大火灾事故，到目前为止，已造成 309 人死亡"，这个导语没有问题，但不是最佳，它没有提供独特价值。如果改写成下面的样子，质量会立即得到提升。

> 昨天晚上，洛阳发生<u>我国近 5 年以来最大</u>的火灾事故。到目前为止，在洛阳东都商厦的特大火灾中，已有 309 人不幸死亡。

最好的视频表达总是能在导语中运用平实无华的语言，突出事物值得关注的要点，并在展开主体内容的过程中围绕要点进行重点讲述。

要注意的是，导语信息不要与主体内容过多重合，把核心点写出来足矣，没必要展开详细信息。

（2）为正文撰写规定方向

导语的一个重要作用是主动限制整个视频的表达区域，其一旦完成，就意味着整个视频的方向已经确定，可以顺势完成其余部分。

2013 年 3 月 23 日，《新闻调查》播出《黄浦江死猪事件调查》，其导语是："黄浦江上漂过万头死猪。没有一个大规模的疫情，怎么会一下子死亡这么多猪呢？它们因何而死？从何而来？又为什么会出现在黄浦江上？死猪究竟为何如此之多？是巧合还是必然？《新闻调查》正在播出《黄浦江死猪事件调查》。"导语提出了三大疑问，如此众多的死猪因何而死、从何而来，是巧合还是必然，这便是节目主体内容要回答的三大问题。

既然导语为全篇视频规定了任务，那导语之外的其他问题便无需涉及，哪怕它们与主题具有关联，甚至很有意思。

3. 由导语进入讲述重点

导语开场，"立片言而居要，乃一篇之警策"，承担着催发全部视频内容的重任。导语信息明确，直指内容重点，便可以清晰而顺利地展开。

（1）概述式导语（Shotgun Lead）

这种使用频率最高的导语类型，一般由五六个要素构成，分别是什么时间、什么地点、什么人、发生了什么事、什么原因、什么结果，撰稿人根据事实情况和目标受众的收看兴趣进行要素安排。

2002 年夏季，陕南遭受特大洪灾，陕西电视台播出新闻《温副总理带灾区孩子上课》，其导语清楚明了。

> 陕西南部遭受百年不遇的特大洪灾后，国务院副总理温家宝 6 月 21 日赶赴重灾区佛坪县视察灾情，在长角坝乡沙坝村临时教学点，看望遭灾不停学的师生们。

导语不足百字，但要素齐全，时间是 6 月 21 日，具体地点是乡沙坝村临时教学点，人物是温家宝和临时教学点的师生，事情是副总理看望遭灾不停学的师生，原因是陕南洪灾，只剩下结果，而结果便是新闻主体内容。

这个报道，只有导语是记者撰写，其主体部分完全是温家宝与师生问答的同期声，但导语为同期声编辑明确了方向，整个新闻干净利索，给人留下深刻印象。它不但获得了陕西新闻奖一等奖，而且获得了中国新闻奖一等奖，这是中国新闻界的最高奖项。

这种导语，是将事件的主要内容概括出来，让受众听过导语便明白整个报道的核心信息。

（2）图绘式导语（Drawing Lead）

这种导语类型以展示情境为主要特征，可使受众产生如临其境之感，但其目的却是记述它所描绘的情境中发生的事情。

2010年10月26日，荆州电视台《江汉风》栏目播出《一堆木头与一连串车祸》，其导语便是描述车祸现场的状态。

今天下午4点多钟，在荆州荆监一级公路江北段，一辆装载木头的货车突然冲出公路，一头栽进路边的树林，木头散落在公路上，天色渐暗，这些木头成为一个个路障，<u>非常危险</u>。

记者在采访回程中偶然碰到这起车祸，一边报警，一边拍摄记录。现场如此危险，那接下来会发生什么？受众看到接警的110值班民警把事情推给辖区派出所，辖区派出所把事情推给交警，交警把事情又推给辖区派出所，于是一辆货车撞上了木头。一个小时后，派出所警察赶到现场，和记者一起搬移木头，一辆面包车和一辆摩托车先后遭了大难。其结束语在批评职能部门相互推诿之后，说："真的希望这血淋淋的镜头能够唤起他们的警醒，让类似一堆木头引发一连串车祸，让人民群众生命财产遭受重大损失的事情不要再发生了！"

导语用"非常危险"四个字，规定了叙述方向，展现了处理险情过程中的问题以及未及时处理险情带来的灾难。故事跌宕起伏，脉络清晰，又极具冲击力。这条简讯也获得了中国新闻奖电视消息一等奖。

（3）述评式导语（Commentary Lead）

有些事件的意义不易被受众迅速理解，运用述评式导语，可以使他们当即领会报道意图。在具体写法上，可以先述后议，也可以边述边议，还可以先议后述。无论采取哪种写法，导语的议论都不能脱离事实。

2011年1月14日，北京电视台播出《北京告别91年钢铁生产历史》，其导语采取的方式是先述后议。

昨天，首钢北京石景山钢铁主流程停产仪式举行，首钢北京石景山钢铁主流程圆满完成了历史使命，顺利实现全面停产。这是中国钢铁史上的一个历史时刻，也是北京城市发展史上的一个重要时刻，我们与延续了91年的钢铁生产作别，这份告别永载史册。

　　在首钢停产前一星期，新闻中心要闻采访部出镜记者金蕾和摄录师便进驻蹲点，全程采拍停产过程。7 天时间里，记者们拍摄了 500 多分钟的独家素材，记录了许多珍贵的历史镜头。这些镜头，哪些用，哪些不用，看导语即知。

　　金蕾撰写的导语，先说明事件的客观情况，再对事件发表评论，强调首钢停产搬迁的重大历史意义。其中，"这份告别永载史册"规定了用材标准，于是第二炼钢厂的工人用最后一炉钢水制作的"铁色记忆"牌匾，工人关闭加热炉，操作员在停产那一刻悄悄定格挂钟时间，这些细节被金蕾编写进了片子。这个新闻播出后，许多观众赶赴首钢，表达敬意。

　　述评式导语给出"评"的论点，让主体内容展开其"述"的信息。

　　（4）发问式导语（Question Lead）

　　这类导语的运用方式是通过设置悬念来引发注意，但它们有的悬念性较弱，有的悬念性极强，强与弱的选择根据情况而定。

　　例如，"夏天到了，你是否想过，这是健身的大好时节"，几乎没有悬念，答案只有是与否，而且多半应该是；"谁是 NBA 季后赛最有价值的球员？飞人乔丹还是'大虫'罗德曼"，有一点点悬念，但不是乔丹就是罗德曼，悬念不大。

　　再看简讯《广州火车站今年春运畅顺胜往年》的导语：

　　　　历年来，广州火车站一直是春运矛盾最集中、秩序最乱的地方。在今年春运压力比以往都要大的情况下，广州火车站的情况又是怎样呢？今天，我们的记者以普通旅客的身份进行了暗访。

　　作为电视简讯，这个导语有一些悬念，因为受众无法看到它的标题，只能通过"今年春运压力比以往都要大"的用语，猜想到今年火车站反而更好的结果。但如果是视频简讯，用户必是看到标题，后点开视频，那么导语设置的悬念已经由标题给出了答案，视频没必要看了。

　　还有很多时候，导语是设问自答，让后续内容解释怎么样和为什么。

　　　　一根半尺长的草绳值多少钱呢？你可能认为一文不值，但卖螃蟹的陈先生却清楚地知道，半尺草绳值 36 元。请和我们的记者一起来看看陈先生是如何把一文不值的草绳卖出高价的。

　　　　给你 10000 元，让你开个公司，你会干吗？也许你不会。一家咨询公司的调查表明，78% 的人不愿意自己开公司，原因当然很多。

在第一例中，主体内容立即呈现陈先生是怎么做的。在第二例中，主体内容顺势解释为什么如此多的人不愿做老板。另有一种情况是，设问，自答，依然有一定的悬念。2021年9月14日，"超自然研究所所长"账号在腾讯视频发布《在极地深处——真相比小说更神奇》，请看它的导语：

南极深处真的有巨大的生物吗？世界的尽头到底是什么样子？在冰下4000米的黑暗深处，还隐藏着一个地球奇迹，这是你从未见过的南极真面目。

明说大海深处有奇迹，但奇迹究竟是什么，用户还得继续看，继续听。

那些带有强烈悬念的导语，没透露任何答案信息，对受众和用户会有更大的拉动力。

2000年1月12日，央视《晚间新闻》简讯《谁给白鳍豚找个伴儿》的导语是："20来岁如果还没有个异性朋友，其实也不算什么，不过对于琪琪来说这可是件大事，再不给它找个伴，恐怕就没有机会了。"看不到标题，无法知道琪琪是谁，也不知道琪琪再没有伴儿怎么就没机会了。主体内容会解释这些疑问，满足受众的好奇。2月15日，《晚间新闻》栏目播出《义乌：五千多箱假冒货被追回》，其导语如下：

5000多箱被执法部门封存的假冒内衣，如果用四吨位的卡车转运的话，大约需要30多年。这么多的东西居然在一夜之间不翼而飞，是谁有这么大的神通？

这个悬念更强，数目异常庞大，第二天就不见了，谁会不想知道为什么？

这类导语很容易使视频表述清晰化，有问就一定有答，而且不会答非所问。

（5）比对式导语（Comparative Lead）

这类导语由性质相反的信息或情况迥异的信息对比构成。要注意的是，两种对比信息有主从之分，应该用主要信息引发主体中的事实，而从属信息只是用来反衬事实，否则会发生紊乱。

请看这条今昔对比导语：

春节将到，记者在新疆维吾尔自治区邮局里，看到了跟往年大不相同的情况，过去忙于分拣从内地寄来的大批副食品包裹，而今天却忙于收订大量的报刊。

过去的情况是从属信息，后续报道一定要围绕今天的新情况展开。

下面这段话是优劣对比导语：

> 今日，本台《质量万里行》电视报道组对全国十大城市114电话查询台的服务质量进行了随机调查。发现上海114台的服务最快捷，而个别城市的114台服务质量却不尽人意。请看报道。

这个导语中的优劣信息似乎一样重，没有主从关系。但是想想看，表现一家114台的优，能否撑起一期节目？所以，节目是要批评个别城市114台服务质量的劣，上海114台的优仅仅是一个比对标准。

再看盈亏对比导语：

> 从滚石演唱会到百老汇著名音乐剧《猫》，今年北京春天的变故，让北京数百场大型演出活动被迫取消或延迟。众多前期已经投入巨额广告费用的演出公司血本无归。不过其中也有例外，举办滚石北京演唱会的北京时代新纪元公司就躲过了这一劫，由于事先投保了偶发事件保险，日前刚刚从保险公司获得了250万元的保险理赔款。

数百场演出活动的亏损是从属信息，北京时代新纪元公司获得远高于投保金的赔付是主要信息，所以接下去的主体故事一定是这家公司现在多么高兴，事先多么英明，为什么会与众不同上保险，最后提醒受众投保很重要。

最后来看理想与现实的对比导语：

> 旁白：昆禄公路连接省会城市昆明和国家级贫困县禄功，是108国道的组成部分，全长72公里，途经昆明市西山区和富民县，改建标准为二级公路，总投资3.8亿，由云南省和昆明市政府各出资一半。这条路对带动我省南部贫困地区经济发展具有重要意义，因而被沿线群众称作"扶贫路"，但是，建成后的"扶贫路"却让老百姓深感失望。
>
> 群众：以前高兴，现在失望。
>
> 司机：路太难走了，经常塌方，车都翻了好几辆。
>
> 群众：施工质量太差了。
>
> 旁白：那么是什么原因导致这条新修的路多处路基沉陷、山边坡塌方呢？

理想是建一条扶贫路，事实上那是一条出了名的豆腐渣工程，显然云南电视台《如此"扶贫路"》节目的主体不会展开对理想的描绘，而是回答导语最后提出的问题。由此也可以看出，导语类型会有所交融，这个比对式导语同时也是发问式导语。

（6）引文式导语（Citation Lead）

在导语中引用某人的语言，可以给受众留下强烈印象，引文可以是旁白，也可以是同期声。也就是说，云南电视台《如此"扶贫路"》的开篇，同时也是引文式导语。要注意的是，引用语不能过长，短促有力最为有效。例如：

艾特林兑现完1000万美元的六合彩彩票，兴高采烈地告诉记者："我现在打算做的第一件事就是，辞职，然后周游世界！"

这类导语中的引文可能发挥两种作用，一是回顾说话者说出此话之前的情况，二是披露说话者说出此话后的种种可能。

（7）总结式导语（Concluding Lead）

这类导语是用一段话对多种元素进行概括，使繁复的信息清晰呈现。

国会今天将讨论三项议案，第一个议案涉及简化警方搜集犯罪证据的程序，第二个议案事关开放更多的和加拿大之间的进出口贸易，而停止紧急财政援助是第三个议案。

这类导语已经对纷杂的信息进行了取舍，所以接下去的主体内容肯定都是最值得关注的重点。

4. 以主题统率全篇

明末抗清英雄王夫之说："无论诗歌与长行文字，俱以意为主。意犹帅也。无帅之兵，谓之乌合。"文化学者把这个"意"字解释为思想情感，笔者认为它的意思是"立意"。用思想情感统率全篇，内容更容易像乌合之众，而立意是确立主题，只有主题明确，才可能使全篇有序而清晰。

（1）让主题成为全篇的核心主旨

创作者为视频聚集素材时，会遇到很多问题，发现许多矛盾，主题便是对这些问题的预先回答，是解决这些矛盾的总纲领。

比如，要摄制一部以上海外滩为内容的专题片，它被做成什么样子的可能性都有。它可能是外滩建筑群的前世今生，可能是外滩夜景和灯光秀，可能是外滩踩踏事件的回顾，也可能是外滩的环保问题，还可能是黄浦江的治理工程。这便是一个必须预先回答的问题，要以什么为主题，又如何排除干扰和阻碍主题表现的种种矛盾。

主题确定了，全篇就有了核心，内容信息便有了凝聚力，不会散乱无章。

（2）以主题支配唯一一种谋篇布局的方案

一个主题往往会有数种谋篇布局的可行方案，我们可以任选其中一种最好的方案，却不可以把各种方案杂糅在一起，否则会比选择了其中一种较差的方案还要糟糕，它会使信息表述变得混乱。

例如，制作一系列专题片揭示世界级大国崛起的奥秘，其实有许多种结构方法。可以依照国家崛起的数个共同规律进行分集，但说理容易抽象，也可以依照不同的崛起启示来布局，可表述一样容易理论化，还可以依照纵向时间线进行结构，但受众不易形成对一个国家崛起时前因后果的清晰理解。因此最好的谋篇方式是横向空间结构，依照国别分集，清清楚楚地呈现这些国家崛起的进程。

《大国崛起》就是采用这种方式，选定 10 个具有代表性的国家，逐一介绍它们崛起的来龙去脉。国家识别是形象化的，国家发展是故事化的，最容易使受众吸纳相关信息，减轻他们对抽象分析的理解负担。

但所有这些结构方式拧在一起，制作人自己和受众都可能陷入混沌，会时而找不到方向。

（3）用主题决定素材取舍

2011 年，笔者应凤凰卫视主持人许戈辉之约，为其母校建校 70 周年撰写 6 集专题片。北京外国语大学旨在培养对外人才，但它也培养出了许多知名主持人，如果万事入题，会显得杂乱无章，不知道到底要表达什么意思，于是笔者将系列专题片的总题定为"这里通往世界"，由此确立了主题，一切出现在片子中的信息均围绕这个主题展现，与之无关者统统剔除。

主题明确，展开思路便会清晰，意思表达便会清晰。

二、为内容要点排好顺序

有了主题，要为主题归纳要点，并注意要点排序，依次讲清楚，一定要避免无序和排序间没有逻辑地随意跳跃。表述混乱不清的一个重要原因就是逻辑顺序紊乱，刚说一句东，还没说完，又跳到了西，西只说了几句，又想到了北。如果正确顺序是 1234，混乱的顺序可能是 4213，也可能是 3241，还可能是 1358，总之是没有逻辑线和规律。

1. 按照事态发展的时间线排序

2000 年 12 月 27 日，中国国际广播电台播放《菜刀切气管 救儿一条命》，请注意其叙事过程中的时间线。

> 智利一名工人用菜刀当手术刀，给自己儿子成功地做了气管切开手术并从气管中取出了误入的一个小玩具，从而挽救了孩子的生命。
>
> 25 日下午，家离首都圣地亚哥 30 公里的库拉加维市的 6 岁男孩迪戈，兴致勃勃地玩着圣诞节收到的礼物——玩具小人，他不时地将玩具放入口中，咬上几口，算对小人的惩罚。但后来一不小心，一个玩具小人从他口里滑进了气管，顿时使他呼吸变得困难起来。
>
> 父亲戴维见此情况，一方面立即打电话给医院，要求派救护车；另一方面根据过去自己在当义务消防员时学的急救知识，对小迪戈进行抢救。情急之中，戴维从厨房中取来一把菜刀，果断地切开孩子的气管，取出了玩具小人，小迪戈也开始有了呼吸。这时，救护车及时赶到，把孩子迅速送到了医院。
>
> 经过抢救，迪戈现已脱离危险。

导语过后，点明 12 月 25 日下午事件即将发生，"后来一不小心"事件发生了，"戴维见此情况"立即采取行动，"情急之中"采取了冒险却立即见效的抢救方法。"这时"外部援助开始，"经过抢救"事件结束。尽管没有一一标明具体时间，但撰稿人的表述意识中，时间脉络十分清晰。

2. 按照空间分布或空间运行线排序

要注意的是，按照空间分布进行讲述，应有时间逻辑予以配合。

《大国崛起》的结构方式决定了它会按照空间分布逐一讲述 10 个国家的崛起奥秘，但其中不排除纵向时间线在起作用。总撰稿陈晋把葡萄牙、西班牙崛起共同放在第一集，因为它们是最先崛起的现代国家；而日本崛起始于明治维新，但它半途坍塌，片子的讲述重点是它在二战后重新崛起，因此排在了第八集；美国崛起之后，影响力持续至今，因此它被放置在最后。准确地说，《大国崛起》形式上是空间排序，实质上是时空排序。

而纯粹的空间排序，一般要有一条运行线索，或者是撰稿人的观察运行线，或者是观察对象的行动运行线，由近及远，或者反之；由下向上，或者反之；由外入内，或者反之。还有一种特殊的空间排序，是由事物的规模决定，由小到大或由大到小。总之，如此分清讲述顺序，讲述内容就会有条不紊。

3. 符合逻辑的自主排序

在摄制实践中，不必一味地拘泥于时空排序法，如果觉得这样做太机械，完全可以根据具体情况，自主决定讲述顺序，只要它符合逻辑。

请看赵坚、王海兵、韩辉 1991 年撰写的纪录片《藏北人家》中的一个片段：

> 画面：罗追轻轻摇晃着木桶；木桶里，罗追用右手拿着酥油往桶壁上挤了两下；镜头从罗追的头部快速下摇到她右手在木桶里捞动；罗追微低头劳作；罗追把从木桶里捞出的酥油捏成小团扔进旁边的小木桶；将放在左手上的大团酥油拍打结实；罗追把一大块酥油放进木箱，盖上盖。
>
> 旁白：
> （1）忙碌了一个早晨，酥油从奶中分离了出来。
> （2）酥油，是牧人用来抵御恶劣气候的重要食品，又是祭祀和日用生活品。
> （3）牧人们十分珍惜酥油，往往把储存酥油的多少，看成财富的标志。
> （4）措达家一年大约能生产五六十公斤酥油，除了交售少量的酥油给政府，其余归自己支配。

上述旁白在纪录片中是连续读出的，为了观察四句话的排序逻辑，笔者将它们分行排列。第一句话说劳动成果的获得，第二句话解释劳动成果的用途，第三句话说明劳动成果的价值，第四句话介绍劳动成果的所属。于是，只用 100 多个字，说清了酥油在藏民生活中的基本信息。

三、从标题做起，具象描述，突出特质

受众选择视频观看具有很大的盲目性和随意性，选择哪些视频看，值不值得看，能不能坚持看完，他们并不清楚。除了收视渠道因为熟悉度具有吸引力，视频标题因为清晰明确地传递出值得关注的信息便成为吸引受众的第二个依据。视频标题就像商品的广告，在很大程度上决定着受众是否想看这个视频，它会直接影响播

放量的高低。

1. 视频标题应该点明要义

视频标题不仅是对主题的直接表达，而且就是欲将表达的结论，所以好的标题是全篇解说词的基点。撰稿人必须在不使用细节的条件下讲清视频的核心信息，其标题不仅要表明事件的基本内容，比如"陆克文宣誓就任澳大利亚总理"，而且要申明关注它的价值，所以最好补上一句，"他是出了名的中国通，从小就对中国感兴趣"。

2. 长标题更为明确

电视广播时代有一种理论，要求节目标题最好不超过 7 个字，因为我们从小背诵古诗词，七言是上限，字再多就很难记住了，而且民谚、格言、警句也多在七言以内。另外，七言一般结构简单，超过七言，结构会比较复杂。

视频传播时代，旧理论已不再适用。现在一般都要使用长标题，使其代行一部分导语的功能，多透露几个吸引人的信息。因此，"陆克文宣誓就任澳大利亚总理，他是出了名的中国通，从小就对中国感兴趣"，一定会比只有"陆克文宣誓就任澳大利亚总理"一句更吸引中国人关注。

今后，为数码媒介平台制作视频时，一定要大胆运用长标题。

3. 信息要素要相对完整

媒介内容总是包括五六个要素，但标题不一定要交代清楚所有要素，可至少要显示其中最重要的一两个要素。

比如，标题是"全心全意为人民服务"，这里没有人物要素，像一篇社论，如果改为"全心全意为人民服务 老治保员义务当起调解员"，它的信息立即就饱满了。

其实，标题中多一个要素就多一个关键词，可便于用户检索。

4. 突出最重要的独特点

1997 年，潍坊电视台刘传琳、王燕、薛良林制作的《李洪儒：互联网上开花店》反响非常大，连获中国广播电视新闻一等奖、中国新闻奖二等奖。但是应该注意，它的报道内容是山东青州市黄楼镇芦李村 55 岁的农民李洪儒 1996 年 11 月在互联网平台上办起第一家花店，可是简讯标题没有突出"老农民"和"第一家"两个重要信息。如果将题目改为"55 岁农民互联网上首开花店"是不是更好？

我们可以对比以下四组标题，它们每一组都是对同一个事件的概括，能否意识到每组的第二个标题都比第一个标题更形象？

广东省第三次民营企业工作会议暨民营企业家研讨会在中山举行
广东民营经济跃上新台阶　民营企业大盘点在中山启幕

粤港两地警方举行联席会议
粤港两地警方商讨联手打击跨境犯罪

建设部部长视察南宁
建设部部长盛赞南宁城市建设

抗洪救灾部队提前撤离澧县
不等民众聚集欢送，抗洪救灾部队悄然告别澧县，比计划撤离时间提前半小时

每组第一个标题都是模糊的，而第二个标题都强调了主体内容中最重要的独特点，加强了冲击力和吸引力。

5. 多用动词

动词肯定含有动感，因此不凝滞，会比较生动。

《让历史告诉未来》中最重要的词是"告诉"，这个动词的安排，立即使历史和未来都拟人化了。《新品菊花——笑迎游人》，"笑"和"迎"是复合动词，它使菊花在游人面前生动化了。《我军实弹演习，上千炮弹万箭穿心》，用动词"穿心"使动词"演习"形象化了。《5万年一遇　一颗绿色彗星与地球擦肩而过》，把动词"遇"具象为动词短语"擦肩而过"，彗星和地球都被人格化了，显得十分可爱。

6. 巧用熟语

直接运用影响力巨大的诗词古语、格言警句、民谚、影视歌曲名句，或对它们进行适当改造，为视频命题，可轻松而清晰地点化主题。

1988年，电视连续剧《雪城》的主题歌《心中的太阳》劲爆神州，其中一句著名的歌词是"天晴别忘戴草帽"。后来，央视《经济半小时》栏目报道为旅游投保的新闻，借"天晴别忘戴草帽"定题，寓意是居安思危。

1996 年，在法国网球公开赛中，德国网球运动员格拉芙再次获得单打冠军，她在加冕仪式上动情地表示，盼父亲早日出狱，全家团圆，全场观众为她鼓掌。中国一家媒体新闻报道的标题是"法网柔情"，源自 1988 年香港电视连续剧《法网柔情》，新闻标题中的"法网"，既是网球界的法网，又是司法界的法网，一语双关。

2017 年，央视完成大型系列专题片《百年巨匠》第一季美术篇的摄制。其中纪念刘海粟的第 3 集以成语"沧海一粟"定名，在沧海桑田的大背景中，展现刘海粟的一生。

2021 年，太空出现近 600 年来持续时间最长的月偏食，齐鲁电视台根据王洛宾创作的西部民歌《半个月亮爬上来》，给直播报道起的名字是《月偏食上演 一起看半个月亮爬上来》。

运用艺术方式给视频起名，看似绕了个弯子，其实是直接地揭示出主题。

7. 具象标题和抽象标题应适当选择

标题分为实题和虚题。实题就是具象标题，只摆事实，不发议论。虚题是抽象标题，只发议论，不言事实。有学者主张，尽量用实题，避免用虚题。但笔者认为，实题虚题孰优孰劣，不可断言。当然，标题避虚就实有一定道理，如"总理关爱工人生活"肯定远不如"总理下矿井与工人一起过年"好。但是，"违法吸烟如何处罚让人太头疼"可不一定比"备受关注的《深圳经济特区控制吸烟条例》遭质疑"差。

其实，在传统媒介的实践中，抽象标题经常起到不错的效果。

江西抚州地区检察院反贪局为办一桩金额为 8000 元的案子，竟向报案单位索取 20 万元"办案费"，《焦点访谈》为此摄制一期调查节目，题目是《其身不正，何以正人？》。我国驻南斯拉夫大使馆被炸，引发大规模民众抗议，新闻标题是《中国人愤怒了》。海南实行交通费征收改革，上路行车不用停车缴过路费，新闻标题是《一脚油门踩到底》。

数码媒介时代，使用具象标题好还是使用抽象标题好，更要据具体情况而定，不能一概而论。

8. 切忌晦涩

有些编辑和撰稿人拟标题时，完全沉浸在自己的思路中，自说自话，没有顾及受众在全然未知的情况下能否立即会意。比如，《"三温一古"何以"一盛三衰"》，作者按照自己的获知程度，设置受众无法理解的简称"三温一古"，只有继续听了导语才能明白"一盛三衰"要说的是什么。

今年 1 月至 3 月，曾经名扬一时的四大农业龙头企业——温氏集团、温木辉集团、温树汉集团、古章汉万益公司，除了温氏集团销售额和利润都极速大增以外，其他三家都先后走到了破产的边缘或被托管。同样是以养鸡为主的农业龙头企业，实现一样的"公司＋农户"的生产经营模式，进入到 2001 年，却何以产生如此迥然不同的结局？

采用数字对应方式拟了题目，作者可能在自鸣得意，但受众不知道这种对应的逻辑是什么，只会觉得莫名其妙，所以这类标题不可能发挥出应有的作用。

最后要说的是，在视频传播时代，视频标题断章取义、耸人听闻、靠煽动情绪谋取流量的作风愈演愈烈。我们是否有过这样的经历，看到标题觉得很好奇，点开视频却发现文不对题，而且言之无物，没什么有价值的信息，上当受骗的感觉油然而生。此时，我们会怎么办？应该是给个差评，关闭视频，留意一下发视频的账号，以后不再上当吧？因此，标题撰写人一定要谨慎从事。

四、清晰表达用意的文法技巧

除了在总体安排上做到主题明确，保证架构、导语、标题清晰，更要在具体行文上力求明确清晰，这涉及以下这些文法问题。

1. 先确定要说什么，再择定合适的时态

强调事件正在发展，应该使用现在进行时，比如，"财政部部长正在前往美国的飞机上"，不要写成"财政部部长已经登上前往美国的飞机"或"财政部部长已经坐在前往美国的飞机上"，因为过去完成时和现在完成时都没有现在进行时动感强烈。

表示对事件发展方向持续关注，并会随时跟进报道，应该使用将来时，例如，"财政部部长乘坐的飞机将于傍晚时分在华盛顿着陆"。

表明因果关系，可以使用混合时态，例如，"财政部部长正在前往美国的飞机上，在离开北京之前，商务部部长已经和世界银行集团签署了发展农业经济的贷款协议"。要注意的是，使用混合时态时要先说现在进行时，以体现时效性，而过去完成时是补充信息，它是现在进行时的前提条件。

2. 慎用倒装句

不是说视频撰稿词不能使用倒装句，而是说慎重使用它，只有在以下几种情况下才应该绝对不使用倒装句。

第一，不要将身份信息安排在姓名信息之后，应该在姓名之前加上头衔，让受众因为知道了人物的特殊性而去关注他们的言行。

不要这样写：默克尔，德国总理，她刚刚宣布，明年将再次争取连任。

应该这样写：德国总理默克尔刚刚宣布，明年她将再次争取连任。

第二，不要把讲话者是谁安排在讲话引语之后，报刊撰文可以先使用直接引语，然后指出是谁说的，但视听写作却不能这样做，否则，受众听到讲话者是谁时可能才发现，因为没有引起重视，前面的引语信息已经模糊了。

不要这样写：开发浦东不只是浦东的问题，而是关系上海发展的问题，是利用上海这个基地发展长江三角洲和长江流域的问题，这是邓小平在上海视察时所强调的。

应该这样写：邓小平在上海视察时曾经强调，开发浦东不只是浦东的问题，而是关系上海发展的问题，是利用上海这个基地发展长江三角洲和长江流域的问题。

请看这个例句：

今天早上，一名42岁的女性的尸体在堪萨斯城一家汽车旅馆里被发现，她可能是连环杀手最近的牺牲品，警方说。

这样写，不仅是倒装句，而且是被动语态，听起来非常别扭，必须要改写。

警方说，今天早上，堪萨斯城一家汽车旅馆里，发现一具42岁女性的尸体，她可能是连环杀手案中又一位遇害者。

再看看这个例句：

"我们不再是你的老师，我们现在是兄弟。"这是德国利勃海尔出口公司总经理米歇尔·里斯先生今年11月在对海尔集团进行访问时发出的由衷感慨。

这段话，不仅是倒装句，而且是复合句，应该这样修改。

今年 11 月，德国利勃海尔出口公司总经理米歇尔·里斯先生访问海尔集团。他曾由衷地感慨道："我们不再是你的老师，我们现在是兄弟。"

在大多数时候，质朴而自然，是根治语病的灵丹妙药。

3. 合理使用代词

视频写作为了指引受众看画面，会大量使用代词，但当代词在全句中离指代对象过远，或者全句中出现了不止一个可指代的对象，那么所用代词往往会因为指代不明而造成理解上的歧义。例如：

> 谭碧波的影响很大，他的儿子谭乐水也成为影视人类学的践行者，他是云南大学东亚影视人类学研究所常务副所长，是业内影响力巨大的纪录片导演。

究竟谁是云南大学东亚影视人类学研究所常务副所长？是谭碧波还是他的儿子谭乐水？当画面也不能及时对应来解答这个问题时，不能使用代词，必须明确写出对象的全称，让受众一听就懂。

有的时候，代词可以虚指，它的前面没有出现指代对象。

1989 年，美联社自加利福尼亚州约巴林达市发出一篇电讯，说洛杉矶东南 48 公里将要营建"尼克松总统图书馆"，必须拆除艾克乐老太太的家。电讯信息很啰唆，美国三大电视网的写作指导默文·布洛克（Mervin Block）删繁就简，写出一条 20 秒钟的叙述性报道。布洛克曾反复叮嘱他培训过的新闻撰稿人，避免过早使用代词，但他自己的新闻稿却是这样写的：

> 他们要在洛杉矶附近为前总统尼克松建一个图书馆，但是他们说，他们首先必须拆掉一位 93 岁寡妇的家。她说她爱自己的家，不想搬走。约巴林达市政官员说，他们将给她的木质结构小屋估价，并且让她也出一个价。这位女人说，她在尼克松很小的时候就认识他，并支持他当总统。

布洛克解释说，"他们"意指"那些人"，但他不想以"加利福尼亚州约巴林达官员"这种乏味的称呼开场，因为不说"他们"是加利福尼亚州约巴林达官员，大家也清楚。而且在谈话中，我们经常会用"他们"开始趣谈，比如，"他们说，洋葱和大蒜对你很有好处，但对你的同伴却不是"。在这种语境中，"他们"就是"有些人"的意思，而我们并不在意到底是哪些人。

另外值得注意的是，布洛克没有写出老太太的姓名，因为她叫什么在约巴林达之外毫无意义。同理，老太太居住的小镇名字也没必要特别留意，所以布洛克只是在后面才提到它。

4. 避免同音不同义的字词形成误解

我们看到"这是致癌物质"这句话，丝毫不会产生误解，但当我们听到这句话时，却无法确定这是致癌物质还是治癌物质，两句话的意思还刚刚相反。因此，遇到这种情况，必须改变说法，表明本意，比如"这是会引发癌症的物质"。

同理，"再没有爱的荒漠"，意思是曾经有过爱，现在没了，变成了荒漠，但它非常容易被理解为"在没有爱的荒漠"，意思是那里早就是荒漠，从来没有过爱，所以一定要将这句话改为"再也没有了爱的荒漠"。再比如，"谁不想有幸福的家庭"，是"想有"还是"享有"，意思并不一样，所以应该把它改为"谁不想拥有幸福的家庭"。

当我们写到"遇见"时要想到与"预见"区分，写到"形式"时要与"形势"区分，写到"危机"时要与"微机"区分，写到"矢志"时要与"试制"区分。

5. 重视标点符号对配音员的提示作用

同样一句话，结尾用不同的标点符号，表达的是不同的意思。

> 她认为他是一个好父亲。
>
> 她认为他是一个好父亲！
>
> 她认为他是一个好父亲？

第一句话是客观陈述，第二句话带有强烈的情感，第三句话可能对"她"的判断不知或不解，也可能是对"父亲"的直接否定。只有精确使用标点符号，才能提醒配音员表达撰稿人的本意，避免传达错误信息。

五、表意清晰明确的基本原则

这些原则同时就是基本手段，运用这些手段也就是遵循了这些原则，它们对于清晰明确地传达自己的意思至关重要。

1. 全感表达

用解说词复述写作者各种感觉器官获得的不同感受，不仅可以真切表现事实，而且可以调动受众的想象力，让他们的感知更全面、更丰富。

视频信息的形象化，不能全指望画面，许多抽象信息画面无能为力。比如"愁"字，它看不见，也摸不着，是心中的思绪，必须通过解说词的形象化调动受众的想象。在文字表述中，它可以是"恰似一江春水向东流"，可以是"一川烟草，满城风絮。梅子黄时雨"，形象而生动。

解说词可以写出音频没能表现出来的听觉信息，也可以写出嗅觉感受和味觉体验。当一组画面表现雪花落在梅花花瓣上，解说词可以运用拟人化的触觉感受来增添诗意，"雪花染上了梅花的暗香，梅花感觉到了雪花的清凉"，第一句是嗅觉，第二句便是触觉。还有体感，比如不是极端的气温和不是极高的风速，受众通过画面无法感知，也需要解说词予以介绍。

2. 明确画面含义

视频写作的一个基本原则是，当画面形象无法充分表明自身含义的时候，就要用解说词进行提示，明确说出与之相关的信息。

《让历史告诉未来》中有一个画面，构图中心是一颗红色按钮，看过前述段落可知，它设置在导弹发射基地的总控制室，但它到底是干什么用的呢？

这是一颗非同寻常的按钮，任何人都无权随意按动的按钮。但当人民的和平需要用武力维护的时候，一个军人的手指会按照统帅部的指令伸向按钮，准确、果断、轻轻地一按……巨龙就会带着震撼人心的呼啸腾空而起。

撰稿词以一个假设行动，解释了与红色按钮关联的信息，形象而生动。

受众观看视频时，如果不能及时了解画面元素是什么，他们便不可能充分理解这个段落的含义，这需要解说词随时对画面做出解释。

《藏北人家》有这样一组画面：帐篷顶上的竖旗在晨曦中飘扬；罗追来到帐篷的一角，俯身在白缸子上摆好几块麻状物，又用小勺从小袋子里弄出一些白粉撒在上面；麻状物冒出白烟，背景是罗追家的帐篷透出的微微曙光。这白缸子和麻状物是什么，罗追这是在干吗，没有解说词，受众无法明白。因为天色很暗，画面看不清，必须有解说词介绍情况。

天边出现曙色，罗追来到帐篷的一角，这里是他们每天祭神的地方。在一个简易的香炉上，放上几块牛粪火，盖上松枝，再撒上一点儿糌粑面，一种淡淡的香味便弥漫在草原清晨的空气中。这是藏北牧民特有的一种祭神方式，他们用这种方式，来祭奠自然和神，乞求这一天，平平安安地过去。

只有听到解说词，才能知道白缸子是香炉，麻状物是牛粪，撒在上面的白粉是糌粑面，罗追是在祭神。如果没有解说词，我们做出的猜测恐怕都是错的。

还要注意的是，画面形象是二重结构，首先是它呈现出来的物质状态，所有形象表达都必须拥有物质的外在形式，否则无法贴合受众的经验；其次是它显露的或隐含的人类寄情信息。比如花，首先它是植物，其次它可以象征美。不过，画面形象的物质形式和它的含义信息之间不全是一一对应关系。比如花岗岩，它既可以用来象征坚定，也可以用来比喻顽固不化；冬雪，既可以象征纯洁，也可以表现冰冷无情；而烟囱林立的农村厂区，既可以理解成乡镇企业侵占农田，使可耕亩数量减少，也可以理解成乡镇企业蓬勃发展，还可以理解成乡镇企业对生态环境造成了威胁。所以，画面形象具有多义性，不同的人会有不同的理解。

如果画面本身不能指引受众理解其本意，文字语言必须为它明确指示关系，寻求受众的接收配合。但是比较容易会意的镜头，假如文字语言指引过度，则会败兴，使意境全无。成都经济电视台梁碧波1995年摄制的纪录片《二娘》，有一组镜头是老母鸡带着一群小鸡觅食，而二娘在四川贫困山区带领几个残疾孩子顽强生活的故事，恰与这些镜头的寓意吻合，很容易理解。此时，解说词合理中断，保持了静默。如果执意解释画面，属于画蛇添足，会缩小受众的理解空间。

3. 拆解抽象数字

中华人民共和国成立40周年时，《新闻联播》推出专题单元"弹指一挥间"，内容均为成就报道，其中的数字运用很有特点。以《化肥工业四十年》为例：

当第一面五星红旗在天安门广场上升起的时候，我国的化肥产量仅有5976吨。这一可怜的数字，按我国耕地面积平分，每亩只有一两多一点儿。

不做后面的平分计算，我们很难明白，年产不足6000吨化肥究竟是什么概念。同样，中央人民广播电台报道比邻星探测的新闻时，如果不做假设计算，我们很难理解4.22光年到底有多远。

比邻星离我们 4.22 光年。比邻星虽然是我们的邻居，想去做客拜访可不容易……打个电话就是 4 年零 2 个月，8 年半后才能听到回话。如果乘坐宇宙飞船，以每秒 15 公里多的速度，直飞比邻星，需要经过 8600 年才能到达。

写解说词时，如果所用数字量比较小，数量单位又不陌生，可以直接使用，不做处理。但如果数字量很大，或数量单位陌生，那就必须做一番处理，想办法用鲜明的形象去解释抽象的数字。而通常的做法是增加参照系和可比量。

范厚勤在中央新闻纪录电影制片厂摄制的专题片《黄河巨变》中，这样说明加高黄河长堤所用的土石方。

河南、山东两省沿黄群众造起了地上悬河，他们三次加高加厚千里长堤，搬动土石方 7 亿多立方米，这相当于建起 13 座万里长城，开挖了 2 条苏伊士运河。

这样一解释，特别是用长城来做对比，我们便可以深刻理解鲁豫人民有多么的不容易。

另外，解说词中提及历史年代时，最好不要冷酷地只说出皇帝年号或公元纪年了事，受众来不及心算，听上去会觉得云里雾里。应该以活跃在那个年代的著名人物或著名事件做参照，比如，讲到 1130 年一位英国神父偶然发现巨石阵，可以说这是岳飞大败金兵的年代，让巨石阵和南宋关联起来，在受众心中建立比较清晰的年代感。

4. 国际信息本土化处理

在讲述海外事件时，各种术语的翻译均应与民族语言准确对应，不使用大众不熟悉的英文缩写简称。在译稿中，凡数据涉及中国人不可能马上换算理解的计量单位，统统应该按照中国计量单位进行折算，不要使用英尺、英里、海里、磅、盎司、品脱之类的概念。对于中国人不知道或不大清楚的制度、法理、规则、程序、词汇概念，应该当即插入详解，消除理解障碍。

2023 年 1 月 5 日，"北美补锅匠"账号在西瓜视频发布《这个结局有点憋屈——"新闻哥"大闹图书馆》下集，画外讲解"新闻哥"被图书馆举报持枪闯入后纠缠警察的过程。"新闻哥"对搜查他的警察说，你不能这样对我，我是一个自由的美国公民，我有宪法权利。此时，警察问"新闻哥"知道不知道泰瑞控告俄亥俄州的案子。这个判案是怎么回事，绝大多数中国用户不会知道，"北美补锅匠"立即插入了一段解释：

> 这个案子是发生在上个世纪的 60 年代。
>
> 这个案子，跟"新闻哥"这事，差不了太多。当年俄亥俄州的一名警察，发现三个人，在珠宝店门口溜达，警察就怀疑他们可能要打劫珠宝店。结果他上去表明身份以后，把这三个人拦下来了，一搜身，发现其中两个人身上有枪，其中有一个人就叫泰瑞。他们最后被定罪以后，这泰瑞不服，他认为警察这个搜查是非法的。
>
> 在美国，通过非法手段取得的证据，都不能作为证据。也就是说，这个人明明犯法了，但这证据，是非法手段得来的，你也不能因此给他定罪。我们都知道那周立波，周立波最后怎么脱的罪？就是因为警方的证据，不是合法手段取得的。
>
> 最后这泰瑞，把这俄亥俄警方给告了，控告这俄亥俄警方，非法搜身。
>
> 这官司一共打了 5 年，最后，美国最高法院裁定，即，允许警察，在没有可能的逮捕理由的情况下，对可疑人员，进行审讯和搜身，前提是，警察有合理的依据，进行拦截和搜身。
>
> 所以各位朋友，你们回过头来再看看这事，警察对这"新闻哥"的搜查，是不是合理的？反正我觉得合理。

"北美补锅匠"账号之所以能有 53 万粉丝，与其持续解说新鲜的域外事件有关，但其中很重要的一个因素是，他的画外讲解清晰易懂，凡遇到可能的理解障碍，他会立即做出清清楚楚的解释。

本章结语

新闻写作老师丹尼斯·怀特（Dennis White）曾说，"既然广播新闻是用耳朵来听的，那么撰稿人在写作过程中不妨大声朗读出来，听听看它是否真的入耳。你几乎可以在全国各地的新闻工作室里看到这样的情景：作者独自坐在电脑或打字机前大声朗读他们的作品"[①]。是的，大声朗读自己的撰稿词，可以让我们意识到哪些词

---

① 赫利尔德.电视、广播和新媒体写作［M］.谢静，等译.北京：华夏出版社，2002：112.

组搭配不当，哪些句型糟糕，哪些句子拗口，哪些地方表意清晰，并帮助我们察觉到哪些地方应该简化，哪些地方必须添加信息。

　　要说明的是，视频写作做到表意清晰，同样不能算作优秀，它只是通往优秀的必经之路，它同样只是视频写作的及格线。

本章思考题

一、如果为深圳经济特区建立 40 周年摄制纪念专题片，媒介给它拟的标题是"山与海的拥抱"，你怎么评价这个标题的质量？

二、你觉得下面这段导语表意清晰吗？

　　森特城一名教师今天吻了个够，这些吻就算不够她受用一辈子，至少也够她受用几个星期。玛丽·圣克莱尔在一年一度为本地动物园筹集资金的募捐活动上共亲吻了 110 名男子，按一个吻 10 美元计算，她共募得 1100 美元。把捐款转交给动物园负责人时，她开玩笑地说，今天所有的动物都被放出来了。

第五章
叙事精练简洁

本章提要：首先要弄明白简洁不等于简陋，然后要在理念上放弃长篇叙述的习惯，同时信息表述量必须适当，不要信息过载，也不能信息稀薄。另外，要从直观画面无须主观描述和描述性语言可由指示性代词进行精简这两个角度出发，理解不使用或不多用文字语言的基本原则。而后进入具体操作的研习，一是先做到结构精练简洁；二是规范文法，使叙事语言删繁就简；三是去掉没必要的信息；四是简化数字。要特别注意的是，不要用华丽辞藻堆砌成段的抒情语句，这是时间上的浪费。最后是训练方法，用字幕写作锤炼语言的精简度。

纸质媒介是在单位面积里布置文图信息，方便回看和选择性跳看。视频作为一种电子媒介，是在单位时间里排放视听信息。其弱点，一是线性播放，基本上要顺序收看，不仅耗时，而且选择性差；二是画面暗含元素不易察觉，信息流失量巨大；三是存储空间占用过大，下载耗费流量。针对这些弱点，视频的编辑方针是力求作品短小，撰稿原则是保证作品具象，其创作宗旨是理性思维，感性表达，确保深入浅出。

笔者为凤凰卫视主持《世纪大讲堂》栏目时，曾请北京大学力学教授武际可介绍分岔理论。在与现场观众交流时，武教授谈到，好的科普创作比写学术论文难，并背诵了20世纪30年代学术界的一首歌谣："深入浅出是通俗，浅入浅出是庸俗，深入深出还犹可，浅入深出最可恶。"深入深出是学术论文，深入浅出便是科普。视频撰稿首先要避免浅入深出，故弄玄虚，又要避免浅入浅出的庸俗。它要做到的是通俗，瞬间听懂是传媒的最高真理。

一、简洁不等于简陋

简陋是一种缺陷，意味着内容贫乏。简洁是一种水平，信息一点儿也不少，却只用寥寥数语。

20 世纪 60 年代，英国劳斯莱斯推出银云新车，邀请奥美广告公司创始人大卫·奥格威（David Ogilvy）撰写广告词。奥格威经过三个星期调研，发现男子更在意汽车时速，女人更喜欢车内舒适，于是他在工程师写的技术手册里找到了卖点。手册说，银云新车有个缺点，即使车开得很快，也能听见车里电子钟的嘀嗒声。在奥格威看来，这恰是卖点，车的隔音效果得多好，男子开快了，女人都听不到外面的噪音，只能听见车里的嘀嗒声。可是，广告词怎么写呢？"宁静无声，尊贵享受"，太平庸了！最后他写道："在时速 97 公里的银云中，最大的噪音来自电子钟的嘀嗒声。"简洁的语言，却不乏实在信息，触动听觉，非常形象。广告只刊登在两家报刊上，花费 2.5 万美元，却产生巨大反响。

视频广告词也一样，在所有视频写作中，好的广告词是最简洁生动的。

再看《让历史告诉未来》是怎样用一句话描述 1976 年的，"1976 年的天安门广场，三次降下了半旗"；它又用两句话描述了鸦片与鸦片战争的关系，"罂粟，两年生草木，结果实，果中乳汁经人工提炼成鸦片。谁能想到，一种自然植物日后会被用来打倒一个民族"。1976 年是中国历史上发生剧变的一年，鸦片对中国历史的侵扰相当复杂，如果由历史学家来讲述，可以分别写出 1 万字。而视频撰稿词虽然只有三言两语，却可以利用关键词调集想象力，完成描述任务。

以《藏北人家》为例，画面是措达遛着牧羊，镜头拉开，使措达家的帐篷成为前景，沐浴在晨光中。此间的旁白是：

> 措达家有将近 200 只绵羊和山羊、40 多头牦牛和 1 匹马。这些财产，属他们个人所有。措达的财产在藏北，算中等水平。他一家人的衣食住，完全取自这些牲畜，除此以外没有别的收入。

这段简洁朴素的文字，由措达家的牲畜数量入手，引出丰富的信息。"这些财产，属他们个人所有"，说明藏北牧区的现行财产制度。"措达的财产在藏北，算中等水平"，反衬出整个藏北地区个人财产情况的大背景。最后一句话说明措达家的生存方式。

2001 年 5 月 3 日，菲律宾总统阿罗约探望软禁中的前总统埃斯特拉达，以确保他住得舒适，北京电视台的新闻稿以简洁却又意味深长的语言这样写道：

> 阿罗约狱中看望前总统埃斯特拉达。老部下当上了总统，老上级成了阶下囚。埃斯特拉达说想给牢房加个窗户，阿罗约说，行。

此时，埃斯特拉达尚未被判刑，他被软禁在内湖省的多明科军营，那里并非监狱。会晤 20 分钟后，两人一起走出房门，在记者面前握手。不过，为软禁处加窗问答属实，那里的居住条件并不好。我们可以仅参考这段撰稿词简洁精妙的写法，女部下走上人生的巅峰，老上司却跌至深渊，所有的请求只剩下开一扇窗。含义充实，却用词极简。

视频撰稿词就应该如此，字惟求少，意则期多。

二、放弃长篇叙述的习惯

曼德拉总统和南非的故事在纸质文字作品中可以这样开篇：

> 狄更斯有一部长篇小说——《远大前程》，这个书名或许可以很好地描述今天绝大多数南非人对未来的期望。在长期遭到掠夺和控制的土地上，新的黎明已经来临，未来一切可期。当新总统曼德拉宣誓就职时，远大前程的精神意识如潮水一般覆盖了南非的峡谷、城镇和乡村原野，甚至高高的山峰，这一切都表明曼德拉的新政府对人口最多的民族的感召力。

中国第一代电视撰稿人在最初的探索中，受当年技术格局的影响，就是这样撰写非虚构节目的，它使电视解说词体现出高度文学化的表现风格和审美取向。随着电视表现手段的不断丰富，解说词的许多功能改由这些手段去发挥，它再也不能长篇大论了。同样是曼德拉就职这件事，后来需要这样表述：

> 南非新总统曼德拉今天宣誓，保证南非将成为一个新国家。在新政府里，他将力求满足所有南非人的需求，并给为数众多的黑人提供新的机会。

现在的视频撰稿人必须杜绝事无巨细的背景交代、拖泥带水的程序叙述、毫无节制的形容词堆砌，从一开始便学会节约用字，并且懂得为什么要这样做。

1. 因为时间匮乏

毫无疑问，报刊版面也是限制性的，但它们的限制是相对的，如果有所需要，它可以扩版，成倍印刷。可电视广播的限量是绝对的，每天的播出时间只有24小时，每分钟平均播出260字。在同一个时间里，无论有多少节目在播出，都只是增加了受众的选择机会，最终他们只能选择其中一个节目观看。所以，节目制作人面临的问题是，必须用尽可能少的时间传播尽可能多的信息。

普林斯顿电视台制片人菲利斯·海恩斯（Phyllis Haynes）说："小说家、诗人和职业作家的传统是让读者在作品中进行绵长而曲折的旅行。广播电视记者对观众的职责却不同于此。他或她必须在有限时间内把事件陈述清楚，使听众和观众理解复杂的情节。"[①]

电视广播媒介存在播出时间匮乏，互联网视频本可以解决这个问题，但视频传播时代，用户的时间又匮乏了，丰富的社会生活给他们留下看视频的时间并不多，因此视频撰稿人同样必须放弃长篇叙事的做法，甚至用时更短。

美国托皮卡电视台新闻部（KSNT-Topeka News）的主任约翰·瑞肯布（John Rinkenbaugh）曾说："消息越短，影响力越大。"[②] 因为长新闻没人看了。

2. 极简主义理念越来越盛行

很早的时候，极简主义理念只存在于极少数伟大艺术家的头脑中，贝多芬在1804年创作《菲岱里奥》时，一直苦苦思索如何缩短歌剧时长，他删除了所有凝滞徘徊的内容，去掉了用于平衡结构的段落，减少了装饰性的小节，最终达到简洁而紧凑的境界。20世纪建筑师信奉的原则已经是越简洁越好。那时候，所有创造性工作都以省略不必要的元素为理想。而今，极简主义是美学原则，没必要的赘饰已经不是好不好的问题，而是错误。因此，视频撰稿人也需要用简练而生动的文字讲述事物中最为重要的信息。

撰稿人写稿之前通常会拿到一份根据文字材料整理出来的草稿，其篇幅肯定较长。请记住最有效的改写技巧：不要在草稿上修改文字，这样做会被无用的部分拖延修改时间；应该通读一遍全篇，放下它，把记住的内容写出来，先不管细节准不

---

① 赫利尔德.电视、广播和新媒体写作［M］.谢静，等译.北京：华夏出版社，2002：104.
② 里奇.新闻写作与报道训练教程：第3版［M］.钟新，主译.北京：中国人民大学出版社，2004：283.

准确；写完之后，查看原稿，将不完善、不准确的信息更改好。

一般来讲，通讯社发出的稿件由于要为各种媒介的各类文体服务，通常远远超出视频文稿的需要量。改写通讯社稿件也一样，看一遍，扔到旁边，凭记忆力自己写，最后核对具体信息。这样写成的解说词，重点突出，让人听了有兴趣。

初学视频写作的人要注意，不要总是担心受众不能理解自己传递的意思，否则必然会犯冗长啰唆的毛病。

三、信息表述量要适当

视频撰稿人和雕塑家在操作技艺上面临着同样的难题。雕塑家必须去掉多余的石块，才能把石头雕成他们想要的形象。在这个过程中，他们必须决定什么是必须去掉的，同时又要注意不能把应该留下的部分不慎去掉。撰稿人也一样，必须从混沌的材料中挑出一个故事，并且考虑清楚丢掉的信息对不对。其中有一个量，删除信息不够多，受众觉得冗长；删除信息过多，受众会糊涂。

1. 避免信息过载（Information Overload）

撰稿人很容易犯的错误是企图在每一分钟都塞进去尽量多的信息。

事实上，受众的信息接受能力是有限的，短时间内不可能消化和记住太多信息，同时他们又是健忘的。既然如此，我们不能在单位时间里塞入太多东西，最有效的办法是仅限于谈论很少的几点内容。

看一档30分钟简讯节目，受众能记住的新闻大概在15条。假设把每条简讯的时长缩短以增加简讯条数，受众能记住的新闻不会增加，反而可能减少，于是记住的新闻在简讯总量中的占比严重下降。但是如果把简讯条数减少，增加每条简讯的时长，受众记住的新闻比率会大幅攀升。这就是专业新闻频道不能让首播新闻占满全部播出时间的原因，它们必须拿出相当多的时间去增加重播率。

同样，一段话或一个句子里包含过量信息，也会增加记忆和理解难度。

请看下面这个例子：

尽管关于税收的讨论已经历时两星期并有可能还要持续至少两周，但很明显国会将会最终通过这项由总统提出的大规模削减税收至7260亿美元以下的10年期议案，这项议案的规模在史上位列三甲，而最大规模的那次正是于两年前的本月获得通过的。

如果拿这段话说给朋友听，让他们复述听到的内容，我们会发现，除非对方同时具有极高的智商、超强的注意力、天才的记忆力，否则他们不可能理解并记住其中的信息。这段话，除了表意不清晰明确，很大的问题是信息过载。

如果把它第一句话改为"经过两个星期的讨论，很明显，国会一定会最终通过总统大规模削减税收的提案"，先把结果干净利索地说出来，去掉其他零碎信息，受众很容易会意。接下来再解释，讨论没有结束，还会持续至少两周。第三句话可以说明减税提案的具体额度了，"总统的提案是用 10 年时间，把税收总额削减到 7260 亿美元以下"。结尾可以补上一句，"总统减税提案的规模，是史上第三，史上最大规模的提案是在两年前的这个月通过的"。

把集中在一句话中的过载信息稀释到各个句子里，每个句子便好理解，句子和句子之间的逻辑也更清晰。

让每个句子里的信息适量不过载，可参考学习"老疯001"账号 2020 年 10 月 29 日发布在好看视频上的《达尔文奖，你可千万别是获奖者，各种奇葩的死法》。它自 1982 年始，至 2018 年结束，介绍每年获奖者的离奇死法，都是仅用三言两语传递两三个信息，让人惊叹不已。

2. 保持必要的冗余度

合格的视频文稿都具有一定的伸缩性，但最终做伸缩处理时，必须确保事实不被扭曲，内容价值不会减弱。一般来说，文字多一些，做删减时可以自行把握原意不被歪曲，而文字太少了，要临时增量，不容易搞清楚是否改变了原意。因此，视频撰稿人会在信息丰度上略做膨胀，保持一定的冗余度。

在视频构造上，我们如果采用金字塔式结构，一是开篇不吸引人，受众往往坚持不到最后看高潮就已经走了；二是去掉前面的铺垫只留高潮部分，受众看不懂。所以，我们一般会采用倒金字塔式结构，把最重要的部分放在前头，需要压缩时，可根据情况从最后向前逐段删除，即使只留下第一段，也是一条独立的消息。以《香港"神童"富商欲烧炭自杀》为例：

曾白手起家财富逾 10 亿、被称为"神童辉"的罗兆辉，怀疑因经济问题，昨晚被发现在豪华游艇上烧炭自杀，被船员发现报警送往医院抢救，目前尚未脱离危险。

据消息人士透露，罗兆辉最近被一位债主追偿数亿元债款，近期情绪低落，终日大部分时间躲在他的游艇上。警方昨晚 9：30 接报，称罗兆辉在铜锣湾避风塘一艘游艇上自杀，到场后发现其昏迷于船舱内，呼吸微弱，旁边留下一堆炭灰，即将其送往邓肇坚医院抢救。

警员在游艇上调查，初步未寻获遗书，暂时列作企图自杀案处理。

罗兆辉的游艇名为"MARINE"，价值2000万，经常停泊于铜锣湾游艇会。据消息称，1997年金融风暴后，他经常留于艇上避世，并有一名忠心水手追随。

最后一段是增量信息，与事件没有直接关系，可留可删。倒数第二段是事件补充信息，留有价值，删亦无妨。第二段是主体，留下则是导语的扩展，删掉则有导语可以独立成篇。

同样，语句上一定的冗余也有存在的道理，它们不携带特别关键的信息，却可以帮助受众一听就懂，听后还能保留深刻的印象。时长足够，就让它们发挥作用；时长不够，去掉它们，受众终归还能会意。比如：

> 欧洲杯正在如火如荼地上演，央视五套的《豪门盛宴》也在一天天享受着这次足球赛所带来的大餐。

删去其中一些词汇，变成下面的样子，意思完全没变。

> 欧洲杯如火如荼，央视五套，《豪门盛宴》，天天享受足球大餐。

两句话可以互换，如果时长充足，字数不够，加上删去的那些字词，受众也不会觉得啰唆。

四、直观画面无须主观描述

苏联的中央电台新闻总编尤里·列杜诺夫曾说："如果说，在广播里是用广播语言来'描绘'所发生的一切的话，那么，在电视屏幕上要使观众能在同一时刻既看到事件，又看到事件的参与者。因此，电视记者应当尽可能少用语言，以免重复电视屏幕上正在播映的事件。"[1]

"尽可能少用语言"，指的是少用解说词。与收音机节目撰稿人相比，电视节目

---

[1]　萨加尔.苏联名记者写作经验谈［M］.徐耀魁，段心强，于宁，译.北京：新华出版社，1983：102.

撰稿人不需要文字语言描述画面，屏幕上客观的视觉影像一目了然。

重庆电视台 1998 年制作完成了 75 集大型系列报道《走进贫困山区》，其中一集是《庙堂之行》，记录了率队记者邱朝举和出镜记者韩咏秋在巫山县庙堂乡的所见所闻。那里没有电，没有自来水，也没有路。采访前一个月，那里才在陡峭的山壁一侧临时凿开一条窄窄的盘山基埂道，记者们租了两辆拖拉机进山。

两名司机像开赴战场一样，上路去庙堂乡。当地人说，这一路经常出事，没什么人敢开车进山。拖拉机在基埂道上颠簸行进，镜头摇摇晃晃，令人胆战心惊。两名司机还告诉记者，他们没有驾照。不久，前面的拖拉机一条皮带突然断了，后面那辆韩咏秋坐的拖拉机径直撞了上去。拖拉机修好后，又足足开了 3 个小时。沿途，山高而路险，无声而有力。

请注意下面这个静帧（Frame）中都包含哪些信息。

■ 图 5-1　包含许多信息的一帧画面

如果用文字做主观描述，它是否应该包含这些信息：第一，山势险峻；第二，高路入云端；第三，路很窄；第四，那是一条土路；第五，窄路没有护栏；第六，山壁被植被覆盖；第七，这只是群山中的一小段路。一个静帧，只有 1/30 秒，却包含着如此丰富的信息，如果这个镜头能在荧屏上延续 8 秒钟，无须解说词，受众基本上都可以参透其中的含义。

由于直观呈现代替了间接的主观描述，视频制作者完全可以不使用文字语言或少量使用文字语言，不重复画面和音频中已经清晰反映出来的信息。撰稿人应该清楚，空间信息清楚，不必浪费笔墨，但时间线上的信息却是空白，需要自己补充。比如，这个镜头拍摄于何时，路是什么时候修的，修之前人们怎么进山，是否发生过坠崖惨案，修之后已经有哪些人从这里走过，他们感觉如何，这条路有没有可能被泥石流摧毁。这些信息不用文字语言做交代，受众无法知晓。

现场同期声的作用，与直观画面的作用相似，不要转化成旁白记述。

2001年夏季，朱镕基在安徽阜阳市调研农村税费改革情况，曾在颍上县十八里铺乡的宋洋小学开座谈会，阜阳电台为此制作了录音报道《我向总理讲真话》，荣获第12届中国新闻奖一等奖。其中，有这样一段同期声：

> 镇党委书记：敬爱的总理，尊敬的……
> 朱镕基：前面"敬爱的、尊敬的"都可以去掉（众人笑），咱们开门见山，谈的就是教育。

这种现场气氛，如果改由文字语言表达，不管撰稿人的写作技巧多么精湛，都不可能还原出它的本真状态。此时，文字语言只需帮助它的过渡，预示它的开始，记述它的后续。但是确实要注意的是，同期声语速慢，每分钟135字左右，而且常常缺乏激情，配音语速是每分钟260字，情绪比较饱满，如果同期声用得太长，会使节奏变慢，降低受众的兴趣。只有在这种时候，撰稿人应该转用文字语言浓缩同期声信息，提高它们的表达质量。

总之，由于画声具有客观表现力，文字语言有时可以简洁至零。

任何表现方式都会有倾向性，但如果事实已经充分展现出来，制作人在画声中的主观态度可以由受众自主感受，撰稿人不必对客观画声添枝加叶，直白地说出来，应该由受众自己得出结论。

五、用指示性代词精简描述性语言

报刊和收音机节目的写作，如果频繁使用指代性语言，却没有相应的画面与之配合，其表意不可能清晰，所以不得不做出详细复述，受众才能获得感受。但视频有持续不断的直观画面，解说词完全可以使用简洁的指代性语言，指引受众直接从画面中读取信息。例如，

> 画面：清晨，骑着自行车的人流。

> 旁白：骑车是一种锻炼。
>
> 画面：有人推着自行车跑步。
>
> 旁白：有车不骑也是锻炼。
>
> 画面：有人哼着小曲，双手大撒把，横冲直撞，东倒西歪。
>
> 旁白：但这不是锻炼，是玩儿命。

简单的一个"这"字，代替了"双手大撒把，横冲直撞，东倒西歪"一整句话，而且提示受众赶快看画面。

《藏北人家》中有这样一段解说词：

> 时候不早了，措达准备外出放牧。
>
> 这种皮口袋叫"唐觚"，它是藏北牧人特有的饭盒，里边装着一天放牧所需的干粮。在藏北，许多生活用品都取自牛羊的身上。这种羊皮做的口袋，轻巧实用，牧人外出时都带着它。

29 秒钟的画面，由两个近乎特写的长镜头组成，措达在皮口袋里调制干粮。指示代词"这种"和"它"反复引导受众看画面，观察皮口袋的形状、大小、颜色，以及措达在里面调制了什么，省却了用解说词介绍这些信息的麻烦。

《本周》在回顾抱妻大赛的报道时有这样一段解说词：

> 谁会是站到最后的一对呢？
>
> 是他们？是他们？还是他们？
>
> 原来是这小两口，全场最高大魁梧的丈夫和全场最娇小瘦弱的妻子。要问我爱你有多深，力气代表我的心。他足足抱了老婆 10 小时 49 分 15 秒！

所有这些代词所包含的具体信息，都由画面瞬间交代清楚，解说词只管往下走，完成自己要叙述的信息。

指代词有近指和远指之分，近指用"这儿"，远指用"那儿"。日本有一部纪录片《第一次跑腿儿》（也译作《初遣》），用 9 架摄录机暗中跟拍东京附近的 3 岁左右幼童第一次离家、穿过人声鼎沸的闹区、过马路、拐几个弯去超市为家长购物的过程。当他们进入商品琳琅满目的超市时，旁白说"人们把摄像机放在不同的地方，这儿有，那儿也有"，画面是冰箱上和橱柜上伪装好的微型摄录机。当解说词中出现"这种"或"那样"之类的代词，受众会旋即形成疑问，究竟是"哪种"或"哪样"，于是当即在画面上找到答案。

六、结构精练简洁先行

2021年8月26日，"建筑范儿"账号在抖音置顶他们的短视频《巴塞罗那：2026年世界建筑之都》，因为巴塞罗那夺得了2026年建筑师大会的举办权。

> 说起巴塞罗那必须要提两个人。
>
> 第一位是城市规划师伊尔德方斯·塞尔达。我们现在看到的巴塞罗那规划整齐像棋盘一样，这种能爽死强迫症的城市布局，就是著名的"塞尔达规划"。它将建筑围成大小高度几乎相同的正方形，每个正方形的四个角又被整齐地切掉了一小块，再用一条条大街将它们垂直分割开来，这样每一个十字路口都会有一个八边形，为狭窄的大街腾出转弯的空间，更有利于交通，同时每个正方形的中心作为中庭花园，让每栋建筑都有良好的采光、通风和景观。没几个街区就会天然构成一个单元来共享一所学校、医院、市场等公共设施，这让每一位公民都有使用公共资源的平等权利，而不会产生社会等级感。这也是塞尔达心目中的理想城市的核心理念，用公平的设计来做到去阶级化，在第一时间就杜绝贫民窟和豪宅区的出现，这与巴黎辐射性的城市规划导致的区域贫富差异和国内过度追求大尺度的街道广场和大体量的建筑有根本上的不同。
>
> 除了塞尔达外，另一位必须要说的就是巴塞罗那的鬼才设计师高迪，这位凭一己之力撑起了整个巴塞罗那旅游业的男人，巴塞的9个世界文化遗产有七个出自他手。其代表作圣家族教堂闻名于世，还有奎尔公园、巴特罗之家、米拉之家，每一个作品都充满着代表自然的曲线。他的风格在建筑史上因为独特性，没有被划分到任何一个流派。
>
> 如果说塞尔达制造的是有秩序的美，是规则的元素重复，那高迪就是在创作自然的无秩序美。

介绍巴塞罗那的城建，以两个人为线索，一个创造了有序之美，一个创造了无序之美，两相结合便是巴塞罗那，结构简洁至极。不过，其字幕有两处错误，一是"没几个街区"应该为"每几个街区"；二是"巴塞的9个世界文化遗产有七个出自他手"，数字规格不统一。

再看 2020 年 4 月 8 日"合版大师"账号在西瓜视频上发布的《2002 年一架154 客机与波音 757 货机相撞》，它交叉展开空中的两条线索，两条线索交汇在一点时悲剧发生，延续线被截断，而造成悲剧的是地面的一个点。

　　敦豪航空从意大利贝加莫，飞往比利时布鲁塞尔。就在晚上 8 点半前，这架波音 757 货运飞机，在飞过德国领空时，两个飞行员收到批准攀升到 11000 米的指令。

　　与此同时，巴什基尔航空的 2937 航班，正从莫斯科飞往巴塞罗那的途中。这架俄罗斯的图波列夫飞机，被包了下来送学生去旅行，机上有 60 个乘客，大部分都是孩子，还有 9 名机组人员。飞机进入德国领空，高度为 11000 米，与敦豪航空的货运飞机处于同一高度。

　　这两架飞机正处于相撞航线。

两条叙事线极速发展，奔向一个交汇点，构成令人紧张的悬念。

　　尽管它们是在德国领空，但这一片领空，其实是由苏黎世的私人瑞士航空管制公司空中导航来管理的。航空管制员彼得·尼尔逊是当时管理这片领空的唯一管制员，他的同事请了假，他不得不同时监察两个相隔了几米远的屏幕。这是违反规定的，但空中导航公司的管理层，容忍这种做法。

　　在一个屏幕上，尼尔逊忙着协调一架晚点的空客，但是他并没有注意到在另一个屏幕上，俄罗斯飞机和敦豪货运飞机正处于相撞航线。雪上加霜的是，尼尔逊并没有注意到，地面防撞警告系统在之前的检修中被关闭了。这个系统，本来能提醒他即将有飞机相撞。

　　在空中，两架飞机相距不到一分钟的航程。

人工避灾系统的现实状况，加剧了悬念，可让用户的心越抓越紧。

　　这时飞机上一个叫 TCAS 的系统，向两架飞机的飞行员，发出了警告的声音，"前方有飞机"。

　　在敦豪货运飞机上，TCAS 指示飞行员下降，"下降，下降，下降"，机组人员马上做出反应，关闭自动驾驶，开始下降。

　　在俄罗斯飞机上，机组人员收到了相反的 TCAS 指令，"攀升，攀升，攀升"。

　　两种空中防撞系统发出了相互协调的指令，使两架飞机之间的距离尽快拉大。

最后一句词不达意，空中防撞系统是让两架飞机的飞行高度差尽快拉大，而不是使它们的距离尽快拉大，否则它们得倒着飞。不过，这段解说词总算让用户高度紧张的心理得到缓解，觉得两架飞机有救了。可万万想不到的是，人工管制系统却在破坏这种可能性，悬念再起。

　　当尼尔逊发现两架飞机有相撞的危险时，他联系上俄罗斯飞机的机组人员，在不知道防撞系统已经发出攀升指令的情况下，他向飞行员发出了相反的指令，叫飞行员下降300米。
　　俄罗斯飞行员左右为难，但他们最后还是遵从了航空管制的指令，并开始下降。
　　敦豪货运飞机和俄罗斯飞机以极其快的速度逼近对方。在黑夜中，飞行员的能见度低于11公里，飞行员不可能靠目视来避免撞机。
　　现在这两架飞机还有几秒就相撞了。
　　当他们看得见对方的时候，已经太晚了。
　　在接近10700米的高空，两架飞机，以几乎垂直的角度相撞在一起，敦豪波音757飞机的垂直尾翼直接切断了俄罗斯飞机的机身。

"逼近"这个词，其实是"慢慢迫近"的意思，无法表现极速。但至此，用户已经不会在意这些用词上的疏忽，情况太紧张了。

　　当飞机坠向地面时，很多乘客被吸了出来，坐在机头的驾驶人员由于高速坠落失去了意识。敦豪的货运飞机也失去了80%的垂直尾翼，飞行员挣扎着让飞机继续飞了2分钟，然后坠落。

这段解说词，如果不配合画面，可能会让用户恍惚，不知道最先提到的是哪架飞机，除非用户清楚地记得另一架飞机是货运机。
　　空难结束后，故事没有结束，又续上了一个悲剧。

事故发生的时候，只有一个航空管制员彼得·尼尔逊管理这片空域。

空难带来的创伤，让他要接受药物治疗。

但有一些像维塔利·卡罗耶夫这样的人，将责任归咎到尼尔逊身上。卡罗耶夫在事故中失去了妻子和两个孩子。空难发生一年半后，一起令人震惊的罪行发生了。卡罗耶夫去到瑞士尼尔逊家，用刀将他捅死。

视频还应该告诉我们，空中管理是否吸取了教训，让悲剧不再发生。

现在全世界的飞行员都要优先遵从空中防撞系统的指令，而不是航空管制发出的指令。

叙事线索和叙事层次安排得极其合理。解说词冷静客观，不动声色，却透露着悲情。一般而言，结构精练简洁是语言精练简洁的基础，结构繁复混乱，语言再简洁也没用。

七、文法规范是叙事简洁的前提

笔者读大学时，看了美国电影《巴顿将军》，觉得汉译台词非常棒。比如，1943 年，在南欧战场上，巴顿要求布雷德利率第二集团军与自己的第七集团军联手蛮干，布雷德利爱兵如子，不赞同，在告辞出门之前转回身对巴顿说："我打仗，因为我是军人。你打仗，因为你爱战争。"一个废字没有，一针见血地指出自己和巴顿的不同，文字张力极大。

因为太喜欢这部电影，10 多年后笔者在上海电视节采访期间买了一张它的光碟，却发现那两句话变成了"我打仗，是因为他们让我打仗。你打仗，是因为你爱打仗"。围绕"打仗"造句来解释"打仗"的原因，思维上没有想象力，词汇上显得贫乏，且"打仗"一连出现 4 次，拖沓啰唆，语言的力量没了，话变得很软。

叙事文字简洁的标志是没有废字，没废字的前提是语法规范，逻辑无瑕疵。文字语言不够精练常常是因为语法和逻辑上有问题。

例一："中国消防协会自 1984 年 9 月成立以来，已经整整 10 年了。10 年来，在公安部和中国科协的领导下，协会广泛团结消防科技和专业工作者，为推动消防事业的发展作出了积极贡献。"

世上如果存在消极的贡献，那"积极贡献"的说法就是合理，但世上只有消极却作出了贡献的可能，却没有哪个贡献本身是消极的。

例二："这位珠海居民去湖北出差感染上病毒，经治疗痊愈，2020年1月30日正式出院。"

什么是非正式出院？如果没有非正式出院，何来"正式出院"？

例三："在张家口，相关部门面对违建并没有及时拆除，而是进行没收。"

把完全可以直接使用的动词放在"进行"后面变成动名词，是一个很坏的习惯，以至曾有语言专家发表文章呼吁正确使用"进行"这个词，否则可能有一天人们会把吃饭和穿衣服说成"进行吃饭"和"进行穿衣"。①

例四："今晚直播，2023年2月12日，国乒小将挑战世界第一，中日争夺冠亚军！"

有没有哪个竞技队还没开赛就确定要争夺亚军？决赛只有两个队，如果只想做亚军，还争夺什么，直接认输就行了。

在视频写作实践中，修辞带来的文法问题和逻辑问题也很常见，其实写作技术不过关却非要在视频作品中运用修辞手法是自找麻烦。

视频写作只是为了把事情说清楚，不是为了表现文采。在大多数情况下，视频解说词需要开门见山，避免拐弯抹角。

1979年，美国小提琴家斯特恩来北京和上海讲学并举办音乐会，随之而来的还有默里·勒纳（Murray Lerner）的好莱坞摄制团队，他们全程记录了斯特恩在中国的行踪。1981年，电影纪录片《从毛泽东到莫扎特》在美国上映，解说词开宗明义，直截了当。

> 认识一个国家的同行人士，可以帮助你了解那个国家。
> 这次访华行程并非搞音乐会，而是了解中国人及中国。

一上来就说明目的，而这个目的远比仅仅举办讲座和音乐会有意思，全篇围绕这个目的展开，好的就是好，不好的就是不好，一切直来直去。

再请看"蜻蜓动漫"账号2021年2月23日在抖音上发布的《电力安全教育》第八集《单腿跳，很重要！》的解说词。在动漫画面中，一名电工在环形电场外圈触电被抢救过来之后，解说词缓缓地说了一句："以后，看到倒地的电线杆，躲远

---

① 姚治兰.电视写作教程［M］.3版.北京：中国传媒大学出版社，2015：86.

点儿。"随后，解说词这样解释事故原因。

> 跨步电压触电，就是在高压线接触的地面附近，产生了环形的电场。
>
> 从接触点到周围，有一个放射状电压递减的电压分布，圆心处电压等于高压电线上的电压，离开圆心越远，电压越小。因此，当一个人从圆心远处跨步走向圆心近处位置时，两个脚上的电压就会不同，这样，这个电压就会产生通过人体的电流，导致人触电。所以，对电线落地不可麻痹大意，因为，站在距离电线落地点8—10米以内，就可能发生触电事故。
>
> 当发觉有跨步电压威胁时，不要惊慌，更不能撒腿就跑，因为步伐越大，电压差越大，应赶快把双脚并在一起，或尽快用一条腿跳着离开危险区。

解说词中的一些语句还可以再做精练，但总的来说，它做到了要点清晰，说理简明扼要，行文干净利索。其中每一个概念、每一个原理、每一个动作都有严格对应的图像，撰稿人无须多言，用户一目了然。

八、去掉没必要的信息

1. 应该去掉没必要的地域信息

对于耳熟能详的地点，比如纽约和北京，根本没必要写成"纽约州纽约市"和"中国北京"。对于城市所辖范围中的地点也是如此，如某个小镇或农村特别著名，完全可以省略它的省市前缀。

对于不知道也无损于事件叙述的地名，可以省略，如果增加这类信息，那么对事件叙事是一种干扰。

2. 必须去掉不是非知不可的人名

布洛克压缩一篇通讯社文稿，为哥伦比亚广播公司制作了一个50秒钟的突发简讯（Newsbreak），他的导语是这样写的：

> 纽约西切斯特的斯坦福酒馆一名前雇员今天被捕，并被指控去年12月纵火烧死26名公司经理人员。

既然导语是简讯的广告，如果人物没有任何名气，就不必急于在导语中写出他们的姓名。陌生的名字会让受众觉得无趣，从而降低新闻价值的含量。正确的做法是直接告诉受众此人做了什么。布洛克没有在导语中写出凶手的姓名，它对绝大多数人毫无意义，真正能引发受众注意的是他烧死了 26 个人。

3. 没必要强调性别

一个人是女是男，在画面中一目了然，凡是在"村民""厂长""干部""教授""科学家"前面加上"女"字，纯粹是多此一举，除非她们外貌男性化，声音也像男性。

4. 没必要强调种族

种族信息，只有在它与事件密切相关的情况下，才有必要言明。例如奥巴马竞选总统，作为非裔，他能否成为总统是一个重要议题。在犯罪新闻报道中，当警方仍在搜寻疑犯，其种族信息有利于民众识别他们，而且一旦他们落网，后续报道就没必要刻意强调他们的种族背景。

5. 没必要指出中青年人的年龄

在媒介信息中，只有特别小的年龄和特别大的年龄才具有特殊性，中青年人的年龄通常被视为常规信息，不值得特别关注。

以车祸报道为例：假如在交通肇事后逃逸的是一个 13 岁的少年，他的名字必须隐去，但他的年龄一定要指出，因为这个年龄的孩子驾车肇事太少见了；如果肇事车主是 75 岁的老太太，她开着汽车冲进草坪，车翻了，她的高龄或许是造成车祸的原因之一，另外如此大的年龄，她的伤情值得特别关注；假设一对中年夫妇受伤，无须提及他俩的年龄，但如果他俩的 3 岁女儿在后座上，那就应该说出女童的年龄和伤情，因为她太小了。同样，如果夫妻俩的 85 岁老父亲也在后座上，那么他的年龄和伤情也需要写明。

试想，中青年人持枪抢劫银行，其年龄是否很重要？但一个 15 岁少年或一个 80 岁老人持枪抢劫银行，他们的年龄是不是一个新闻点？

6. 没必要特别说明婚姻状况

如果是一位离过 4 次婚、拥有 3 个孩子的著名演员举行婚礼，她的婚嫁历史信息确实值得一提，但通常情况下，没必要在视频文字中专门说明一个人是单身、已婚、离异，除非这些信息与他们的故事直接相关。

7. 没必要提及陌生物的名称

美联社曾在佛罗里达州峰景镇发出这样一条电讯：

> 今天，一列装载有害化学物质的火车在这里出轨，装载丙酮的油罐车厢爆炸并燃烧，风力将黄色硫黄的浓烟吹散到佛罗里达西北部乡村，几千人被迫疏散。

哥伦比亚广播公司《晚间新闻》栏目要转发这个消息，布洛克将电讯稿改成20秒的解说词，他是这样改写的：

> 一列配有18节车厢的火车，在佛罗里达州的峰景镇出轨，脱轨的几节车厢中的一节发生爆炸。由于有些车厢运载的是有毒和易爆化学物质，有各种烟雾和进一步爆炸的危险，官员们急令该县四分之一人口疏散。

绝大多数人不会知道丙酮是什么，在纸质媒介中看到这个词，可以有时间查一下，或者会意后跳过这个词，但观看电视简讯时没有这种可能。布洛克认为丙酮这个词汇不重要，重要的是它对生物体有害，而最重要的信息是爆炸和疏散。

视频解说词必须避免使用生僻概念和深奥难懂的道理，如果出现这些信息在所难免，必须紧随其当即做出通俗解释。

总之，视频文字语言要做到精练简洁，就必须不说无意义的废话。我们会经常听到"名医""著名编辑""著名企业家"的说法，有学者认为这是废话，真正著名的人，受众一看便知，无须说明，非要加上"著名"来标榜，恰恰说明他们的名气不够。这个判断是偏颇的。社会生活中常有如雷贯耳的名字，但人们并不熟悉这些名流的外貌，针对画面，指出其中的这个人就是著名的某某某，其实并非废话。但像"著名主播""著名主持人""著名演员"之类的说法，的确欠斟酌，真著名，不必讲，他们都是镜前人物，不著名，讲了也没人信。视频撰稿人要让出现在解说词里的每个字都言之有物，增一字嫌多，减一字嫌少。

九、简化数字

我们思考一下《藏北人家》的这句解说词——"措达家有将近200只绵羊和山

羊、40多头牦牛和1匹马"，为什么不把这些牲畜的准确数量说清楚，比如"措达家有197只绵羊和山羊、43头牦牛和1匹马"？

严格地讲，数字越精确越好，用精确数字传达精确信息。但从听觉接受度上看，越简单的信息越便于接受，越容易在受众头脑中留下印象，并形成记忆。如果数字太复杂，受众会自然忽略它以节省脑力，撰稿人的良苦用心也就白费了。

视频解说词尤其不能连篇累牍地运用数字，特别是不能频繁运用带有小数点和位数较多的数字，充斥着精确数字的解说词不可能引发收视兴趣。比如：

> 从今年9月开始至11月底止，广东廉江市项目的日最高上场人数达3.5万人，出动各种施工机械1052台，投入资金2600多万元，完成渠系清淤整治89条245公里，加固江海堤围8条12.4公里，维修山塘、水陂、涵闸等工程125宗，累计完成土方918万立方米，石方1.96万立方米，混凝土0.78万立方米，分别占年度计划任务的31.7%、26.1%、30.2%。

数字太多太具体，受众无法瞬间完成比较、理解、确认的思维过程，这会干扰他们对总体意思的把握。所以，解说词的数字表达原则是尽可能四舍五入，对精确数字进行模糊化处理，一般情况下，只需告诉受众一个概数。比如，总额59812963679元的财政预算，四舍五入，可以简化为"近600亿的财政预算"。

在视频媒介中使用精确数字是一种特殊情况，以《藏北人家》为例。

> 辽阔的藏北草原南部，是雄伟的唐古拉山，念青唐古拉主峰，海拔高达7000多米。在主峰的北边，有一个湖，叫"纳木湖"，它是世界上最高的大湖。纳木湖海拔高达4718米，面积约1900多平方公里。当年到达湖边的蒙古骑兵，称它为"腾格里海"，意思是天湖。

这个段落要引发对纳木湖（纳木错）牧场的评说，念青唐古拉主峰离这里很远，它的海拔高度对牧场没有多大影响，只起到背景衬托作用，纳木湖面积有多大，对湖畔牧民的生活也没有特殊的影响，而影响牧民生活的关键因素是纳木湖的海拔。因此，念青唐古拉主峰的高度和纳木湖的面积用的是简化数字，以降低理解难度，只有纳木湖的海拔运用精确数字，以强调它的重要作用。

在视频媒介中，大多数数字必须精简，有些数字却不能有半点儿马虎，比如"经济增长率达到了5.61%"，这类确指数据应该越准确越好。

十、不要用华丽辞藻成段堆砌抒情语句

1987年，人物专题片《鬼斧》首播，其中有一大段讴歌贵州画院专业创作员尹光中的雕塑材料的抒情文字。

> 石头，记载着我们祖先的聪明与才智。石头，记载着我们民族的悲愤与耻辱。石头，铭刻着英雄遥远的理想。石头，铭刻着历史沉重的脚步。
>
> 石头变作生命，是企图求得永恒。石头走进历史，是为了让人记住。
>
> 不要说这些石头沉默寡言，不要说这些石头毫无声响，只要你理解这些石头，这些石头便会向你讲述那些山呼海啸的典故。

话虽说得很多，却没有一句含有实在信息。在视频媒介中，这种没有具体含义的排比句和对偶句是一种大忌，只会对受众产生催眠效果。但有很长一段时间，这种空洞的奢华表达很盛行，甚至在一些优秀作品中也会频频出现。例如，刘郎制作的《西藏的诱惑》中有这样的片段：

> 西藏的诱惑，是那大自然动人的诗章，是那第三女神的圣洁，是那高山林海的苍茫，是那世界屋脊的满目纯澄，是离太阳最近的地方那一束奇光……
>
> 西藏的诱惑，是那西藏风情真切的吟唱……
>
> 西藏的诱惑，是一次次在这片古老而神奇的土地上纵马高山……
>
> 西藏的诱惑，是一次次在大山的环抱里露宿长河……

这种抒情的豪华表述，太浪费时间了。它的实际作用，在视频表达中其实最多两句话就可以实现，而且完全没必要堆砌这么多的华丽辞藻。请看英国独立制片人阿格兰德1993年在丽江拍摄的7集专题片《云之南》第一集的开场白：

> 矗立在市镇上是披雪的玉龙雪山。
>
> 山巅外，是扬子江，这儿的人称之为"金沙河"。它源自西藏高原以南，向东蜿蜒，直插世上最深峡谷之一：虎跳峡谷。

穿越峡谷后继续东流，朝着中国心脏地带进发。

这段解说词，结合画面和背景音乐，其效果也是在抒情，但它没有一个艳词，它的实际信息是地理环境，其中包括 5 个重要的地理概念——玉龙雪山、扬子江、西藏高原、世上最深的峡谷、中国心脏地带，没有浪费任何 1 秒钟时间。

请比较一下我们解说地理环境时惯用的抒情手法：

盛夏的漓江，像一条翠绿的缎带，在青葱秀丽的群山间，蜿蜒地向南飘去。
游船顺江而下，几程漓水曲，万点桂山尖。
晶莹碧透的江面上，荡漾着两岸奇峰挺拔俊秀的身影，真是群峰倒影山浮水，无水无善不入神。

不能说它不美，但处在视频综合语言的系统中，文字语言的这种美过度了，而它的信息却是稀薄的。实际上，即使是独立表达的文字语言，大量的华丽辞藻同时出现，堆积在一起，它们便失去了每个华丽辞藻单独出现时所能迸发出的力量。请注意央视《东方之子》出镜记者胡健 1993 年 5 月 3 日专访张贤亮时的开场白：

作家张贤亮决定下海有点拯救众生的味道。他所在的宁夏文联经费极少，身为文联主席，他不得不为生活窘迫的文学艺术家做点事情，于是他纵身一跳，成为 4 家公司的董事长。

"拯救众生"和"纵身一跳"这两个词组之所以抢眼，是因为它们凸显在平实的其他词语之中，如鹤立鸡群。抒情段落中的关键词也是一样，它们必须是零星出现在其他朴素词汇之间才会起到最大作用，成为点睛之笔。

十一、用字幕写作锤炼自己的语言

在视频媒介中，加深受众对某个信息的记忆，既可以重复这个信息，进行多次刺激，也让其他信息与其叠加，形成重叠刺激。前者让受众完成重复记忆，后者促成他们的重叠记忆，而视频字幕属于后者的一种手段。

就视频写作训练而言，字幕撰写是最有效的办法。在别处形成文稿，再用配音进入视频，没有经验的写作者无法准确把握适度字数。而字幕撰写，是在确定的画面长度中直接嵌入文字，并给受众留出足够的观看时间，因此用字的简洁性从一开始就要体现出来。

我们来看这个案例：

2016 年 10 月 4 日，密歇根州安娜堡市的赖特、克雷格、埃里森为了抢劫先锋高中学生里克的运动服和球鞋，将其枪杀。

其中，赖特只有 17 岁，根据未成年人条款，如果他在审判前主动向检察官承认有罪，可得到较轻的量刑或缓刑。赖特与检察官达成了认罪协议，所以庭审时在里克母亲的代理人发言过程中，他有恃无恐，双手互相搓着，自始至终面带嘲讽的微笑，一脸无所谓的样子。法官忍无可忍地宣布，撤销赖特的认罪协议，把此案交给陪审团审判。赖特被判有罪，刑期 50 年。

反映这个事件的视频，有许多汉译版本，它们全部铺满了解说词，掩盖了现场同期声。但 2021 年 6 月 21 日，"混剪·大舅哥"账号在抖音上发布的短视频《无视被害人家属公然在法庭上大笑，最后法官的做法让人太舒服》却没有西瓜视频上同版视频里的解说词，不仅有同期声，而且配以音乐，全程改由字幕简要交代案情和庭审情况。其旁白字幕简洁很多。画面顶端的"sha 人偿命，外国没有 si 刑"和画面底部的"法官还是大快人心"是持续字幕，始终挂在画面上。

必须指出的是，两句话表意不清，又分处上下两端，不易弄清其逻辑。其实它是一句话，意思是杀人本应偿命，但那里没有死刑，可法官的决定大快人心。

请看它的正文内容：

字幕：2016 年，美国密歇根州，18 岁高中生乔丹·里克，被三名高中生枪杀。他们只为了抢里克的衣服和鞋子。

字幕：密歇根州 法庭

法官：拿枪，做了什么？

赖特：开枪。

法官：用枪打死他的吗？

赖特：是的。

里克母亲的代理人：我的儿子，已经死了，为什么夺走我的儿子？为什么？以什么资格？用我儿子的生命换取你的欲望和嫉妒，为得到钱、珠宝、衣服、手机等物品，怎么可以杀害我的儿子？你的人生将不可能比我儿子好，你永远不会胜过我儿子的死。

字幕：对着摄像机，露出让人难解的笑容，毫无歉意。对被告 这种可恶的态度，乔丹 母亲非常愤怒，但还是尝试原谅，留他悔改机会，决定不起诉。可是——

赖特：我只想告诉你们，我很快会回到我的家，因为我爱我的家人。

字幕：到最后，被告还是毫无悔意，甚至还嘲笑试图原谅自己的受害者家人。这时，法官也厌倦被告的这种态度。

法官：23 年来，我从未有过不接受双方之间的判刑协和，一般都会接受双方当事人之间的判刑协议。

字幕：但是！！！

法官：被告坐在法庭里微笑着，瑶瑶头没什么大不了似的。我很想说，不接受受害者家人的原谅和协和。

字幕：？

法官：你将要会接受审判，如果你被叛到有罪，你会被入狱 直到死在牢里。这就是我要给你做的。

字幕：赖特，帮我说点什么啊。赖特律师，No。最终，Danta Wright 被判入狱 23—50 年，Jermarius Ellison 被判入狱 15—40 年，Delrano Gracay 被判入狱 15—40 年。

这个视频的字幕时常滥用标点符号，随意空格，"协和"应该是"协议"，"瑶瑶头"应该是"摇摇头"，"被叛到有罪"应该是"被判有罪"，"你会被入狱"应该是"你会入狱"。其制作粗糙，必须予以批评。但字幕使信息简洁却是事实。

归纳起来，我们可以在这些方面用撰写字幕稿来训练用字简洁。

1. 题记片头字幕

片头字幕的主要作用是点明主题，它不能是费时阅读的一段话，只能是打动人心的一句话，必须言简意赅。

《西藏的诱惑》的片头题记是："西藏的诱惑，不仅因为它的地理，更因为，西藏，是一种境界。"新疆电视台 1998 年摄制的专题片《明天的浮雕》，其片头题记是："老一代创造的浮雕叫历史，新一代创造的浮雕叫明天。"上海真实传媒公司艺术指导李列摄制的《劳改队纪实》记录的是上海第二劳动改造管教总队的故事，它的片头字幕是其中一位警官的话："在这里，表现得再好也是犯人，表现得再差，他也是人。"

它们的共同特点是，用字虽简，用意深刻。

2. 以字幕承接部分旁白信息

如果画面长度有限，需要传达的信息尚存，可用字幕完成后续信息。

以南京电视台的长消息《静海寺零点敲响警世钟》运用的字幕为例。

记者的现场报道在先："现在是 1997 年 6 月 30 日的夜间，我身后就是当年《南京条约》的缔约地静海寺。在 7 月 1 日的零点以前，悬挂在寺内的警世钟将被重重地敲响 155 下。这标志着 155 年前在这里蒙受的耻辱，经过中国人民 155 年的抗争和奋斗终于洗雪，又恢复了对香港行使主权。"话音一落，钟声响起，此后再没有解说词，画面上浮现几行字幕。

林则徐后裔林纲、邓廷桢后裔邓源撞响第一下钟声。

社会各界代表 102 人参加撞钟仪式。

6 月 30 日 23 点 59 分，市长王宏民等市领导撞响最后三下钟声。

7 月 1 日零点 静海寺

这些信息要素不可或缺，改由字幕介绍，再配以音乐，可呈现情绪特征。

3. 以字幕配合完成修辞

央视社教中心文化专题部《探索·发现》栏目导演毕岳昆 2002 年在联合国国际环境、自然及文化遗产电影节上荣获评委会大奖的纪录片《楠溪江》，其结尾有两只鹅在戏水的镜头，毕岳昆在鹅低头的刹那做静帧定格，并打出两个字"欢迎"，且重复三次，像是鹅在向受众鞠躬致意。

4. 用字幕造成诙谐趣味

湖南卫视的真人秀《爸爸去哪儿》，大量使用了特效花字，比如"风一样的女子"和"名侦探天天"，给节目增添了娱乐气氛。

5. 用字幕造成与旁白的强烈对比

在表述内容上，让字幕信息与旁白信息分立，形成反差。

比如，旁白和画面讲述的是某地政府一年公款吃喝花销多少，购买豪车花销多少，字幕却是这里财政赤字是多少，一年拖欠教师工资是多少，失学少儿是多少，由此表明批评态度。

由于字幕空间有限，受众吸纳信息需要时间，所以与画声内容相反的信息只能选择一到两条，不能贪多，否则适得其反。

6. 用字幕意思形成视觉效果

画面上出现长长的烈士名单，不是为了让受众看清和记住每一位烈士，而是为了告诉他们有如此多的烈士献身。所以，内容并不重要，要突出的是形式效果。这类做法，字幕字数虽多，却没有展开更多与之相关的信息，其含义其实只是一句话，表示数量很多。

7. 以滚动字幕发布快讯

快讯样式是美联社记者劳伦斯·戈布赖特（Lawrence Gobright）首创的。

林肯遇刺后，戈布赖特发出一条消息："华盛顿，1865 年 4 月 14 日，据美联社报道，总统今晚在剧院遇刺，伤势或许致命。"

这便是快讯，一般而言，都只有一句话。

滚动字幕，是在不影响正在播出的节目的情况下，及时发布最新信息，包括节目预告、天气预报、股市行情、重大新闻。滚动字幕如果冗长，会增加视频的信息负载量，使画面拥挤不堪，因此一句话快讯非常适合它。它需要用极简的文字精准传达一个信息。

本章结语

视频文字语言不宜旁牵他涉，贵在凝练简洁。篇中不可有冗章，章中不可有冗句，句中不可有冗字，应如刘勰所言："意少一字则义阙，句长一言则辞妨。"如何做到这一点，除了本章所言，鲁迅也提供了一个办法："写完后至少看两遍，竭力将可有可无的字、句、段删去，毫不可惜。"

最后同样要说明的是，即使视频文字语言做到了精练简洁，它依然不是可称优秀的凭借，只是视频写作的合格标准。

本章思考题

一、阅读下面这段文字，试想如果把它改写为视频解说词，应该如何进行精简？

每当到了暮春三月，这时柳絮纷飞，一阵微风轻拂而过，那柳絮飞得满城都是，而柳絮在诗歌中也是占据了极其重要的地位，无数诗人把柳絮写进作品中，让柳絮有了新的生命，从而营造出了一种独特的意境，以及独特的美。中唐时期的一代文宗韩愈在《池上絮》一诗中，便是写了三月柳絮纷飞的季节，整首诗文笔优美、句句精巧，不失为一首难得的佳作。

二、在专题片中，解说词段落之间可能会安排一段主持人的串场词，请思考一下，说说你会如何判断这段串场词的有效性。

第六章
恰当的口语化程度

本章提要：视频撰稿实现口语化，首先要有平实写作的勇气，在写作文法上的要领是不要在时间要素上玩弄技巧，不要以分词短语或从句起首，慎用被动语态，避免运用可能引发歧义的同音异义字词，尽量不使用单音节字。此外，本章提出一个与众不同的看法，即口语化的精致性特点。比如，运用具象动词，冒险使用生僻字词，重复使用某些字词和短语，将多音节短句后置，并慎用简称。本章还提出应该肯定好的长句和复合句，它们与好的短句和简单句具有同等价值。本章最后强调的是应该虚拟交流语境，完成撰稿任务。

在美国电影《乱世佳人》中，女主角斯嘉丽有一句台词："如果我离开人世，请赐予我悲哀的表情。"这句诗化的语言通俗地说，其实就是"如果我死了，你得哭才行"。

现实生活中，如果我们用诗化的语言说话，听者会觉得很怪异。比如，"看起来我们今日似乎即将迎来第一场淅沥的春雨"，这样说会让人觉得说者是在演戏。相反，如果说"我觉得，今天会下小雨，这可是第一场春雨"，没人会认为说者没有文化，反而会认为这是个正常人。

视频写作也一样，它不是一项炫耀自己高深莫测的工程，而是一种为人民服务的翻译任务，旨在把他们不容易弄清楚的内容翻译成通俗易懂的语言。有些撰稿人文章写得很漂亮，但放在视频解说词里却显得过于雕琢。要时刻记着，在一个综合表述系统中，文字表述语言应该写得像日常谈话一样自然。

一、平实写作的勇气

好的开端是成功的一半，平实表达的勇气应该从拟写系列总题和单集标题开始，让受众从一开始就明白节目的主旨和含义。

1986 年，央视播出 52 集系列专题片《看世界》，内容由美籍华人靳羽西制作。它的英文原名是"One World"，即"同一个世界"，是靳羽西从儒家"天下大同"的理想境界中提取的概念。这个总题在语意上并不难懂，但要深刻理解其思想内涵却必须有人予以解释。另外，强调同一个世界，是希望当年仍与世界有隔膜的中国人融入世界，但它的前提首先是了解世界，该系列专题片的重要作用也恰是为中国受众了解世界打开一扇窗。因此，"看世界"要比"同一个世界"明朗得多。

2009 年 9 月 28 日，台州历史上第一条铁路建成通车，台州电视台新闻综合频道的报道标题是"台州通火车了"，朴实无华。

相比之下，我们觉不觉得"文化下乡会更香"这样的标题是做作的，费力却不讨好？它试图用"香"和"乡"产生谐音效果，但听上去会糊涂，从语感上讲又有些啰唆。另外，用"香"来形容文化下乡之好，似乎搭配不当。

朴素是视频写作的天然要素，其方法是忘记技巧，按照平时说话的方式写作。美国影评人波林·克尔（Pauline Kael）曾说："技巧几乎不值得说道，除非它被用来做值得做的事情。"①

我们来看张家口电视台 2011 年制作的《杨圣满寻水记》的开篇，首先是杨圣满和三名村民的现场同期声，然后旁白这样说：

> 大家嘴里说的这个村子，是蔚县南部山区的柳河口村。由于自然条件恶劣，夏天村民喝的是麻洴水，冬天喝的是雪水。连雪也没有的时候，村民们只能到 6 公里以外的地方驮水。杨圣满从小就是在这里长大的。

这里没有精心安排的句式和词语，只是用日常用语把基本情况说清楚。实际上，如果我们作为受众，我们也不需要别的什么，只需要了解这些信息。

视听写作为的是配合受众看画面，但作用的却是他们的听觉。而听觉接受信息与视觉阅读文字有着明显不同。读报刊时，如果遇到不清楚的内容，可以重复阅读。但是，听电视解说词时，不可能回放，听视频解说词可以回放，可经常找不准回放点，很麻烦。所以，视听写作必须使用最通俗的语言，适合念；遣词造句要一听即懂，适于听，不必做过多思考。视听语言文字因此具有自己的独特规则和语法结构。

---

①　门彻. 新闻报道与写作：第 9 版［M］. 展江，主译. 北京：华夏出版社，2003：184.

请看"小凌在鹅国"账号 2021 年 9 月 19 日发布在抖音上的《俄罗斯农村 2》。

俄罗斯的农村还有什么跟我们不一样的呢?

首先呢就是喝水。喝水只能喝井水,没有自来水啊。天气好的话还能到井里去打水,天气不好的话就要到河面去着洞取水,回去煮开。

做饭呢全靠烧木头,所以他们发明了各种的劈柴机器。

种地也不在乎产量,够吃就行了。因为人少地多,大部分实现了办机械化操作,真的是节省了很多人工成本。

想吃鱼的话就自己到河里抓,有时候连工具都不用,徒手去抓。

单身女孩没事的时候就到路上跳跳舞,看看能不能找个男朋友早点儿嫁出去,男人真的是太少了。

他们养牛呢从来不喂饲料的,夏天吃绿草,冬天吃甘草,喝不完的奶有时候还会再给奶牛喝。你们说他们的奶粉得有多好?

养蜜蜂呢他们从来也不管,到日子了就去取蜂蜜。

闲暇时候大家就互相串门聚在一起吃吃喝喝,整点儿烧烤喝点儿小酒。吃饱了不管男女都载歌载舞来上一段。

要是有人问,你们这么穷还这么开心?他们会说,你懂个啥,这才叫生活!

生活真的是这样吗?大家觉得呢?

首先说,"着洞取水"应该是"凿洞取水","办机械化"应该是"半机械化","甘草"应该是"干草",这些都是字幕错误。有人会说,"他们养牛呢从来不喂饲料的,夏天吃绿草,冬天吃甘草,喝不完的奶有时候还会再给奶牛喝"是病句。要注意,"他们养牛呢从来不喂饲料的"这句话,对应的画面是奶牛工在对着镜头说话,但听不见同期声,不过"他们"显然是指奶牛工。如果是文字语言,没有画面对应,"夏天吃绿草"的主语也应该是奶牛工,但此时的画面刚好是牛在绿草地上吃草,所以被省略的主语因为画面指示而自然更换为牛。同理,"喝不完的奶有时候还会再给奶牛喝"的主语,本应该是牛,但画面是奶牛工把牛奶倒进铁桶,所以这句话的主语也因为画面指示而换回为奶牛工。这便是视听语言文字独特的规则和语法结构。

合众社广播新闻主管菲尔·纽瑟姆(Phil Newsom)告诫新聘记者,给视听媒介撰稿，甚至要忘记自己学过的第一条语法规则，即句子必须有主语和动词。[①]

我们生活中的语言时常不合乎文法，既不会听着别扭，也不会引发歧义，就是它们适应相应的特殊语境。既然视频叙事语言是生活化的，撰稿人就可以大胆一些，只要充分表达了想要表达的意思，那就摆脱文辞在形式上的束缚。

视频中带有总结性的文字语言，最容易因为撰稿人绞尽脑汁而纠结反复，在这方面做得最好的是视频广告词。

雀巢咖啡的经典广告语是"味道好极了"，完全是一句白话，却精准地给出了卖点。这个广告词之前，雀巢咖啡主打的是速溶，强调的是冲咖啡快，但效果不理想。试想，有谁喝咖啡不是因为好喝，而是冲得快？于是，雀巢咖啡改用最直白的口语告诉好饮者：我的味道极好！

当然要注意的是，口语化应该有程度的考虑。

以麦斯威尔咖啡的经典广告词"滴滴香浓，意犹未尽"为例，据说它源自罗斯福总统的一句朴素英语，可将它化为汉语，平实中已经有了韵味。前句本该是白话，可凝结为四字之后略像文言，特别是"浓香"倒置为"香浓"，更显雅致。后句就是文言结构，只是听上去并不陌生，张国荣 1996 年唱红的《意犹未尽》使它家喻户晓。两句话貌似文绉绉，其实已经实现了一定程度的口语化，如果将它们彻底口语化，应该是"每一滴都有浓浓的香味，喝完了都觉得不过瘾"，但韵味没了。

总之，视频写作必须有平实表达的勇气，但也要把握分寸和程度。

二、口语化写作的文法要领

谈论口语化写作的文法要领，其实不是要强调各种文法技巧的重要性，相反，是要指出某些文法技巧不要用。

1. 不要在时间要素上玩弄技巧

首先要养成习惯的是，把时间写在行动之前，不要将它安排在其他位置。

比如，"纽约的一场支持堕胎的抗议活动引发群体冲突，导致 5 人今天被捕"，时间隐匿在后，不够醒目，而且"今天"到底是哪一天，受众日后查询不便。这句话应该改为，"2022 年 8 月 6 号，纽约的一场支持堕胎的抗议活动引发群体冲突，有 5 人被捕"。

另外，要尽可能使用现在时态，暗示事情仍在产生影响，不要用完成时强调事情已经过去。试想，"国会里的民主党领袖们已经发誓，要立刻采取措施，保障女性的堕胎权利"，其中"已经"二字有什么必要？加上这两个字，意思是"前不久"。不加这两个字，意思是"刚刚"。尽管意思差不多，但后者强调的是言犹在耳，民主党领袖们仍在努力。

还要特别注意："某月某日"应该写成"某月某号"，"日"不如"号"好发音，也不如"号"容易听清；"连日来"应该写成"这几天"；"此时"应该写成"这个时候"。

2. 不要以分词短语或从句起首

以分词短语起首是这样的："为了平抑物价，委内瑞拉总统今天签署《控制成本、价格和利润法》和建立国家外贸中心与外贸公司的法案。"我们在第四章中学习过，不要把发出言行的人是谁放在他们言行的后面。所以，这句话应该这样写："2013 年 11 月 21 日，委内瑞拉总统签署《控制成本、价格和利润法》和建立国家外贸中心与外贸公司的法案，为的是平抑物价。"这样写，强调的不是做了什么，而是这样做的目的是什么。

以从句起首是这样的："在国会提交参众两院通过的立法议案之后，总统必须在 10 日内做出反应，或者签署法案使之生效，或者否决法案，将它连同反对意见一起退回众议院。"受众首先听到"参众两院"后，会误以为后面复述的是两院的言行，当他们措手不及地听到"总统"二字，必须紧急调整思路，这会造成他们的不适感。所以，这句话应该这样改写："总统必须在国会提交立法议案之后 10 天之内做出反应。"

3. 慎用被动语态

在口语化的表达中，被动语态究竟能不能用，要看说起来和理解起来是否困难。像"三个面包被这胖子一扫而光"没必要改为"这个胖子把三个面包一扫而光"，而且后者其实没有前者生动。但"这项提议被参议院批准通过了"确实不如"参议院批准通过了这项提议"更自然。所以说，只有发现被动语态很别扭的时候，才需要把它修改为主动语态。例如：

> 近一年，陷入的生活困境并欠了不少外债的时候，张海超被群里病友自发捐了 2000 块钱给他。

话别扭成这样，应该是初中文法水平都没达到，想想正常的情况下话是不是应该这样说：

> 2018 年，张海超陷入生活困境，欠了不少外债，群里的病友们自发地捐给他 2000 块钱。

总之，被动语态不是不能用，但一定要用得好。

4. 慎用否定句式

在口语化表达中，能不能用否定句式，也要视情况而定。

像"美国航官员声称，他们不打算复工"这句话，改为"美国航官员声称，他们将继续罢工"，受众理解它会稍快一点点。但像"多伦多市长表示，请放心买房，我们不加税"这句话，如果改为肯定句式，只能这么说，"多伦多市长表示，请放心买房，我们会将税率保持在现有水平"，这是不是拖泥带水？

所以表达同一个意思，用否定句式还是用肯定句式，要看用哪个更方便。总的来说，肯定句式更容易产生直接影响，但也不排除否定句式更简洁。

5. 避免运用可能引发歧义的同音异义字词

如果在使用著名和注明、夕阳和西洋、散布和散步、旅行和履行、切忌和切记这些字词时，无法通过前面形成的语境让受众快速识别到底听到的是哪个词，应该换用其他词或将其扩展为短语，避免误解。

6. 尽量不用单音节字

初学视频撰稿的人，可能记住了简洁原则，却忽视了口语化要求，会大量使用单音节字。可是，单音节字太短促，一闪而过，配音时不仅不易突出它，反而很容易吞音，使受众漏听或误听。像"云南普洱市适合植物发育成长，其森林蓄积量居全国之首"这句话中，"其"和"居"都是单音节，这句话不如写成"云南普洱市适合植物发育成长，它的森林蓄积量高居全国之首"。也就是说，解说词中较为关键的时间副词、关联词、转折词，要尽量使用多音节词汇，使其存在的时间长一些。比如，把"应"写成"应该"，把"曾"写成"曾经"，把"较"写成"比较"，把"因"写成"因为"，把"但"写成"但是"，把"虽"写成"虽然"，把"前"写成"以前"，把"自"写成"自从"，把"望"写成"希望"，把"日益"写成

"越来越"。多出一个字，并不会影响语速，但意思会传达得更清楚。

二、专业知识的通俗化

对视频写作最大的考验是讲述专业知识，介绍专业概念和专业原理，其中更有挑战性的是触及科技，但口语化恰是化解科技概念的有效方法。

2022 年 1 月 30 日，王阳在抖音上发布《厉害了！我们冬奥的高科技》，其讲解词可以作为口语化解科技信息的范例。

> 北京冬奥会上的高科技啊，能吓死你。
>
> 就是前几天，一帮见多识广的外国记者就让咱们冬奥食堂给震着了。全透明大厨房啊，做饭炒菜一人没有，全是机器人，炒菜、炒饭、饺子、汉堡、意大利面条，您随便点，现点现炒，一会儿的工夫，机器人直接把餐送您桌上了。防疫的需要，尽量减少人跟人的接触。
>
> 冬奥会的机器人呢多了去了，防疫的、消杀的全是机器人啊，遇上不自觉不戴口罩的那主儿啊，机器人会主动提醒他。

这段讲解词的口语程度，已经跟平常说话差不多了。它避开了对机器人原理的讲解，直接宣扬它的功用。其实，绝大多数用户最希望了解的也就是机器人的作为，而不是机器人是怎么造出来的。

> 因为这疫情啊，好多外国朋友来不了现场啊，中国人的高科技给他们就安排好了。360 度，8K 高清，冰雪运动速度得多快，没关系啊，全自动跟踪对焦，镜头不带虚的，360 度无死角，想怎么看就怎么看，细节可以无限放大，想看哪个画面就看哪个画面。如果您再戴上 VR 眼镜，天呐，比现场还震撼！
>
> 北京、延庆、张家口，三个赛区，都是用高铁连接的。359 公里时速的复兴号，每节车厢都有华为 5G 的基站，哪怕这个高铁跑到了最高速度，没关系，一边坐车一边看比赛不带卡壳的。高铁高速状态下的信号稳定，这世界上的难题，让咱们中国人给解决了。如果外国朋友，看见咱们高铁驾驶室里没人，您别怕，中国在全世界率先使用了高铁无人驾驶技术。
>
> 说起这无人驾驶啊，东京奥运会啊让人心有余气。有这丰田的无人驾驶汽车，直接把一个残奥运动员给撞伤了，害得人家不得不退赛。可是这回呢，咱们

中国 100 辆无人驾驶汽车，特别自信地就展现在全世界面前了。没这金刚钻咱也不敢揽这瓷器活，中国的无人驾驶汽车在投入冬奥之前，已经平安行驶了 15 万公里了啊。

信手拈来 3 个高科技产品，一个说它如何用，一个说它如何享受，一个说它如何安全保险，讲起来得心应手，听起来丝毫不累。

　　五棵松篮球馆，6 个小时就能变成冰球馆，咱们这水立方能够秒变冰壶馆，水冰转化解决了世界难题呀。咱们这新建的冰丝带速滑馆有 12000 平方米，亚洲最大的冰面，二氧化碳的制冰技术，碳排放 0，而且这制冰产生的余热，直接就变成了运动员生活用的热水了，一年能节省 200 多万度电。所有的冬奥场馆啊，都实现了 100% 的绿色电力，这是在全世界头一回。您看看啊，这是咱们的雪如意跳台滑雪场，不光漂亮，单说这电梯速度，就是一般电梯的 5 倍。
　　更神奇的，是咱们中国这回能给空气做核酸。你看疫情吧，就够闹心的。去年东京奥运会鬼了鬼气的，日本人不是哭穷就是卖惨。您再瞧瞧咱们北京冬奥会，阳光有朝气，尤其是这些高科技啊，让全世界都看到希望了。你说这高科技的未来真美好，咱可不能死！

像聊天一样，一口气赞扬了 4 个高科技场馆，每个场馆不超过 3 句话，在技术概念和技术原理上不纠缠，点明先进性就完。所以看这个视频，用户不会在任何一个地方绊住，一路跟着王阳的激情讲述，可以十分畅快地看到结尾。
　　我们再看下面这段解说词，试想一下它会不会产生效果。

　　环保局的监测结果表明，上周我市空气中平均细菌浓度每立方米大于 1800 个，二氧化硫、一氧化碳、氰化物等有害悬浮物颗粒和臭氧等有害气体的污染达到二级标准。市区居民平均每人每天吸入不少于 4900 微克成分复杂的粒性物质，并通过肺脏迅速吸收转变到全身各部位，造成包括肺部疾病、肿瘤、过敏性疾病、发烧、上呼吸道感染、流感等危害。

每立方米大于 1800 个细菌的平均浓度是什么概念？有害悬浮物颗粒和有害气体的污染达到二级标准是什么意思？3 种有害悬浮物颗粒是什么东西？4900 微克的粒性物质究竟是多大？文中提及的 6 种疾病听完后能记住几个？如果这些问题没有

答案，这些话说了有什么意义？其实，这段话无法让受众吸收这么多的陌生信息，它唯一产生的影响是告诉受众空气质量很差，对大家的身体有危害。既然这是唯一的影响，何不把解说词直接改成下面的样子。

> 环保局的监测结果表明，上周我市空气中细菌浓度超标，灰尘和废气造成的空气污染也很严重，这种环境质量会引发市民的多种疾病。

这是口语化表达的经验，直接告之结果，不要在过程中的细节上纠缠。

不过有时候，我们必须用全篇集中介绍一个科技项目，不可能在任何概念上都不逗留。以"三一博士"账号于2022年5月29日发布在抖音上的《白鹤滩水电站百万千瓦机组》为例，看看他在介绍白鹤滩水电站时如何解释百万千瓦机组。

> 咱们中国算是彻底把水电给玩明白了，三峡大坝这次终于有伴了，在四川和云南交界位置的小老弟，白鹤滩水电站，16台<u>百万千瓦机组</u>全部安装完成，7月份就将具备发电能力。关于这件事，新闻你要是看不懂的话没关系，你只要知道我说的这三点就够了。
>
> 第一呢，白鹤滩水电站跟三峡大坝相比是个什么水平？一句话概括，白鹤滩是仅次于三峡的国内第二大水电站。那第二大是多大呢？整体是三峡百分之六七十的水平啊，库容量超过三峡的一半，发电量超过三峡的70%，但就即使这样，白鹤滩也入选了世界前十二大的水电站。
>
> 那第二，<u>白鹤滩这次有什么看点呢？最大的看点就是咱们自己开发的，这个世界最强的百万千瓦级别的发电机组。对比来说，三峡发电机组的单机容量是70万千瓦，白鹤滩是百万千瓦。你看白鹤滩机组的单兵发电能力是强过三峡的，但是整体机组数量少，所以总发电量只能屈居第二。而且要额外再提一嘴啊，白鹤滩的机组发电效率竟然达到了96.7%。我的天！感觉快打破物理定律了，这也是妥妥的世界第一，基本上可以做到一滴都不浪费，全都拿来发电。</u>这堪称水电界的光盘行动。
>
> 第三，白鹤滩水电站的建成有什么意义呢？这还用问吗？有什么意义，一个字概括，那就是"爽"呗！水电那可真的是太爽了，一点儿污染没有，基本也没啥成本，只要河里有水，它就一直发电，源源不断，滔滔不绝，再配上<u>咱们的百万千瓦的发电机组，机组里边的水轮转子只要转一圈，发的电就够一个家庭用一个月的。那它多长时间能转一圈呢？一秒钟它能转两圈，而且咱们在白鹤滩整</u>

整建了 16 个这样的机组。你算吧，这是一个什么水平？这妥妥就是大自然的印钞机！所以呀，各位啥也别说了，点赞就完事了！

首先指出讲解词中的两个瑕疵，"三一博士"的语速极快，他说白鹤滩水电站的"库容量超过三峡的一半""发电量超过三峡的 70%"，用户很容易听成"库容量超过三峡一半""发电量超过三峡 70%"，所以这两句应该改为"库容量是三峡的一半多一点点""发电量是三峡的 70% 多一点点"。

这里重点要说的是，视频提供了两个讲述科技项目的办法。一是安排一个大多数人耳熟能详的参照物，"三一博士"拿出的是三峡水电站，不停地拿白鹤滩水电站与之相比，在用户头脑中有效形成更为具象的记忆。二是使用大白话，说出科技项目的最大特色，比如，白鹤滩水电站的百万千瓦机组一滴水都不浪费，全都可以用来发电，它的转子每转一圈发的电够一个家庭用一个月，这些特色用通俗语言说出来一点儿也不难懂。

2022 年 8 月 25 日，"板凳观世界"账号在西瓜视频和抖音同时发布《火箭回收如此科幻》，他为马斯克找的参照系是拥有火箭发射能力的国家，同样是用大白话评说马斯克的火箭有多厉害。

世界上能发射火箭的，目前只有 6 个国家，而且都是国家掌握核心技术，其他国家想发个卫星，必须找着六国之一。后来美国的一家民营企业 Space X 也参与开发火箭，这不是开玩笑吗？国家都搞不定的东西，你能行？你比国家力量还大吗？后来呢，啪啪打脸了，他们的火箭还真的升天了。成了就成了吧，算你厉害，然后呢，人家又开发前无古人的火箭回收技术，火箭把卫星送入轨道，然后原路返回地球。这次玩笑真开大了，火箭回收没一个国家弄成过，而且试都没敢试。后来呢，人家又成了，火箭 84% 的部分可以回收重复使用，参与下一次发射，而且可以重复使用 10 次甚至更多，这简直搅翻了天。什么后果？国家发射火箭报价 9000 万美元，他们报价低至 5100 万美元。这还不算完，因为可以回收重复使用，他们的成本只有惨无人道的 1060 万美元，利润高达 80%，苹果公司看了都得叫大哥，而且订单接到手软，仅 2021 年上半年就赚了 10 亿美金！

字幕"必须找着六国之一"应该是"必须找这六国之一"。但无论这些对专业知识口语化的表达做得好不好，都要比因为怕被说是没文化而想方设法把简单的事情复杂化的做法要好。有的视频撰稿人会把"大兴安岭林区超额完成木材运储任务"写成"大兴安岭林区超额完成到材任务",恨不能把"倒垃圾"写成"固体废物处理",这些试图粉饰自己的做法其实都是自毁。

四、口语化的精致性

1982 年之前,中国大陆的电视媒介习惯于高于生活的神圣性表达,其文字语言更像散文和诗,口语化的解说词不被节目制作人接受。但就在那个时候,具有超前思想的媒介工作者已经提出重视生活语态的主张。《人民日报》记者艾丰曾以古今两例,说明口语的独特结构及其鲜活性。他说,古代有三个人在部落附近碰到两只老虎,觉得情况危急,他们急忙向酋长报告:老虎!两只!一大一小!就在那边山头!这句话如果写成"那边山头有一大一小两只老虎",语法倒是规范了,却没了紧张感。他说,现在的一个男子下班回家途经副食店,发现有难得的黄花鱼,他赶紧跑回家冲老婆喊:"快拿钱!来鱼了!黄花鱼!很新鲜!就在旁边的副食店!"这句话如果写成"旁边副食店在卖黄花鱼,夫人快把钱给我",同样是文法没毛病,但生活的憨态没了。

这是表述的两极,一个是极度修饰的书面语,一个是极度自由的对话语,而视频的文字叙述语言应该在两者之间确定一个度,它应该离书面语较远,离对话语较近,是一种精致的口语。必须特别强调的是,口语化并不是口语,它是书面语向口语转化并大幅度接近口语的意思,它依然保持一定程度的精致性。也就是说,口语化是一种精致的口语,而不是对自己没有任何要求的生活语言。

1. 运用具象动词

撰稿人要首先养成运用具象动词表明情况的习惯。

像"他使得那项任务对他的听众来说更容易了"这种句子,不是因为它是书面语而显得别扭,它根本就不是合格的语言,生活中我们绝不会这样说话,好的书面语也不会这样表达。它的动词是"使得",非常抽象,于是全句的关键词落在了"容易"身上,而"容易"是副词。忘记书写任务,想想生活中我们会怎样说这句,是不是"他为听众简化了那项任务"?"简化"是动词,会让人联想到削减的动作,带有形象性,它一下精简了全句。

"容易"更口语化,"简化"带有一点点书面语的意味,但动词显然远比副词和形容词富于活力。

2. 生僻字词的冒险运用

经过大学训练，我们的词汇量要比大多数等待我们向其传播信息的受众略高一筹，但我们必须克制自己，避免肆意使用对受众来说生僻的字词，甚至要把"途经""酝酿""匹夫"这些不是很陌生的书面语都改为"路过""商量""老百姓"。这并不是不让我们去提高受众的知识水平，而是要我们首先保证受众不会因无法理解而抛弃我们，那样的话，我们什么也提高不了。

不过，不是所有书面语都不能用。在社会生活中，许多书面语长期渗透在口语中，与口语几乎没有界限，比如实事求是、鞠躬尽瘁、杀一儆百，这些书面语没人听不懂。有些生僻字词也不是全然不能使用，只是需要一些使用技巧。

2000 年，张学良百岁，郭冠英和周玉蔻 7 年前就已经制作好的专访系列《世纪行过：张学良传》首播。第一集《白山黑水》中有这样一段旁白：

> 孙中山这次病得很重，到北京后住进了协和医院。药石罔效之后，他搬进了铁狮子胡同这幢顾维钧的住宅里。1925 年 3 月（歌声起）12 日，他死了，北京人民沉痛地哀悼这位爱国者、理想家。

总的来说，郭冠英的撰稿词是朴素的，电影演员孙越配音，听上去像是感冒了，鼻子不通气，但更见历史沧桑，使旁白显得更加生活化。就是在这样的情况下，郭冠英用了"药石罔效"一词描述孙中山的病情严重到了无药可治的地步，孙越的语速很慢，听不懂，可以猜一下。重要的是，郭冠英随后用"他死了"这种彻底的口语代替了"与世长辞"之类的书面化敬语，一下子舒缓了"药石罔效"带来的理解上的紧张感。"他死了"并没有不敬的意思，孙越重重地强调了这三个字，此时背景乐响起，直至旁白结束后，怀念式的女声歌乐仍继续了 17 秒，画面是灵堂内外的拜谒者和碧云寺拾级而上的悼念者。

在多种元素配合下，郭冠英冒险使用生僻词，冒险运用大白话，却成功了。

3. 字词和短语的重复使用

在解说词中，为了强调某种意味，有时会重复使用某个字词。

（1）字词的直线重复法

它可以通过强调某个字词，提醒受众注意这个字词再次出现后带来的信息。比如，"村民看见了，看见公路尽头一长串前来救援的军车"。

它可以加大紧张感，也可以减缓节奏。比如，"斑马急速向前，向前冲出狮群的狩猎圈"，其作用相当于快镜头，缩短一个段落。而听到"骆驼慢悠悠、慢悠悠地行进在沙海中，驼铃响在静悄悄、静悄悄的瀚海里"，其中"慢悠悠"的重复让时间变慢了，其效果像慢镜头，延展了一个瞬间，而"静悄悄"的重复因为凸显宁静，又加重了缓慢感。

它可以延伸某种状态，强调持续性。笔者为凤凰卫视撰写的大型系列专题片《百年中美风》第四集《苦撑待变》的尾部，有这样一个小段：

> 裕仁天皇把攻击美、英、荷的日期定为12月8号。罗斯福并不知道这个确切的日子，但从截获的日军密码中看，他已确信暴风骤雨即将来临。他只是等待着，等待着日军打出第一枪。

如果不重复"等待"这个动词，便无法呼应罗斯福在孤立主义者的包围下一直等待机会的前状，也无法强调机会即将到来时罗斯福对它的密切关注。

（2）短句的回环重复法

某个短语顺着说又反着说，颠过来倒过去，比如"因为种种原因，原因种种，这个项目失败了"，意思是原因很多很多，现在咱就不提了。更多的情况下，短句的回环重复是为了凸显两个事物之间的关系，比如"山是一座城，城是一座山""这就是风雨中的北大，北大中的风雨"。2021年9月14日，"超自然研究所所长"账号在腾讯视频发布《在极地深处——真相比小说更神奇》，其中有这么两段话，强调的是两对事物的两种关系。

> 水下50米，这是冰山的基底，当你凝视深渊，深渊也在凝视你。
>
> 这是一条巨型鱿鱼，同样也是世间最难见到的巨型生物之一，它的外形是如此的科幻，全身呈乳白色，一双大眼睛正死死地盯着摄像机。我们从未见过它，它也似乎从未见过我们。

第一句，强调的是"你"和深渊的交融关系。第二句，强调的是"我们"和巨型鱿鱼的疏离关系。无论是哪种强调，都会有一点点哲思的味道。

4. 多音节短句后置的作用

将音节少的短句放在多音节长句的前面，是为了避免头重脚轻，句末没有收尾的感觉。例如，"食品安全事故，使儿童受其害，妇女受其害，老人受其害，社会受其害"，最后一句与前面几句的音节相同，分量上压不住，似乎话还没说完。如果改为"使全社会深受其害"，整个段落就收住了。再比如，"玉林光热充足却气候温和，雨量充沛但四季不均，空气好，物价低，宜居"，音节越往后越少，好像快没气了。如果将后半段合起来，改成"那里空气好而物价低，是广西最宜居的生态城市"，听起来感觉就好多了。

不过，结尾短句是否音节越多越好，没有定论，应视情况而定。有的短句，特别是一些成语，尽管只有四个音节，却分量很重，足以造成收尾感。请看笔者为凤凰卫视撰写的大型系列专题片《水木清华九十年》第六集《千秋耻，终当雪》中的这个段落：

> 李政道是 1944 年考进联大物理系，这是他上学时的一份考试卷。这份试卷，并非因为考试者后来成了诺贝尔物理学奖得主而被清华收藏，它仅仅是叶企孙教授留存下来的一张普通试卷。试卷背后，有叶教授认真的评语，期待和担忧，尽在其中。

最后四字，是全句信息的收网，所有的期待与担忧全在试卷背后的评语中，其含义够重，以其收尾，感觉上是稳固的。

5. 慎用简称

真正的口头交流中，简称比比皆是，但在视频解说词中，为了避免产生听觉障碍或误解，有些简称不能用。

应先判断简称的社会接受程度。

在时间上，要从代际分界角度出发，考虑简称的时代特征能否被目标受众所理解。年轻人恐怕不会知道"批林批孔""走资派""严打"，老年人基本上没听说过"YYDS""栓Q""嘴替"。在地域上，北京说的"地百"，上海人不知所云；云南人说的"版纳"，新疆人不知何物。在行业上，航空系统提到"南飞"，矿业系统不一定清楚；教育系统说起"关工委"，汽车租赁系统不一定知道。在文化层次上，知识分子不会不知道"作协"，鞋匠却可能以为是自己的工作。

针对这些情况，撰稿人必须面向自己的受众群，要么不用这些简称，除非它们广为人知，要么及时做出解释，消除疑虑。

像"我国的GDP 比去年上升了 2%，GNP 则同期增长了 1%"这样的话，"国内生产总值"和"国民生产总值"这两个概念无法回避,但一是不该使用英文缩写,二是即使使用汉语全称,受众也不一定明白两个概念是什么意思,两者是什么关系,撰稿人必须进行简要解释,否则这句话起不到应有的作用。

要注意的是,有些词语不能简称。首都经济贸易大学过去的名称是北京经济学院,简称"北经"会与"北京"谐音,分不清说的是哪个。黑龙江帮帮人力资源公司简称"黑帮"太吓人。上海纺织集团不能简称"上纺",上海吊车汽车拖车公司不能简称"上吊"。怀来交通运输公司简称"怀运"太可笑。

同理,在某机构简称后面加上"人"字,也要掂量一下。什么"一汽人""二汽人",莫非还要三气周瑜?"仪征化纤人""周庄化纤人",到底是不是人?"战杂人"只能让人猜想是不是谁正在和闲杂人等打架。尽管这些机构的员工很乐意这样自称,但我们作为视频撰稿人一定不要这样称呼他们,这些偷懒的口语简称不仅不精致,而且有些粗鄙,实在太难听。

五、对长句和复合句的重新认识

长句和复合句可不可以用,这是口语精致化的延展问题,十分重要。

易懂是视频写作的基本原则,这是我们的共识,要让受众付出最小的观看代价。因此在电视广播时代,前辈的信条是尽量使用短句,稍长的句子必须结构简单。他们赞成俄苏短篇小说家伊萨克·巴别尔所言:"一个句子所表达的不要超过一种思想或一个形象。"[1] 否则,受众每看一行就增加一分困惑。只有那些缺乏经验的新手,才会妄图把多种事实塞进一个结构复杂的长句,其结果常常是把自己绕了进去,造出一大段一大段的病句。

不过,笔者自 1995 年为央视撰稿起就不完全赞同前辈的论断,认为应该不问是短句还是长句,不管是简单句还是复合句,只把它们分为好的句子和不好的句子。只要是健康的句子,长句无妨,如果是病态的句子,短句也不可用。

像这个长句,"当我们跨越 16 世纪和 300 多公里的时空将摄录机的镜头对准一个多种文化叠加下的社会——南诏政权时",确实很糟糕,时空错乱混杂,仅仅是半句话,已经令人生厌。但白岩松在《东方之子·长江人》系列节目开场白中的这个长句,"我们将在中国最炎热的季节走过长江,走过这条或许是将来世界经济生活中最炎热的一条河流",它有什么不好呢?即使受众来不及弄懂长句中的每个细

---

① 门彻. 新闻报道与写作:第 9 版 [M]. 展江,主译. 北京:华夏出版社,2003:187.

节点，但总体意思不清楚吗？

再看这句话，"我们难道不应该不去反对那些好人吗"。这是个短句，但绕腾死了，完全不可取。

前辈倒是没有说短句和简单句全无问题，但一概否定长句和复合句的结论应予以商榷。特别是进入数码媒介时代，面对个人媒介肆无忌惮地大量使用长句和复合句却获得极高点击量的新局面，长句和复合句是否应予以昭雪已无须论证。

司文痞子工作室的"天津妞犀利吐槽"系列 2015 年 7 月 15 日在搜狐视频发布《惊！维密天使引发的战争》，不仅频频用长句，语速超快且不停顿，而且说的还是天津话。

作为一部到处都弥漫着雄性热血的动作爆炸片，讲述了一个妇女能顶半边天的自我觉醒故事，而这个故事讲出来也只有几句台词而已，剩下的都是能动手绝不叽叽，毫无心灵鸡汤和主旋律让你去一遍一遍地感悟，追车戏一场接着一场，打斗戏花样不停变，当你心里喊出一句太牛的时候，就被下一个场景的"哇噻还能这么打"给淹没了，等到沙暴戏一出，内心戏就不够用了，要直接给跪了，尤其是红衣电吉他某峰迎风飘扬的时候简直让人目瞪口呆，就在你被雄性荷尔蒙给燃烧没有一点点防备的时候，维密天使从天而降，配上那一望无际的大沙漠和天使们迎风飘扬的清凉着装，简直是沙漠里的绿洲出现！看得人口水直流啊！

标准解说速度是每分钟 260 字，过去认为如果超过每分钟 300 字，便会造成严重的听觉负担。与"天津妞犀利吐槽"系列中点击量动辄 130 万的其他视频相比，这期视频点击量偏低，但还是高达 62 万。这说明，年轻用户不仅可以接受长句和复合句，而且可以接受极快语速下的长句和复合句。

2020 年 3 月 17 日，"我是EyeOpener"账号在爱奇艺发布《关于香烟的 7 个事实，害人害己害地球》，下面这些都是其中的长句。

人类这个物种的不靠谱，直接体现在把这种刺鼻又烟熏、让人臭烘烘的东西取名香烟。

抽烟的本质就是一个把一捧干草点燃再把燃烧产生的有毒烟雾吸进肺里最后吐出来让身边的人陪你一起中毒的过程。

烟民们说的烟瘾犯了其实就是尼古丁瘾犯了，凭借对交感神经的强烈刺激，尼古丁会让你的生理和情绪产生双重愉悦感，然后你就无法自拔地爱上了这种短暂的美好感觉。

电子烟的发明并没有帮助老烟枪戒烟，反而激发了越来越多好奇人士甚至青少年拜在了电子烟教门下。

在看视频的同时听这些讲解词，一丁点儿障碍也没有，而且会因为这些存心拉长的句子带有诙谐气质而感到愉悦，觉得说者很聪明。

强调了长句和复合句的生命力之后，必须客观地说，最好的视频撰稿词肯定是短句和简单句，其实任何文字作品都是如此，但这并不排除在合适和必要的时机使用优秀的长句和复合句。

账号"谢拉克洛瓦"还叫"蓝皮鼠真的皮"的时候，曾于 2020 年 3 月 24 日在哔哩哔哩网站发布"艺术大师"系列的《梵高（上）：上帝救不了人；人，才能救人》，谈到梵高 1885 年创作的《吃土豆的人》。

■ 图 6-1　梵高创作的《吃土豆的人》

这是梵高第一幅严格意义上的大作

画作的名称叫作《吃土豆的人》，而整幅画的色调也恰好就像一个，发绿的烂土豆，昏暗的煤油灯映出了劳动人民脸上深深的沟壑和手上粗大的关节，本应该欢歌笑语的家庭晚餐却没有一个人说话，母亲看着父亲，爷爷向奶奶再多要一杯咖啡。靠着勤劳的双手生活的人，本应是最心安理得的人，却被生活，压得喘不过气，这，是社会的悲哀。

都说这幅画的画眼是那个背对观众的小女孩，但大脸猫却不这么认为，小女孩更像是画中的一个彩蛋，让观众们自己去脑补，而整幅画最精彩的，是面对观众的四个人物的眼睛。这幅画中的人体结构和透视关系几乎全错，任何一个学过画画的人一眼都能看出来。梵高是没有任何绘画基础的，但这四双眼睛，却画得非常牛。这里我们再次搬出马大爷的《草地午餐》，放大，你能感受到什么吗？不太可能吧？但是《吃土豆的人》呢，这四双眼睛，精彩就精彩在，它们精准地传达出了这家人的悲伤，而这种悲伤不是那种失个恋就泪流成河的悲伤，而是在生活的毒打下日渐麻木、看不见未来、却又不得不硬着头皮，活下去的悲伤。

梵高还在背景中挂了一幅耶稣像，不知是为了展现自己的信仰还是在借机讽刺。我真的不知道，当初那个甘为耶稣洒热血的赤诚少年，在经历了这一切之后，心中，还剩几分虔诚。

视频中，绝大部分句子是短句，只有画线的三句是长句。因为适时停顿，恰当断句，这些长句听起来并不费力。而且请注意，通篇最能传递忧伤情绪的恰是这三个长句，它们是最打动人的地方。

这期视频获得了 160 条互动评论，许多评论质量很高。

最后要说明的是，撰稿人写长句，有时是想转一转，表达更复杂的意思，但转的语言最容易表意不清，甚至是严重病句。所以，写长句时务必要慎重。

人们着力于研究培育具有高光效、低呼吸消耗、光合机能保有时间长、叶面积适当、株型长相有利于田间群体最大限度地利用光能的棉花新品种。

这个长句，宾语前出现了 5 个并列定语，第五个定语还是个完整句子，主语与宾语相距太远，无法使受众在脑海中立即理解它们之间的关联。应该改为：

人们着力研究培育的棉花新品种，它有五大优点：一是它的株型长相，能在集结状态下，最大程度地利用光能；二是它的叶面积适当；三是它的光合机能保有时间长；四是它的光合效能高；五是它的养分消耗小。

它其实还是长句，却分解成了若干短句，五大优点的次序也依照新棉花品种的自身形态与生长因素之间的关系进行了重新排列，以便于受众理解。

撰稿人需要多花点儿时间，动动脑子，化解比较纠结的信息，以受众容易理解的方式进行传播，而不是把难题留给受众。

六、虚拟交流语境

现在要解决一系列实操问题，如何撰写口语化的解说词，如何判别自己的文稿是否做到了口语化，在口语精致化的情况下是否可以顺读宜听，这里有一些解决问题的有效办法。

1. 在撰写前设想好叙述者是谁

落笔前，要站在叙述者的角度，设想其习惯于以什么角度、抓哪些重点、表达什么态度、暗含怎样的情绪，特别重要的是，必须按照叙述者习惯的语言风格和语速去创作，而绝不是在为自己写稿。笔者为凤凰卫视撰写的专题片，大多由陈晓楠做主持人，所以在写作过程中一直有一个虚拟陈晓楠在笔者心中说话，因此陈晓楠真正录串场词时可以一字不改，全部是"一条过"。所以，视频撰稿人在工作时首先要做到的是忘我，而不是以我为重，把叙述者当成工具。

2. 在写作过程中设想在说给谁听

最有效的办法不是设想一群虚拟听众，而是仅仅虚拟一位异性密友在听。

1981 年元旦，中央人民广播电台对台广播部试办《空中之友》栏目，率先采用主持人制，由徐曼主持。徐曼对双向交流有六条经验，其中第一条便是，走进播音室，如同来到一个气氛和谐的家庭，与其中一位朋友交谈。

在撰写文稿时，哈德是依照相关性原则（WIFM，What is in it for me，me 指的是电视受众）让受众明白某个信息为什么重要以及它会怎样影响人们的生活，但哈德特地强调，"你可以把这种写作过程想象成你在对某人讲述某个故事。对于你写下的每一个句子，你都要问自己：'我会对我的邻居这样讲话吗？'"。[1] 要让受众第一时间就明白解说词在说什么，不能让他们去猜。

我们和一位异性密友说话时，是绝不会说空话套话的，如果不是每一句话都带实在信息，对方会感到惊诧和不解。而且，我们会不假思索地正确选出密友感兴趣的话题和内容，像讲故事一样，用绝对生活化的语言与之交流。实际上，受众最需要我们做的，正是这些。

---

[1] 里奇. 新闻写作与报道训练教程：第 3 版［M］. 钟新，主译. 北京：中国人民大学出版社，2004：280.

3. 使用第二人称对虚拟听者说话

2020 年 5 月 7 日，"火星探长"账号在好看视频上发布《征服珠峰：绝命海拔探险记》，他以第二人称叙事，让用户在想象中亲临危险境地，觉得解说者在对自己一个人说话。

> 如果你决心要挑战珠峰，可以在每年的 5 月份，约上几个愿意和你同年同月同日死的朋友，在尼泊尔珠峰脚下的大本营集合。
>
> 这里的海拔就达到了 5367 米，待天气状况良好，便可登山。
>
> 你将利用 8 小时左右的时间，登上 5943 米的一号营地。号称"恐怖冰川"的昆布冰川是必经之路，宽度达五六百米，巨大的冰塔就在你头上摇摇晃晃，时刻可能坠落。几十吨的冰块如果坍塌，瞬间就会夺去你的生命。

这个视频的解说词中，所有的"你"都可以换成"我们"，这不会削弱受众认为解说词独为自己而写的感觉，反而会让他们感到解说者独视自己为友。"我们"和"你"的不同仅在于，前者的意思是"咱俩一起"，后者的意思是"你自己"，至于到底适用哪个称谓，可视情况而定。

4. 虚拟交流感

2021 年 8 月 8 日，"罐头瓶子在荷兰"账号在抖音上发布《德国村庄拉姆绍》，上来便提出问题，"先别划走，咱探讨个事，如果让你常住这个村，你干还是不干"，然后才开始叙事。

> 巴伐利亚的山谷里头，小村拉姆绍，物质条件不用考虑，基本没有问题。
>
> 男的 902 人，女的 917 人，娶媳妇只是你想与不想的事。
>
> <u>假如你同意了</u>，好吧，从现在开始，这些羊是你的了，你要学会放。
>
> 你得会养鸡，会放马，后山的牛你可得看好了。
>
> 花得养得漂亮，草地一天得剪三回，不然你的邻居哪怕是你亲舅，也会投诉你的。
>
> 你会经常开着拖拉机，很拉风地从教堂前掠过。
>
> 你得少开车，多骑自行车，因为你们村里人都这样。
>
> 打麻将、K 歌、上网吧、去澡堂子搓澡，就没有可能了，因为根本就没有。

记住，你们村就一个小卖部，下午1点午睡，5点关门，周末休息。

手机也别看了，网络慢到爆，还没啥网游。

哪一天憋出个好歹，人没了，教堂后边的山坡上你就搁那儿待着，长期的，基本不用挪窝儿。

二牛的表妹原来跟你一个村，后来跑慕尼黑去了。

不管视频发布后会形成怎样的互动，解说者最好先虚拟出交流感，以增加亲切度。

5.通过大声诵读来检验虚拟撰写的效果

解说词写好之后，撰稿人应该自己默读两遍，如果感到哪个地方难说或难听懂，要找找原因。如果撰稿词中出现"生死时速"之类的字词组合，很容易造成表达障碍。我们知道，绕口令是把声音相近的字词连接在一起，特意造成诵读困难，但撰稿词不能这样难为自己。实际上，声音相近的字挤在一起，听起来也很吃力。比如，"托克托二锅头和河套王白酒"，说和听都很别扭，应该更换其中可以更换的异音字，改为"托克托二锅头与河套王白酒"。

文辞收拾一遍之后，就要大声诵读了，这样更容易发现问题。

普利策新闻奖获得者迈克尔·卡特勒（Michael Gartner）曾说："每当我驱车上下班时，我就在头脑里进行写作。我一边开车，一边写作，然后大声地念出来，听着文章的韵律和节奏，目的是寻求诗词效果。我敢断言，在某种程度上，这很像曲作者在钢琴上敲出不同的音符，以便寻求恰当的曲调。"[①]

大声诵读还有一个作用，就是精准确认解说词的耗时，因为默念和大声诵读的耗时是很不相同的。

七、配音与口语化的实现程度

一位出色的配音员会使一篇写得很差的文稿增色不少，一个差劲的配音者却会破坏一篇好稿。我们不要指望让出色的配音员提升我们的差稿，应该努力拿出好稿并防止配音员糟蹋它。我们在提交成稿时应该首先注意这样几个问题：

第一，注明解说速度。这会直接影响视频节奏，表现欢快性主题，解说速度可

---

① 伊图尔，安德森.当代媒体新闻写作与报道：第6版［M］.影印本.北京：中国人民大学出版社，2003：27.

以相对加快，表现沉重主题时，解说速度要减慢，使受众受到相应的心理感染。

第二，用加重字体和画出底线的方法表示需要强调的含义。这对于没有机会通读全稿就紧急录像的出镜者最有帮助，对于有充裕思考时间却没能亲历事件或没能深入研究事件的配音员也很有助益。

第三，避免断词（Split Word）和断句（Split Sentence）。文稿中，一个词如果不能在一行中完整呈现，必须另起一行，否则会误导配音员。一个完整段落，不要跨页，配音员从前页底部跳到后页顶端会破坏诵读的连贯性，出现错误停顿。

第四，用逗号标明停顿。对于视频成品而言，文稿不是成品，只是一种工具，所以标点符号不必因循文法规则，其目的是指示读法。一般讲，长句和复合句的诵读必然要适当断句，让配音员喘气，让受众消化信息，这些断点应该用逗号标记。

最后还要注意的是，当配音员要求自己动手改稿却歪曲了原意时，一定要说服他们不要这么做。

口语化文稿交给职业配音员，可能会出现效果偏转，口语化特征被标准化配音消减、遮蔽，甚至是消灭。

2017 年 11 月 7 日，央视综合频道播出《航拍中国》第一季第六集《上海》，文稿不错，通俗易懂，画面来自航拍，视角开阔，全新的空间结构感给予受众强烈的视觉冲击力，但配音适应了画面的磅礴，却完全淹没了解说词的口语化特征。

> 金茂大厦旁的环球金融中心，顶部有一个梯形洞口，人们给它起了个外号叫"启瓶器"。492 米高的大楼好比一张风帆，越高就越招风，设计师大胆地在建筑顶部留出风洞，让风从中穿过，以此降低风力对大楼的冲击。

从文稿信息看，这是一般性介绍，而且是典型的口语化表达，不存在抒情因素，但配音员用力拖长音，缓缓抒情，于是平实撰词被豪华语调扭曲了。

不过，职业配音员无论怎么解说，都只是很到位和不到位的区别，不是好与差的区别。但如果是个人媒介做非职业化配音，却把口语化文辞读成了书面化语调，那听起来就会非常别扭。

2022 年 10 月 24 日，"侠姐国货"账号在快手上发布《我们看到的历史都是古人想让我们看到的》，讲了一件非常有趣的故事，其文稿并不是特别书面化，但在视频中她把文稿说成了书面语。

> 公元 281 年，一个叫作"否准"的盗墓贼在盗墓时发现陵墓中散落满地的竹

简,否准发现这里呢没有金银财宝之后便大失所望地离去。第二天附近的村民上山砍柴时,发现了盗墓的迹象,于是连忙上报官府。官府派来了官员调查,他们将这些竹简打包装车,足足装了有十多车。

这件事情呢惊动了皇帝,皇帝下旨,将这十多车散乱的竹简恢复次序并翻译定稿。经过大臣们不眠不休的工作,竹简排序终于完成。竹简上的内容讲述了夏、商、周三代的历史故事,记载了周平王迁都后的晋国、三甲分晋后的魏国,直至魏襄王继位前20年为止,史称"汲冢竹书",后世称为"竹书纪年"。

这是中国古代唯一留存未被秦国焚毁的,编年通史,比《史记》早200多年左右。而《竹书纪年》中的记载,彻底颠覆了我们所认知的历史。就拿尧禅让舜来说,《竹书纪年》中记载则是,舜囚禁尧,最后把尧杀死,夺取皇位,而周武王也不是替天行道伐纣,而是周武王趁商纣王主力东征东夷的时候,偷袭商都,覆灭了商朝。这简直和《史记》背道而驰。

字幕"三甲分晋"应该是"三家分晋",这是小问题,视频的大问题是非口语化,不善使用家用提词器(Teleprompter)加重了书面语调。家用提词器的用法应该是这样的,要么只输入关键词,为自己做讲述层次上的提示,要么输入全篇文稿,却不要逐字读,由于诵读与提词器时有间离,口语化的特征便出来了。否则,没有配音经验的人能把十足的口语稿扭曲为书面稿。

数码媒介时代,配音在特色上有了全新气象,各种各样的声音充斥着互联网,空前丰富了配音品类。可以说,职业化的标准声音是单调的,远远高于常人的声音质量,而生活中非标准化的声音却是多彩的,并且更贴近平凡人的生活。后者与口语更匹配,听起来就是家常聊天。

2021年3月11日,"罐头瓶子在荷兰"账号在抖音上发布《瑞士农民的生活》,他以一贯的缓慢语速,用他的烟嗓懒洋洋地讲完了异域生活。

来看看阿尔卑斯山脚下的瑞士农民都是咋过日子的。

住在山坡上的这家人,一共有三个孩子,淳朴中带着点儿羞涩。

这些羊和这片地都是他们家的,他们家还养了些牛。牛有时候生病咳嗽了,村里的直升飞机会拖着牛去看医生。夏天的时候天气热,门口的大风扇会使劲地吹牛。

有时候火车会从他们村经过,山脚下就是他们上学的地方。

和大部分的农民一样,他们会一直生活在这里。

在这里娶妻生子，继承家业。

村里有座教堂，很久没人从这儿经过。

村里有条小溪，流着流着就流成了小河。小河的旁边，幽静的村落，一代一代的人在这里生活，慢慢地感受人间烟火。

二牛的两个表妹就是这个村的，他们到现在还没找着男朋友呢。

字幕中，"直升飞机"应该是"直升机"，"他们"应该是"她俩"。

"罐头瓶子在荷兰"是一个热度极高的账号。它的可贵之处是，似乎从来没把撰稿和配音当成工作，只是日常生活。任何人作为它的用户，都不必用力向上够取，去理解它所聊的事情。它就是生活中的一场场聊天。

还有许多解说，不仅是家常话，而且是方言家常话。

2021年11月8日，"北美补锅匠"账号在西瓜视频上发布《经典示范：美国"碰瓷儿哥"教你如何拒绝美国警察的非法盘查》，一如既往，还是天津方言。

今天这碰瓷儿哥到哪儿来了呢？哎，他来到了犹他的一个小城市，叫Logan。

哎，这就是那Logan的市政厅，警察局也在介儿。

老段子啊，他到介儿来，就拿手机来回拍照，目的是嘛呢？哎，引起别人的注意。人介是警察局，平常没人来，他介来了不说，还拿个手机在这儿拍来拍去，人家肯定纳闷啊，你干吗的？啊？别嘛坏人吧！拿个手机在这儿拍来拍去的。人里面人就问他，你有事儿吗？用帮忙吗？他不用不用，谢谢啊，我没事儿。说着呢，哎，他把手机转过来了，对着这哥们儿就拍。这叫嘛？这就叫赤裸裸的挑衅。看出来啊，这警察伯伯挺生气的，但是人家也没言语。他一看挑衅不成功，他就接着在这儿拍。

没过一会儿啊，里面出来俩警察，那警察就问他，你有事儿吗？他说，没有。警察说，你在介儿录嘛了？他说，我看见嘛，录嘛。这警察又问他，你谁呀？他说，介跟你有关系吗？警察说，把你ID拿来我看看。他说，你要我ID？警察说，对。他说你等会儿啊，然后呢，他把这手机拿起来了，警察以为他关摄像头呢，哎跟他说，介就对了，请把它关上。他说，你等会儿啊，我先跟我律师联系一下。警察蒙了，跟你律师联系干吗，我管你要ID呀。碰瓷儿哥说，那样你会有麻烦的。警察说，我觉得不会。然后这警察告诉他，我是介里的警长，啊，你要这大厅里拍照录像的话，我想我有权力呀，对你进行调查，你得配合我。这碰瓷儿哥说，这是公共大厅吗？这警长说，是呀。碰瓷儿哥说，我在这儿录像犯法吗？这警长说，请出示你的证件。碰瓷儿哥说，我问你，我在这儿录像犯法不犯法。这警长还是那句话，你的证件。碰瓷儿哥说，凭嘛呢？我犯法啦？犯罪啦？那你跟我说说，我到底犯了嘛法，犯了嘛罪了？那边儿那警察说呢，我们本来就有权，查你的证件。碰瓷儿哥说，你是可以，但前提是，你得认为我啊，犯了嘛罪了。这警长说呢，你说的不对。这碰瓷儿哥说，你那意思就是，甭管我犯没犯法，你过来就能查我身份，是介意思吗？我告儿你，我是新媒体的，来这儿录视频的。

用天津话讲故事，惟妙惟肖。"北美补锅匠"自 2020 年冬季起，在西瓜视频上发布了近 600 个视频，把北美人录制的视频拿来，用天津家常话配上解说，赢得了 53 万粉丝，获赞 175 万。那些视频，如果是以书面语写作，以标准化配音，会很没意思。

天津话并不难懂，但"上海宝爷"账号在抖音上发布的所有视频都是用纯粹的上海家常话做解说，似乎很难听懂，可他照样拥有了 41 万粉丝，获得 195 万点赞。这说明家常话具有极强的生命力。

本章结语

英国广播公司不允许记者把写好的稿件直接交给配音员，必须先念给打字秘书，让他们做第一听众，边听边打，测试稿件的口语化程度，凡是发现有可能产生理解困难和歧义误解的地方，必须做出修改。

这是检验口语化程度的好办法，自己习焉不察的用语状况，交由第三人查验，他们会马上发现问题。

同样要说明的是，口语化和口语精致化依然不是优秀解说词的特征，它们还只是及格标准。做不到这一点，不及格。做到这一点，也仅仅是合格了。

本章思考题

一、"输送香港的蔬菜要求很严格，农药含量要控制在 5 个 BPM 以内，而国家标准只是 15 个 BPM"，这句话不该使用英文缩写简称，你应该对整句话进行怎样的改写？

二、下面这段话，没有极高的智商听不懂，你可以念给自己的朋友听听，看看
　　有几人能明白它的意思。

　　能源部部长格雷格表示，能源部明年将计划注资 24 亿美元，并在接下来的
4 年中增加至每年 37 亿美元，对国家废弃的核武器制造厂进行改造，使其符合
环境法及安全法方面的要求。

　　你觉得应该怎样修改才能让它变得通俗易懂？

第七章
表述生动有趣

本章提要： 首先由表述无视趣味性的结果入手，反向理解生动有趣的重要性。继而分步了解生动化的基础和趣味性的前提是什么，前者是以人为本，后者是想象力。然后从三大方面讲解表述生动有趣的路径：一是调整表述角度；二是摄取效果故事，放大传神细节；三是描述形象化，它包括以具象动作增添趣味效果、借突发状况表达诙谐性、以拟人手法造成趣味性、让数据形象化。最后，探讨四个与表述生动有趣相关的议题：一是为文字配以视觉信息，二是科学的趣味性，三是无负担自嘲，四是视频广告语的写作指南。

视频受众和影院观众不同。在公共影院中，观众会在电影开始后迅速进入全场欣赏状态，即使后来觉得不好看，顿起退意，但其他观众聚精会神，自己很难走开，这就是影院的场效应。但看电视是一家一户的欣赏活动，看小屏更是个人欣赏行为，完全没有场纪律和场制约，所以进入状态慢，精力难集中，抓不住他们的心，他们马上会弃置。因此，视频写作一定要生动有趣。

一、无视趣味性的表述

许多视频撰稿人，特别是视频新闻撰稿人，没有兴趣意识。他们的共性是不动脑筋，拿到什么材料就复述什么材料，不做加工处理。他们的第一种表现是，不提供使人产生兴趣的实在信息，全篇空洞乏味。

例如，2000年南方一家电视台的这条简讯文稿：

今年是民营科技企业发展20周年，也是全省民营科技企业继续保持快速健康发展的重要一年。全省各市科委在贯彻落实去年国家科技部和国家经贸委共同发布的《关于促进民营科技企业发展的若干意见》精神，在改善民营科技企业发展等方面做了大量的工作。

全省民营科技企业经过了20年的探索发展，不断壮大，已成为全省的经济增长点和亮点，是我省发展高新技术产业的重要生力军。民营科技企业的技术经济活动已覆盖了国民经济的主要行业，尤其是一些技术密集领域。在今年拟报奖的10项科技进步一等奖中，民营科技企业就占了4项。

会议指出：全省民营科技企业发展有着管理体制创新，正向着现代化企业管理制度迈进。加强技术创新，发展高新技术，使民科企业成为全省高新技术产业发展的重要力量，向着产业化、规范化方向发展。企业以人为本，大量吸纳、会聚懂技术、会管理、善经营的复合型人才等特点。

会议提出：今后一段时期，全省民科管理工作的重点是，营造环境、制定政策、加强服务；同时要求抓紧做好《广东省促进中小企业技术创新条例》立法工作；继续做好广东省民营科技企业的认定工作；要好好地总结20年来，特别是九五期间民科企业的发展经验；按照省政府的工作部署，进一步加强科技创新和体制创新，力争为十五计划的实施打下良好的基础，为全省率先实现社会主义现代化而作出新贡献。

只满足于现成的新闻通稿、讲话稿、情况简报，通篇记述很抽象，具有新闻价值的实在信息少得可怜，只有画线的那一句。这样的信息基础，不可能内容有趣、表述生动。要注意的是，认为视频新闻应该严肃，这不能算错，但枯燥乏味并不是严肃，而是缺乏有效信息。试想，如果新闻撰稿人总是用以下套路撰写解说词，他们能传播什么有价值的信息？

_____台记者报道，_____省（市）_____工作会议昨日召开，省（市）委书记_____在会上分析了目前____省（市）_____形势，对下一步的_____工作做了部署。

_____指出，自全国_____工作会议召开以来，_____省（市）_____工作取得了成效，今天__月至__月，_____省（市）新增_____万____人员实现了_____。但_____形势依然严峻，_____省（市）各级必须进一步加强_____能力，做好_____工作，推进_____体系建设，把_____工作各项任务落到实处。

_____强调，_____是民生之本，做好_____工作，不仅是重大经济问题、社会问题，也是重大的政治问题。全市各级干部一定要千方百计抓好_____工作。他介绍说，省（市）委、省（市）政府正在研究出台关于_____的新政策，并将在近期召开专题会议，对当前和以后一个时期全省（市）的_____工作进行具体部署。各地各部门要结合实际认真贯彻全国、全省（市）_____会议精神，对已经出台的政策措施做一次检查，没有落实的，要深入分析原因，督促抓好落实；不适应形势发展要求的，要做认真梳理，尽快予以完善。要把_____、_____、_____的_____工作提到重要议事日程，认真研究对策措施，要加强领导，明确责任，强化考核，层层抓落实，真正让_____人员、_____人员实现_____。

_____省（市）委副书记、省（市）长_____主持会议并就贯彻落实会议精神提出要求，省（市）领导_____、_____、_____出席了会议。

把新闻稿写成这样，不是恪守严肃原则，而是严重渎职。这是在糊弄事，没有实在信息，无法激发受众的感应系统，浪费了媒介资源。

没有兴趣意识的第二种表现是，确实提供了具体信息，但太机械，太表面化，对具体信息没有理解，只是把它们一股脑儿地说了出来。

2015 年 4 月 26 日，重庆云阳县龙缸景区的云端廊桥开放营业，一家官网发布了一条短视频简讯，请看它的解说词。

重庆云阳县龙缸景区悬挑玻璃景观廊桥，建造在海拔 1123 米的绝壁上，悬挑支出长度 26.68 米，其中悬挑部分为 21.34 米，离地高度 718 米，采用无钢架支撑。

这座玻璃景观廊桥，比举世闻名的美国科罗拉多大峡谷玻璃廊桥悬挑还长 5 米多，可防 14 级台风，抗 8 级地震。

这座玻璃景观廊桥桥面护栏采用三层全通透超白玻璃，游客借助通透玻璃，可 720 度全景式俯瞰龙缸美景。

受过长年文化教育的人，习惯了以颜色、长宽高、重量、速度去观察一切，思考一切，解释一切，这种表面化和常规化的数据指标，停滞了我们的表现性感知。在这方面，我们甚至远不如大字不识的原始人和天真的幼童。

原始人介绍马，可能就一句话："那是我们的腿。"幼童想到马，会说它从不吃肉，永远站着睡觉，眼睛亮亮的。

生动和有趣常常是数据之外的另一套系统。

2001年5月6日，中国乒乓球队在大阪世乒赛上第三次包揽全部冠军，可是当《本周》回顾这条简讯时，中国队大获全胜已不是新闻。于是，王阳把聚焦点转移到乒乓球直径的变化上。过去，乒乓球的直径是38毫米，现在加大到了40毫米，但数字上的变化不是王阳的重点。他要说的是，这对于以快攻著称的中国乒乓球队非常不利，可中国人应变求新，难不倒。为了避免空洞拔高，画面编辑为解说词配以具象的娱乐手段。

　　虽然是换了大球，可中国队还是包揽了全部冠军。

　　可就在这届世乒赛上，国际乒联决定，从9月开始，要把现在的每局21分，改成每局11分。行家分析，这种改革将加大比赛的偶然性，这对基本功扎实的中国队很不利。乒联主席还说，他们正在研制43毫米甚至更大的球，所有这些改革对中国来说都不是好消息。

　　那么，长盛不衰的中国乒乓球还能再创辉煌吗？

　　这让我想起一部电影《神鞭》，说的是有一个武林门派练的是光头功，天下无敌。清兵入关以后，要留辫子，光头功又演化成出神入化的辫子功。清朝完了，辫子剪了，辫子王又成了神枪手，百步穿杨，百发百中。

　　我记得男主角有一段话说得特别好，我想把这句话送给中国乒乓球队。

　　《神鞭》主角傻二：变没什么可怕的。老祖宗的东西再好，该变的也得变。变也难不倒咱，这一变，还得是绝活！

此时，《神鞭》的音乐激昂而起，出神入化的辫子功和中国乒乓健儿拼搏的图像交替出现，最后定格，10多位中国乒乓健儿站在领奖台上，四面五星红旗同时升起。这便是乒乓球直径变化引发的述评。

就这条简讯的编辑加工，王阳曾感叹，如果让娱乐编导去做新闻，他们可能跳出很多条条框框。是的，视频新闻除了传递正确无误的信息，还应该让受众觉得生动有趣。当然，我们也应该记得哥伦比亚广播公司《60分钟》栏目制片人丹·休伊特（Don Hewitt）的警示，"在娱乐性节目和新闻性节目之间……有一条分界线。高明的做法是：走近它，用你的脚趾去碰触它，但千万不要超越它"。① 不超越它，并

---

①　赫利尔德.电视、广播和新媒体写作［M］.谢静，等译.北京：华夏出版社，2002：114.

不是不能接近它。

二、以人为本：生动化的基础

撰稿人应该让受众觉得在视频中说话的是个大活人，同时应该要把受众视为大活人，而不是一个隐形人对着一大片虚空说话。只有人正在为人服务的念想占据着头脑，人的表述才可能讨人喜欢。这是生动的基础。

1. 把"我"引进来

2006 年 9 月 8 日，《本周》播发一条简讯《救救孩子》，请注意播音员的开场白。

前天早上，我刚打开电视正好看到这条新闻，挺震惊的。

小伙子才 20 岁，从画面上看，他像是太累了，睡着了，因为他脸上没有挣扎、痛苦，甚至好像还有一丝宁静，可是谁也想不到他已经在网吧阴暗的角落死了 10 个多小时。一个医生朋友告诉我，人死去 10 个多小时，体温已经没有了，身体已经变得冰凉而且僵硬。

我不知道小伙子叫什么，可我知道他一定有个家，有爱他的父母。

如果疼痛是有轻重的，失去亲人的疼应该是最疼的疼吧，如果失去亲人的疼里又分轻重，白发人送黑发人的疼该是最疼里的最疼吧。

我不敢预言孩子死后，父母的生活多久后才能恢复平静，也许他们余下的后半辈子都要用来思念不可能再回来的儿子。可我能肯定的是，如果孩子没有死，这个家多完整、多幸福。

这段串场词的缺陷是关于"疼"的那段议论，太绕腾了，"最疼的"后面没必要加字，"最疼里的最疼吧"直接改为"最疼的"就够了。但它最大的优点是让播音员勇敢地表现出了"我在"和"我思"，如果"我"隐藏起来，生动便失去了出发点。

2. 把人当作事件的主体

门彻教授讲解过这样一个教学案例：美国一个家庭数月前买下一栋房子，女主人为了帮丈夫还款外出打工，把两个儿子留在家里，12 岁的大儿子照顾 10 岁的小儿子，大儿子想通过给邻居家除草为父母挣点儿钱，却在车库里给除草机灌汽油时引发了火灾；这是一次家庭火灾，损失金额很小，但中西部一家报纸的记者鲍勃却想报道它；本市主编觉得新闻的重要性不够，但如果鲍勃能写出它的价值，可以给他版面。

鲍勃很快写出了概述式导语：

今天，新罕布什尔大街 1315 号一所住宅发生突发性火灾，造成 7500 美金损失。这场火灾始于车库，火灾中没有<u>人员伤亡</u>。

导语中提到了"人员"，但它不是具体人，没名没姓，根本不可能是事件主体。实际上，报道主体是"火"，而不是"人员"。

鲍勃不满意，于是他改写了一稿，强调事件的特点。

两个月前，<u>厄尔·鲁曼夫妇</u>搬进了新罕布什尔大街 1315 号一幢<u>拥有三个卧室</u>的房子。这是他们<u>梦寐以求</u>的房子。经过好几年的<u>省吃俭用</u>……

这一次，具体人出现了，于是人的情感也出现了。"拥有三个卧室""梦寐以求""省吃俭用"，有了这些细节点和富于情感的用词，导语信息具体化了。但问题是，具体人找准了吗？这个事件的核心人物是鲁曼夫妇，还是他们的大儿子？鲍勃再次做了调整——

<u>特迪·鲁曼知道</u>，他的爸爸妈妈省吃俭用是为了留出足够的钱买下坐落在新罕布什尔大街 1315 号的、他们梦寐以求的这所房子。今天早晨，他决定自己也为此出一份力。但是<u>他的一片好心却酿成了一场灾难</u>。

述评式导语，精准突出了核心人物，而且点出了事件的核心，"他的一片好心却酿成了一场灾难"。主编很满意，但在新闻尾部，他为鲍勃补写了一句话："这是一个悲惨的故事，酿成了一场灾难，但如果他们没有买保险来弥补他们的损失，事情会令人更加难过。"主编这一笔，旨在增加受众能力，彻底完成传播功能。鲍勃总结说："不要让任何读者可能存在的疑问悬而未决，不要在你的报道中留下漏洞。"①

---

① 门彻.新闻报道与写作：第 9 版［M］.展江，主译.北京：华夏出版社，2003：17-18.

3. 对具体人说话

视频文稿如果能根据内容指向具体人群，其生动性也会清晰体现出来。

《本周》曾在一条旅游简讯的撰稿词中这样写道：

> 眼下春光明媚，可旅游的团费却降了好多，海南游从春节 3500 降到了 2000，去趟泰国香港才 3000 多。天气不冷不热，又没人挤，退休的大爷大妈们眼下旅游最合适。您可得好好利用这个机会，别一会儿想着孙子上学没人送，一会儿又惦记着给儿子闺女做饭。辛苦了大半辈子，也该潇洒潇洒。

春节长假过后，旅游团费大幅下降，这样的简讯应该对谁最有用，当然是退休在家的大爷大妈。那就应该针对这些老人，琢磨这条简讯怎么写。

不久，北京出了新规定，子女户口可以随父母任何一方。

《本周》的撰稿词是这样写的：

> 北京这周出了新规定，孩子户口随爸随妈全凭自愿，而在以前孩子户口只能随妈妈，因为怕将来孩子上不了北京户口，以前有好多北京的小伙子找对象不敢找外地姑娘，可从这周开始，甭管这姑娘是外地的还是北京的，只要是您喜欢的，您就放心地追吧！

比一比那些没有针对性的同题材报道，我们会不会明显感受到这条简讯更有生命力？它没有简单地复述条文，而是联系到了具体的生活。

三、想象力：趣味性的前提

先来看看有趣味的串场词是什么样子。

> 主持人：你说老鼠的特点是什么？
> 搭档：会偷东西。
> 主持人：那莫扎特的特点呢？
> 搭档：9 岁会作曲。
> 主持人：要是把老鼠和莫扎特放在一起，结果会怎么样？

搭档：老鼠 9 岁的时候就学会了作曲？

主持人摇头。

搭档：莫扎特学会了偷东西？

主持人：都不是，当老鼠和莫扎特放在一起，就有了一个儿童音乐剧，这个音乐剧的名字叫《老鼠与莫扎特》，请看表演！

由出人意料的结果反推出三个假问，两个假答富于想象力，趣味性由此产生。因为句句带信息，我们不会觉得哪句话可有可无，事实上缺了任何一句话，逻辑线索就会断裂。

我们再来看全国有线电视台联合摄制的大型庆典晚会《我和我的祖国》的开场白，这段串词有两个任务，一是提示节目开始，二是引出歌舞《祖国吉祥》。

袁鸣：这里是庆祝中华人民共和国成立 50 周年的庆典，为了表达祝福的心声，我们在这里聚首。

桑朝辉：1949 年 10 月 1 日，全世界的目光投向天安门。弹指间，50 年过去。尽管经历了诸多风雨和坎坷，中华民族凭着智慧和勇气，将一个千疮百孔的旧中国，建设成独立、自主、繁荣、昌盛的新中国。

袁鸣：值此国庆 50 周年到来之际，全国有线电视台隆重推出大型庆典晚会——《我和我的祖国》，表达对祖国母亲的赤子之情。

桑朝辉：每年的 10 月 1 日，人们的脸上都挂满自豪的笑容，人们的话语都洋溢着幸福的音符。

袁鸣：这一天是中华民族站起来的日子，这一天是值得所有中国人骄傲的日子。

桑朝辉：50 年前新中国成立，人民当家做了主人。50 年后，新中国的主人，已经开创了祖国美好的图景。中国正展开翅膀在东方骄傲地飞翔。

袁鸣：今天是新中国的生日，让我们将亿万个祝福凝聚成一种表达。

这段串词最严重的问题是没有新意，所有信息都是已知，撰稿人根本没动脑子。因此它毫无想象力，显得庄严有余，却很无趣。以想象力创造趣味性有两种基本方法：一是拟人，赋予无生命的事物以生命；二是假设，对不可能发生的情况展开假想推理。不要认为庄严一定无趣，如果赋予天安门生命，它见过并记得每一次国庆，设想它会说话，今天它会说什么，它会说"祖国吉祥"。

请看《本周》在报道意大利计划清理大卫雕塑时如何赋予雕塑生命：

> 总算有人想起给大卫洗澡了，自从他 1504 年来到这个世界以来，就很少洗澡，因为它洗回澡得花 15 万欧元，耗时 7 个月。别看大卫长得挺年轻，可这回要治的小毛病还不少，毕竟都快 500 岁的人，年岁不饶人啊。

把清理工作形象化地比喻成洗澡，一针见血地点明大卫只是看上去年轻，其实已经是快 500 岁的老人，拟人想象带来了趣味性。

再看北京电视台《第 7 日》栏目主播陈元元在报道汽车修理厂把废油全都倒在树坑里的简讯时如何做假设：

> 这树要是长腿，它早跑了。有为锻炼身体往它身上撞的，吊在树杈上打悠的，勒着树的脖子晾衣裳的。幸亏这是家汽修厂，要是卖水煮鱼的，那还不得天天给这树灌辣椒水！这树招谁惹谁了，干吗天天给人家上刑呢？

树不可能长腿，却一定要想象如果它长腿会怎么样。明明是一家汽修厂，非要想象换作卖水煮鱼的会怎样。最后，把随手倒废油想象成给树上刑。本来是严肃的批评，却显得十分有趣，用设想出来的不利结果揶揄了错误行为。

想象力之于趣味性何其重要。美国全国广播公司《周六夜现场》是电视史上历时最长也最成功的非情景喜剧节目，而其最受欢迎的一期是它的制作人兼首席撰稿人詹姆斯·唐尼（James Downey）撰写的《人民法院》（*The People's Court*）。故事是：布雷斯维特要把自己的灵魂卖给魔鬼，换取她的发廊生意兴隆，她控告魔鬼欺骗了自己，要求废除合约，索赔 1800 美元；但魔鬼墨菲斯托菲利斯辩称，自己遵守着合约，是原告设法抵赖自己的法律责任，他要求取得她的灵魂，不承担诉讼费用。凭借非凡的想象力，一桩不可能存在的灵魂交易诉讼竟在现实逻辑中合理展开，让受众兴趣盎然。

四、调整表述角度

某电视台为播放一条春耕简讯，提前一天通知当地村干部，说第二天去他们那里拍摄。记者到场后才发现，当地村干部让村民全都穿上了节日盛装，载歌载舞。他们把所有汽车集中在村里，在车上装满化肥和农药，又在田里集中了所有拖拉机。一条真实的春耕简讯，只能拍成虚假的春耕大会战。但编辑和撰稿调整了报道角度，把春耕报道变成了春耕中盼望在荧屏上露脸的农民报道，把浮夸的假现场做成了有趣的真新闻。

　　这是变换报道角度，把报道点从一个预定对象转移到另一个事实对象身上。调整表述角度还有许多种办法，比如，把观察点和叙事点从画面中的主要要素转移到次要要素那里，我们习惯说"一个女孩坐在湖边的长椅上"，因为这种画面最容易吸引我们的是女孩，但假如我们换个角度说"湖边的长椅轻托着一个女孩的重量"，容易被忽视的长椅成了主语，出人意料的情趣就出现了。与之相近似的方式，是把人们惯常的观察点和叙事点转移到它们的相反方向，因为思考方法独特而获得生动性。比如某航班快捷，横贯大西洋的速度比其他公司的飞机快 20%，那么视频广告词就可以写成"乘坐我们的航班，大西洋会变窄 20%"。还有一种方法是，让傲视世界的人类靠边站，让非人类的事物做主角。2014 年国庆节，济南动物园免门票，游客爆满，《齐鲁晚报》的新闻标题是"1800 只动物一天看了 14 万人"，新鲜的表述视角，使受众兴趣大增。

　　这里再重点介绍一种方法，把仰视赞誉调整为平视记录。我们以浙江电视台摄制越剧演员何英的专题片为例。

　　　　旁白：我们的各种媒介告诉给我们的何英，不外乎所有功成名就的演员们一样，酷爱越剧、勤奋好学、园丁辛勤培育、自个儿发奋努力、流汗流泪流血、梅花香自苦寒来，诸如此类。其实，不全然。

　　一句"不全然"，把其他媒介因为仰视而给出的赞誉全都否了，接下去便是何英很不配合的受访同期声。

　　　　记者：当年你是怎么想的，去投考嵊县越剧团的？

　　　　何英：不晓得。

　　　　记者：你平常都喜欢干些什么？

　　　　何英：不晓得。

　　　　记者：喜欢看书？

　　　　何英：不晓得。

　　　　记者：喜欢看电影？

　　　　何英：不晓得。

记者：嗨嗨，这么说你除了越剧什么都不喜欢了？

何英：我越剧也不喜欢！

通常讲，这样的采访问答就废了，一个戏曲明星连自己安身立命的戏种都不喜欢，这是逆天理的。然而事实就是如此，仰视会把不伟大的细节全部删掉，平视记录要做的却是告诉受众，这是为什么。

旁白：这是何英对待我们初次来访的回答，不合作之态溢于言表。事后我们得知，先于我们采访她的记者为了追求一些可读性，妙笔生花，生造了一些情节，弄得主人公很是难为情……可也不全是假话，当年投考嵊县越剧团，并不是因为什么酷爱越剧，而是因为当时可以逃避上山下乡。

表述角度的选择和转换，考验着视频撰稿人的观察水平、聚焦判断力、结论呈现技术。逆于常态的表达，总是带有令人惊奇的趣味，以平视角度观察知名人物，可以带给受众更多的惊奇，而惊奇越多，趣味性越强。

五、效果故事与传神细节

视频写作者要有明确的意识，不为过程完整而费力，只强化着力点。在这些着力点表现具有明显效果的故事，特别是故事中的传神细节，突出这些内容，事半功倍。美国控制数据公司（Control Data Corporation）电视传播部制片人兼导演唐纳德·斯格尔（Donald Schaal）曾说："我们拒绝与教师合作，因为他们首先不从电视的方面思考。"[1] 其实知识分子都不愿割舍完整过程而仅仅突出其中的断部，教师不过是他们的典型代表，他们大多不知道如何在视频中有效地表达思想。

我们来看专题片《过去了，但没忘记——柯棣华大夫的故事》怎样复原柯棣华的印度援华抗日医疗队抵达广州的情景，画面是宋庆龄和何香凝的图片，旁白如下：

两位中国当代伟大的女性亲自来迎接医疗队，她们是宋庆龄和何香凝。

在欢迎宴会上，当宋庆龄发现印度大夫对手中的筷子无能为力、似乎将空

---

① 赫利尔德.电视、广播和新媒体写作［M］.谢静，等译.北京：华夏出版社，2002：250.

着肚子离开饭桌时，她放下自己的筷子，将手伸进碗里说道："上帝给我们的手是吃饭用的，让我们用它们吧。"接着，大家都学着她的样子。

它没有描述印度友人抵达广州的过程，而是讲述了其中一个故事，生动而有趣。让受众意外得知，如此优雅高贵的中国女人，因为体恤客人，竟放下身段，率先用手抓饭吃。如果这段话改为过程描写，无非是"宋庆龄热情宴请了印度医疗队"，其艺术感染力将烟消云散。

与摄取有效故事比起来，发现并强化传神细节，难度更大。凡是空泛的记述和议论，都是因为没能发现有效细节，没能以其为支点展开解说词。这些细节可能是受众熟视无睹的元素，可能处于画面上不被受众注意的细微点上。但优秀的视频撰稿人必须在别人司空见惯的元素上发现价值，突出别人没能在意的细节。

20世纪90年代初，在广州教书的德国学者许伯乐开始在课余摄制电视片，他用了一年多时间做采访，撰写成专题片《翠亨村》的脚本。在协助制作过程中，广东电视台对外部注意到，外国人引导注意力的目标很独特。许伯乐写翠亨村并不是要表现孙中山，他的目的是见微知著，通过在一个乡村的所见所闻，记录中国改革开放的具体变化。那个时候，我们习惯于用万元户的数量和新房盖了多少来表现改革开放的成就，但许伯乐把受众的注意力引向生活细节的变化，比如，"时款鞋取代了单调的凉鞋""我们不时听到脱口而出的Hello招呼声，很快就代替了'吃饭了吗'"。撰稿人的关注点和注意力引导方向如果是具体细节，其作品很容易与别人的作品相区别。

《本周》编辑曾经拿到一条其他新闻栏目播出过的简讯，内容是准备办婚礼的新娘们去商店抢购打折婚纱，无非如此，不生动。但编辑发现了一个一闪而过的镜头，一位新娘穿着泳装在试婚纱。这是一个最容易被忽略却最有表现力的镜头，因为抢购的人太多，试衣间非常紧张，这位新娘有备而来，穿着泳装试衣，这样就可以不进试衣间了。于是，编辑扩充这个细节，完成了二次加工。

2000年，中国残疾人艺术团首演音乐舞蹈《我的梦》（作品一）获得好评，《本周》回顾这条简讯时，新闻已是旧闻，王阳不能重复原有信息，必须发现被同事忽略的细节，重新组织简讯。于是，他发现中国残联主席邓朴方与艺术团演员合影时，患有先天智力障碍的乐队指挥胡一舟站在他身后，却把小手搭在了他的肩上。

抓住这个趣味点，王阳重新组织了这条简讯的报道。从理论上讲，过程和过程具有一定的相似度，甚至故事的一些构造和元素都是相仿的，但唯有传神细节是特有的，它只是此时、此地、此人、此事中的一次闪现，不是随时随地发生的，没有复制和模仿，也不可能再现。抓住了它，就抓住了故事和过程中的独特性。

《本周》在回顾中国乒乓球队在大阪世乒赛上包揽全部冠军的简讯时，王阳同样发现了一个被先报者忽略的细节。获得团体赛前三名的中国队、比利时队、瑞典队领奖时，比利时队总教练王大勇率其队员站在亚军领奖台上，但他自己的站位却紧挨着冠军领奖台上的中国队。在摄像师给出的镜头中，王大勇处在画面左下方的边缘位置。

王阳注意到，中国国歌奏响后，王大勇和中国队队员一样，情不自禁地唱着《义勇军进行曲》，尽管身为比利时总教练，但他毕竟是中国人。

于是，王阳这样写道：

> 代表日本队打球的范建新说过这样一句话："中国永远是我的第一故乡。"今天，国人对"海外兵团"有了更多的宽容和理解，一是缘于中国队的强大，另一方面，中国人对体育的意义有了更深的理解，对手强大了，比赛才会更精彩，中国队才会有更大的进步。

尽管画面是直观的，一览无余，但绝大多数受众的观察习惯总是注意最显著的要素，其实绝大多数媒介工作者也是如此，这使得他们看到的信息总是小于画面隐藏的信息总量。画面中被忽视的有效信息点，就只有依靠出色的解说词来展开、放大、凸显，引发受众的兴趣。

2001年11月10日，卡塔尔首都多哈，世界贸易组织第四届部长级会议接纳中国入盟，上海电视台记者摄制了《从后排到前排　15米走了15年》，其形象化的标题便来自新闻现场的一个细节。

> 今晚，是所有中国人都难以忘怀的日子。中国人民终于结束了15年的艰难跋涉，成了世界贸易组织的正式成员。而这一历史性的变化，首先反映在中国代表团的座位上。
>
> 多哈当地时间晚上7点多，世贸组织第四届部长级会议的议程进行到一半，敏感的记者们突然发现，前一天还坐在会场最后几排的中国外经贸部部长石广生和副部长龙永图已经郑重地坐到了会场的最前排。此时此刻，关于中国入世的审议还没有开始，主席台上的墨西哥代表还在做精彩的论述，但发现了这一精彩场面的记者们已按捺不住兴奋，不约而同地聚拢到主席台下，十几台摄像机齐刷刷地对准了坐在第一排的中国人。

在后排的观察员位置上，中国人已经坐了 10 多年，从最后几排到第一排，不超过 15 米的距离，中国人足足走了 15 年，其中的苦涩和此刻的激动，都不经意地写在了中国入世首席谈判代表龙永图那条红领带上。

中国外经贸部副部长龙永图：因为以前我们都是坐在最后一排，那么从现在起，我们确实成为一个真正的世贸组织的正式成员。

世界各国的媒体也在关注着这历史性的变化，整个晚上，中国代表团的成员走到哪里，那里便会出现骚动，保安的驱使也无法阻挡人们对中国人的关注。

捕捉传神细节，是媒介工作者非常重要的基本功，它要求在人所共见的环境中敏锐发现独到的兴趣支点。但在实际创作中，由于拍摄素材不完善，视频想要突出的细节没能处在画面的显耀位置，无法引人注目，这时候撰稿人必须发挥作用，凸显这些细节。

六、趣味性需要形象化

突出事物的形象特征，是营造趣味性的有效手段。

1. 以具象动作增添趣味效果

北京一家幼儿园的老师组织两岁幼童进行火灾自救演习，《本周》记者前去采拍。当老师发出起火警报后，幼童们一边笑，一边往门外跑。于是，记者的解说词是："一听说着火了，孩子们就跟听到开饭了一样高兴。"写得惟妙惟肖。

许多形象化动作一般不合乎规范，是一种缺陷，但优秀的记者不会对明显的破绽视而不见，好的解说词又会把破绽写得可爱而无害。

2. 以拟人手法造成趣味性

动物是活动生命体，这一点与人类接近，很容易对它们进行拟人化处理。请看《本周》如何描写澳大利亚的鳄鱼：

澳大利亚一家游泳俱乐部为了让学员游得更快，他们弄来了两条真鳄鱼，当学员们和平时一样跳入游泳池后，这两条身长 2 米的凶猛的鳄鱼就笑嘻嘻地过来了。这种时候，即使你不会游泳，也能破个百米纪录。

看到"笑嘻嘻"三个字的刹那，我们是否忽然意识到，鳄鱼张开嘴的样子确实像是"笑嘻嘻"的？所以，不得不惊叹撰稿人的观察力和表现力，一句话让整个报道妙趣横生。

再看《本周》如何讲述一只雄性东北虎的故事：

> 它家在山东淄博的动物园。一天，饲养员带它去相亲，可它一见到那个母老虎，拔腿就跑，拦都拦不住。带着对包办婚姻的不满，它要把一肚子的委屈向民政部门倒倒，可又不认路……还是饲养员有办法，好说歹说把它劝进了笼子里。饲养员跟老虎说了些什么，大家离得远都没听见。有人就猜了，肯定是饲养员下了保证，再也不让它见那个像母老虎一样的母老虎。

听到"带着对包办婚姻的不满"，我们可以会心地意识到，为老虎安排相亲确实不是自由恋爱。而"像母老虎一样的母老虎"使用了叠加视角，从人类的视角出发，我们可能形容某个女人像母老虎，只有把母老虎比拟成女人，才可能出现"像母老虎一样的母老虎"这样聪明而情趣盎然的说法。

解说词也可以对非生命体进行拟人化描绘，在《话说长江》第三集《金沙的江》中，总撰稿陈汉元这样写道：

> 金沙江急急忙忙气喘吁吁地，跑完了 2308 公里的路，终于在四川的宜宾，与岷江会师，一道汇入浩浩荡荡的，长江。

"气喘吁吁"是形容生物长跑过程中的状态，这里却用来描绘金沙江。而金沙江与岷江的汇合被比拟成大军会师。长江上游这一段，立即栩栩如生，跃然画上，并在受众脑海中形成形象而深刻的印象。

3. 让数据形象化

以济南电视台 1989 年摄制的《土地忧思录》为例：

> 咱们中国现在已经是 11 亿人口了，那么 11 亿人口是个什么概念呢？就是说世界上每 100 个人中就有 22 个中国人。如果 11 亿人口手拉手地围着地球站的话，能站 43 圈，这就是 11 亿人口的概念。

"手拉手地围着地球站"是一个形象画面，想象一下，站在赤道上的全是中国人，里外站上 43 层，这画面很耐人寻味。

对抽象数字进行形象化表达，可以使不经意的事物变得十分惊人。

> 您知道开车的时候打喷嚏得有多危险吗？给您算笔账，您就知道了。
>
> 人在打喷嚏的时候会瞬间丧失控制力，打一个喷嚏要 2 秒钟，如果车的时速是 60 公里，打一个喷嚏就等于汽车要在几乎没人控制的情况下跑出 16 米多。

这是《本周》提示开车打喷嚏十分危险的一段解说词。在时速 60 公里的车上打一个喷嚏需要多长时间是抽象的，但在这个时间里，车跑出去的空间距离却是形象的。我们听了，会感到震惊，明白它的危险性。

对数字的计算理解，还可以诙谐地引入设想中的体验者，让他们参与解析后的数据，凸显数据的极大或极小。请看《本周》的这段撰稿词：

> 在广州国际美食节上，这位厉师傅把 1 公斤面粉拉出了 100 多万根，要是把这些面条连起来总共有 4600 公里。这可不是变魔术，这是创吉尼斯的绝活儿。咱们平常吃面条，能吃 5 两面就算是大肚汉了，可要是吃厉师傅拉出的面，随便一个小姑娘也能豪迈地说，我吃了 700 公里拉面！

形象化就是这么神奇，它不仅因为生动可以促进受众对客观事物的理解，而且因为有趣而让受众感到愉悦。

七、为文字配以视觉信息

2016 年，保守主义视频网站 PragerU 的创始人丹尼斯·普拉格（Dennis Prager）在 YouTube 上发布短视频《政府应该有多大？左派和右派的区别》，他讲述到哪里，其讲述中的关键词就会精准地出现在屏幕上，它们可能仍以文字形态出现，或者改变为与演讲词相对应的图示，这使普拉格原本有些抽象而沉闷的介绍和说理变得十分生动。

不久后，中国也出现了这类专门用来说理的短视频，比如"狼爸爸的工作室"账号 2018 年 8 月 8 日发布的《假新闻的世界里，你该怎样思考？》，他介绍的是自己对假新闻的看法。

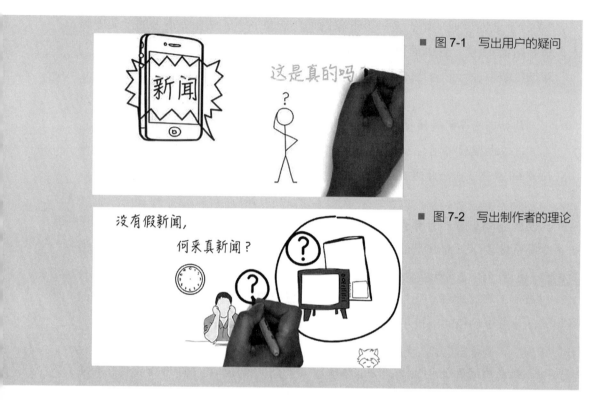

■ 图 7-1 写出用户的疑问

■ 图 7-2 写出制作者的理论

"狼爸爸"讲到哪里,画面中的这只手就加速画到哪里,把说理中的关键词或写或画出来,减轻用户的理解负担,也增加了可爱清新的气质。

我们以"柴知道"账号 2019 年 6 月 23 日在哔哩哔哩网站推出的《不同的法学流派如何给犯人判刑?》为例,来看看这种视频文稿是怎么写的。该账号视频通篇采用活泼的漫画方式,简化了复杂的法学理论。

在一场山崩事故中,5 名探险者被困在山洞内,他们缺少食物,即将饿死。

为了活命,他们做出了一个集体决定,抽签选出一人,杀死他,其余四人食用他的血肉,以便撑到救援到来的那一天。

这是美国法学家富勒,在 1949 年提出的虚拟案件,被称为"洞穴奇案"。他和另一位法学家萨伯一起,构想出了 14 位法学观不同的虚拟法官,并且写出了 14 份不同的判决书。

其中 2 号法官福斯是自然法学派的支持者。他认为,在与世隔绝的情况下,法律条文已经不再适用,应该用最朴素的善恶观来做出判决。为了不被饿死,吃人是他们唯一能活下去的选择,合情合理。所以,这 4 个人无罪。

自然法学既是一套法理学说，也是一套道德理论。

在自然法学派看来，最高级的法律就是存在于人们心中、代表绝对正义的自然法。法律要符合人性对正义的天然判断，就像古巴比伦的《汉穆拉比法典》那样，"以眼还眼，以牙还牙"。但如果一个人做的事情是正义的，那么哪怕违背了法律条文，他也不应该受到惩罚。

这种观点符合多数人对法律的理解，可惜现实并非总是黑白分明。而且，如果不能严格按照法律判决，那法律的意义何在呢？

4号法官基恩与2号法官的意见针锋相对，他认为在任何情况下，法官的判决都不应该受到个人的道德观念影响。法律的意义就在于被严格遵守，既然法典上规定了故意杀人者有罪，那么不论出于何种原因，都应该判处四人有罪。

4号法官是分析实证法学的支持者。在分析实证法学派看来，所谓的绝对正义并不存在，法律只是一套解决问题的工具而已，应该和道德分离。法官的任务，是严格遵循司法程序，根据法律条文做出判决。在这种情况下，哪怕某条法律本身并不道德，也同样具备绝对的效力。分析法学派的创始人约翰·奥斯汀把这种观点概括为"恶法亦法"，形象地说明了法律的绝对权威性。

分析实证法学摒弃了道德观念，追求绝对的程序正义，这让司法实践变得条理化、高效化，确保了法律的尊严。但与此同时，它也让法律变得不近人情、刻板机械。……

13号法官塔利的思路和前面两位都不同。他从功利实用的角度出发，认为真正重要的，是一个行为的结果好坏。在"洞穴奇案"中，一命换四命是一笔划算的交易，从整体角度看，获得了更大的利益，所以他们无罪。

13号法官是社会法学派的支持者。在他看来，法律是一种社会现象，目的在于追求社会的整体利益。在这种情况下，法律不能只考虑个案正义，而是要考虑判决结果对于社会整体，以及未来可能发生的其他案件的影响。举个例子，如果法官遵循民众观念，把所有强奸犯都判以死刑，那就可能让之后的罪犯们更加丧心病狂，不计后果地对受害人下死手，把强奸案升级为杀人案。所以在社会法学派看来，遵循"谦抑原则"，用尽可能少的量刑换取最好的惩罚效果，往往是性价比最高的做法，而严苛的法律则未必有利于社会整体利益。……

自然法学、分析实证法学和社会法学，作为最主流的三种法学流派，各有侧重，又互有矛盾，几乎所有成型的法律和司法原则，都是由它们交汇融合而产生的。顺应应报原则和功利主义等思想，现代法律体系延伸出了许多理论，量刑不再只是为了报复犯人，还需要承担更多的隐性功能，力图达成道德正义、法律程序、社会影响等多方面的最优解。但无论如何，就像"洞穴奇案"一样，终审判决只能有一个，它不可能让所有人满意。当然了，法律本来就不是，也不应该是解决一切问题的万能钥匙。

指望法律能够按照自己的意愿，去规范一切的想法，不过是个笑话罢了。

不到 5 分钟，不仅一一介绍了三套司法主张，而且分别指出了它们最有价值的思想和难以克服的局限性，最终没有贸然肯定一种主张而否定另外两个，因为世上不存在一种全无缺陷的司法制度。卡通形象的运用，使得原本有些枯燥的说理变得生动有趣，十分有效地普及了法学常识。

八、科学的趣味性

科学知识和常识本身就带有趣味性，如果传授科学知识让人觉得乏味，那只是讲述者太没意思，他们把妙趣横生的奥秘给糟蹋了。

我们来体会一下"法兰西那点事儿"账号 2022 年译发的微视频《响尾蛇的尾巴是如何发出声音的》。

> 这是响尾蛇的尾巴，我一直想知道响尾蛇是如何发声的。
>
> 如果你往里面看会发现它是空的，这太让人惊奇了。我之前以为响尾蛇像小沙锤一样，里面有很小的东西能发出声音，但其实这里面是空心的。所以这不科学呀，但如果我把尾巴一节节拔开，会发现它们都是一个个独立的部分。
>
> ……
>
> 现在看这个，注意这些一段段是如何连接的，它们有弯曲和移动的空间，所以当蛇尾摇晃的时候，每一段相互之间碰撞。
>
> 画面：剧烈摇晃蛇尾。
>
> 音响：蛇尾发出声响。
>
> 这就是响尾蛇发出的嘎嘎声。

"我之前以为响尾蛇像小沙锤一样"，会立即引发共鸣，因为大多数人都会这样认为。"但其实这里面是空心的"，大家都想错了，那它究竟是怎样发出声音的呢？这太悬疑了！当我们得知它是通过外壳环节相互撞击发出的声响，会不会感叹造物主的独到设计？科学视频解说词的趣味性，直接源于科学自身的奥秘，只有讲清奥秘，视频自然会生动有趣。

九、无负担自嘲

撰写带有自嘲信息的文稿，要看文稿的使用者是否愿意自嘲。自嘲是一种能力，它需要心理健康，意志力强大。不要试图说服一个心胸狭隘、神经过敏、病态自尊的人接受频频自嘲的文稿，他们不会认为那是一种有趣的方式，而且别人越觉得有趣，他们越觉得恼怒。但如果自己或自己文稿的使用者不惧怕自嘲，那就勇敢地试试，以有限度的自我牺牲，让受众感到快乐。

2020 年 12 月 25 日，《脱口秀反跨年》在腾讯视频上线。年初被自己的患者砍伤的北京朝阳医院眼科医生陶勇，为了用调侃方式跟关注他的年轻人打招呼，他左手缠绕着护具走上舞台，并频频抛梗，让录像现场爆笑不断。

> 施暴者是我的一个病人，他之前已经做过很多次手术，最后才找到我。如果不是我的话，他早就失明了，但他还是对视力的恢复情况不满意，把我砍伤了。我说这个病人你真的很不讲理，当时医院里人那么多，你都能精准地把我砍伤（笑），这难道还不能说明视力恢复得特别好吗？（大笑）你还想要什么效果？非得拿飞镖扎中我吗？（笑）虽然我受伤了，但是现在每次看到我的伤疤，我都会很感慨。陶勇，你的医术，真高超。（大笑）

这是非常高超的自嘲，对被砍伤的窝囊事进行自嘲，与之并行的是对医术高明予以自夸。两相结合，让人觉得自嘲没有贬低自己，自夸没有目中无人。

> 恢复工作之后，我还是选择了原来的诊室，因为有一句话说得好，最危险的地方（笑），就是最安全的地方（大笑）。医院也很快就加强了安全措施，还在我的诊室，又开了一个后门（大笑），说让我跑的时候又多一个口（笑）。可我想说，你有没有想过，这坏人来的时候也多一个口啊！（大笑）

陶勇受伤是一件非常恐怖的流血事件，他能如此轻松调侃这件事，出乎大多数人的意料。这需要大度和宽容。听到陶勇的这些话，网民不仅觉得他是一个有趣的人，而且认为他非常值得尊敬。

十、视频广告语最需要生动有趣

我们可能都会觉得推销产品的视频广告很烦，想赶快跳过去看节目，其实绝大多数受众对商务广告的态度大抵都是如此。但是，广告是媒介的经济基础，没有广告，节目何来？作为视频撰稿人，我们得理解视频广告的意义，使它变得更招人喜欢。可以这么说，在所有类型的视频写作中，视频广告的写作最需要生动有趣，最需要让它变得激动人心。

20世纪30年代，上海梁新记兄弟牙刷公司创始人梁日新为牙刷品牌设计广告词，他全面分析了自己的产品，将宣推主打点确定为经久耐用，这是牙刷质量好的重要标准，而最终表现这个最大优点的广告词竟是一个家喻户晓的贬义词——"一毛不拔"。吝啬人的吝啬是坚决的，这款牙刷就像吝啬人一样，任凭你使出任何手段，我就是一毛不拔。

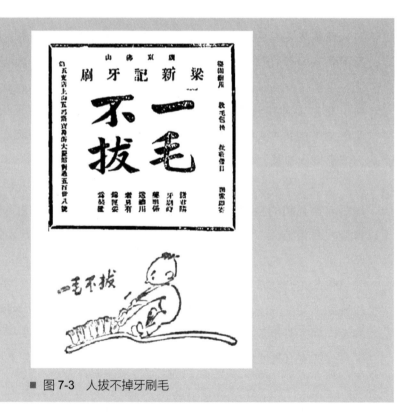

■ 图7-3　人拔不掉牙刷毛

这句生动而有趣的广告语曾使梁新记牙刷名扬大江南北。

今天撰写视频广告语，我们实际上有两批受众，首先是我们的雇主群，最终才是一般受众，所以必须注意双重目标。

斯格尔在《教育电视和企业电视》一书中曾说："当你为企业电视认真撰稿时，不妨把你所有的有关写作的创造性（或戏剧化）和技术性的先入之见扔进废纸篓。"[1] 想要让作品打动公众，首先必须打动广告主。像梁新记兄弟牙刷的广告语是有可能被不识货的广告主拒绝的，因为"一毛不拔"是贬义词。许多广告主不知道创意是需要时间的，他们希望视频广告的创作速度能像闪电那样快。而实际上，视频广告的制作时间大约三分之二要用于脚本构思，剩下三分之一用于实际制作，完成准备工作的时间越长，包括脚本撰写的时间，用于实际制作的时间会越短。此外，这样的事情一定会发生，即广告制作的每一个步骤都是广告商认可的，但广告主却要求再做一些修改。不要烦躁，想想看，在撰稿人从事的各类工作中，视频广告写作是不是收入最高而文字数量最少的行当？既然如此，那就坦然接受它的折磨。

视频广告要起到说服作用，最好的办法是内容戏剧化，其中有四个步骤至关重要。第一步，引起注意（Attention），让受众意识到某种问题确实存在，并形成视觉印象。消费者最强烈的心理诉求是自我保护，这是最容易引起他们注意的话题，而这就是药类广告效能最大的原因。第二步，保持兴趣（Interest），要制造冲突，形成悬念，聚焦兴奋点。此时，肥皂剧技巧非常重要，要给角色添麻烦，让他们面对现实困难。第三步，刺激欲望（Desire），方式是植入某种理念，使面临矛盾冲突的角色可以依靠某种商品或服务去解决难题。第四步，激发购买行动（Action），要在广告尾部突出强烈情感，一般受众的心理诉求还有很重要的一部分是心理需求和情感需求，前者是对荣誉、权力、地位、高品位的向往，后者包括亲情、忠诚、信仰、爱国、公益精神。上述就是视频广告写作的AIDA公式。不过，这四步法公式并非铁律和教条，它只是指南和参考。

需要提及的是，非商务广告其实与商务广告有着类似的结构样态，只是因为没有市场压力，它们更放松一些，表现为字词量更大一些，更有诗情画意。

请看凤凰卫视为《时事直通车》栏目制作的宣推广告，当画面上出现路轨、火车、站台，其广告词像一首短诗：

世界的进步是从路开始的。

路带来生机，

---

[1]　赫利尔德.电视、广播和新媒体写作［M］.谢静，等译.北京：华夏出版社，2002：249.

也带我们去到不同的地方，

好比是人体的血管，

把养分输送到人体的每一个细胞。

路上有许多不同的站，

带我们认识不同的人，

接触更多的资讯，

拥有多角度的视野。

展现世界的广阔，

增进人与人之间的沟通，

只要每天搭上这班车，

《时事直通车》！

检验商务广告好坏的方法是：如果我们喜欢一个视频广告，试着把其中的商品信息挖除，如果我们还是喜欢它，那它就不是好广告。商务视频广告的终极任务是让其中的商品信息更具吸引力，而不是让广告情节夺去受众的全部注意力。但非商务广告不同，它们的情节和诗情画意一般来说就是它们的目的。

本章结语

传播学之父威尔伯·施拉姆（Wilbur Schramm）曾说："年龄和教育程度同选择电视的新闻和政治性内容成正比，而同选择娱乐性内容成反比……人们的教育程度越高，越爱读公共事务的新闻、社论、严肃的专栏。"[①]

笔者赞同这个判断，但要强调的是，这既不是视频新闻可以不考虑生动有趣的理由，也不是娱乐性视频绝不可能包含时政新闻的凭据。人的教育程度再高，也不会因为公共事务的新闻、社论、严肃专栏生动有趣而心生厌恶感，而视频写作并不仅仅服务于教育程度较高的公民，生动而有趣的视频可以使更多的人获得不同程度的教育信息。

生动有趣，已经不是视频写作的及格标准，它是优秀的第一个标杆。

---

① 施拉姆，波特.传播学概论［M］.陈亮，周立方，李启，译.北京：新华出版社，1984：175-176.

本章思考题

一、远在密苏里州，有人从商店中抢走 50 美元，店员追上他，不承想把他的一条假腿拽下来了。就这个新闻事件撰写一段层次分明的视频简讯稿，你会如何安排信息次序，写成怎样的解说词？

二、我们来训练一下自己的趣味意识，请认真阅读下面的信息。一位老板有急事找他的员工，他往员工家里打电话，接电话的是员工的小儿子，这孩子把声音压得很低。

男孩：喂？

老板：你爸爸在家吗？

男孩：在。（声音更小了）

老板：能让他听电话吗？

男孩：不行。

老板：那你妈妈在家吗？

男孩：在。

老板：那让你妈妈接电话。

男孩：不行。

老板：你家还有谁？

男孩：警察。

老板：那，你，你让警察听电话！

男孩：这不可能，他们在和消防员说话。

电话听筒里传来巨大的轰鸣声。

老板：这是什么声音？

男孩：直升机。

老板：出什么事了？

男孩：搜查队刚把直升机降下来。

老板：他们在干什么？

请问，员工的小儿子如何回答，会使这件事的趣味性顿增？

第八章
情感动人心弦

本章提要： 由探讨视频抒情的基础入手，理解故事陈述的正确性、完整性、信息充足性对有效抒情的保障。而后，厘清直接抒情和间接抒情的区别，再次强调多种视频语言相互配合的重要性，抒情文字语言不要越位，解说词不要使用触景生情法。本章重点之一是视频抒情的写作技巧，应当学会运用比拟、对比、放大细节、反衬、计算、总结、搭建结构等方法完成情感表达。本章重点之二是片尾抒情，学会用字幕交代事物结局，恰当援引艺术作品，用环境声延长解说词的韵味，用歌声配合主持人的出镜陈词，用镜头语言外化解说词的含义。

视频抒发情感，是视听合力作用，多角度、多元素、多方位形成情感共振。画面通过摄制手法构造传情基础，音频通过环境声、配乐、音效烘托情绪，作用于听觉系统的文字语言和作用于视觉系统的字幕语言直接表意，三大方面缺一不可。而其中，唯有文字语言是精确表达，所以暴露无遗，最容易显现出问题。

一、视频抒情的基础

在绝大多数情况下，视频抒情要以故事叙述为前提条件。故事可以是事实，也可以虚构。但无论是真实故事还是虚构故事，都可以为视频抒情提供动力。

2002 年夏天，美国魔术师大卫·科波菲尔来华做电视表演，其中一个魔术是"爷爷的车牌"。一开场，科波菲尔就开讲爷爷的故事，说爷爷不支持他做魔术师，两人闹了矛盾，爷爷一直不和他说话。有一天，科波菲尔把自己的演出票悄悄放在爷爷桌上，演出的时候，他太希望能看到爷爷。但直到表演结束，他都没看见爷爷，伤心极了。但晚上回到家，他竟发现那张演出票已经被撕去了副券，原来爷爷偷偷地去看了他的魔术表演。科波菲尔又说，爷爷买过很多彩票，希望能中奖，买一辆轿车，但直到去世都没能如愿，只留下一副他自己制作的车牌子。科波菲尔让现场观众随意说出几个数字，并把数字写在黑板上，然后他从保险箱里拿出爷爷的自制车牌，观众大惊，因为车牌号和现场观众写出的数字一模一样。此时，科波菲尔说："我爷爷一辈子也没能猜准过彩票，而这一次，他猜得真准。"全场掌声雷动，许多人流下热泪。

这个故事肯定是科波菲尔编的。他在表演另一个魔术"爷爷的纸牌"时说，当他选择魔术表演作为终身职业时，"除了我爷爷，大家都认为我疯了，只有他不时地给我鼓励"。在这个表演中，科波菲尔说他10岁时从爷爷那儿学会了纸牌魔术，四张A可以随意挪位，他答应爷爷，有朝一日成功了，一定要在电视节目中表演他的纸牌魔术，但是自己还不成气候时爷爷就过世了。于是，他仰头对天说："爷爷，如果你能听到我的话，今晚我就要实现我的承诺。"观众只听到故事，还没看到表演，就已经感动不已，用掌声欢迎科波菲尔跑上舞台。

或假，或真，总之故事给科波菲尔的抒情提供了充足保障。

1. 故事陈述具有完整性

1991年7月11日，刚从石家庄装甲兵指挥学院毕业的周丽平被分配到南京军区的某坦克装甲步兵团任见习排长，恰逢皖苏浙遭受百年不遇的洪灾。当晚，周丽平坚决要求随队奔赴抗洪救灾第一线。在连续奋战八天后，他在淮河流域为救援装满救灾物资的水泥船而遇难牺牲。

请看一个星期后的一条电视简讯：

> 7月26日中午12点，一位身材瘦弱、胸戴白花的老妈妈，带着满脸热汗，挪着沉重的步子，在两个姑娘的搀扶下，缓缓走进颍上县救灾接待室，把一个写着"献给颍上灾区"的红纸包递给副县长杨传文。

简讯交代了老太太的红包里有500块钱，却没有介绍她是谁，为什么胸戴白花，为什么一定要来安徽阜阳市的颍上县来捐款，又为什么捐款额那么少。这段解说词之所以没能迸发出足够的抒情力量，正是因为捐款故事叙述的信息不完整。老太太是周丽平的母亲，白花为儿子而戴，颍上县就是周丽平的牺牲地，而老太太并不富裕。想一想，如果这些至关重要的信息一同出现在解说词里，这段文字会获得多么大的力量。让人不能理解的是，这些信息居然被忽略了。

2. 故事陈述的实在信息充足

2019年，《脱口秀大会》第二季在腾讯视频上传新节目，王思文讲述了姥姥的故事。其中姥姥喝咖啡的段落，声情并茂，让人笑个不停。

我妈在广东做生意，经常给家里寄来一些新潮的东西，比如说音响、随身听，有段时间还寄回来几罐咖啡。但那个咖啡寄回来了大家都不知道该怎么喝，就在柜子里放了一年多。然后有一天突然之间我姥姥把那个咖啡拿出来，我姥姥是四川人，看着咖啡就说，这个咖啡都要过期喽，明天都给我喝咖啡！（大笑）但是没有人愿意喝咖啡，懂吧，然后我姥姥只能自己喝。

从那天开始，每天早上，我姥姥会拿一个绿色的搪瓷碗，冲满满一碗咖啡，又苦又浓，抱着那个碗倒吸一口凉气，哦——（大笑）你妈妈一天天买这些东西浪费钱，哦——呵——一饮而尽啊（大笑）。

然后那段时间我经常看到一些很诡异的画面，就是我姥姥坐在那儿，面前放了两根油条和一碗咖啡（大笑）。你就看她满脸痛苦把那个油条往咖啡里面撕呀，一边撕一边说，老天爷啊，哪个让我受这个洋罪嘛！（大笑）

我还劝她，我说你不喜欢喝咖啡你就不要喝，亲戚朋友来给他们喝。你不懂，这个咖啡好贵哦，给他们喝都是浪费。

后来有段时间我姥姥生病了，然后医生给她开了一些中药，我姥姥当时端着那个中药还要尝一口，是这样，吼吼吼吼，这个中药味道还怪好，比那个咖啡好喝多喽！（大笑）

两罐咖啡，我姥姥整整喝了一个多月，每天都非常痛苦。

就这她出去还要给人炫耀，我女儿买的那个咖啡好啊！喝了好有精神，干活好有力气，好！（大笑）结果我妈一回家，看我姥姥天天给别人炫耀咖啡，我妈说，妈，你这么喜欢喝咖啡再给你寄几罐。不要喽不要喽，浪费钱。我妈说，给你买啥都说浪费钱，最后还不是用得很开心！这个咖啡是真的不要喽（笑），女儿啊，妈妈这一辈子吃了好多苦（大笑），都没有这个咖啡苦。（笑）我妈说，你懂啥，人家外国人天天喝咖啡。我姥姥教育我，文文啊，听到没，好好学习，外国人为什么生活过得好，都是因为能吃苦哦！（大笑）

一件件姥姥喝咖啡的难忘趣事，为最后的深情怀念铺垫好基础。在叙述其他事情时，仍不忘呼应咖啡信息，使咖啡话题成为一条不断的线索。

> 她特别喜欢到大城市来跟我们一块儿住，然后我姥姥特别喜欢大城市的一切热闹的东西，但她有时候对大城市的这些东西，也不太理解，大家的生活方式，她都想不太明白。有一次在大街上她就问我，那么多人排队是弄啥？我说，那是星巴克，排队买咖啡。啊？（大笑）疯喽疯喽，快走！（笑）

最后，王思文话锋一转，表达对姥姥的思念，让大笑的受众顿生悲情。

> 我觉得我姥姥在的地方总是充满了欢声笑语，但是去年她去世了，享年91岁。就是，我一直想在脱口秀里面讲讲我姥姥的故事。我姥姥年轻的时候，她是一个建筑工人，每次工地下雨的时候她就在屋里面跟她的工友们讲故事、说笑话，逗得大家哈哈大笑，然后我姥姥会拿个帽子，听完了给钱（笑）。我觉得我姥姥真的是中国初代脱口秀演员。我觉得我今天能站在这里讲脱口秀完全是因为我姥姥的遗传，她真的比我好笑太多了。可能是因为性格的原因，<u>我姥姥可能这一辈子都不知道什么叫作孤独，但是她走了后我们都非常孤独，所以我想跟我姥姥说，我们都很想你，愿天堂里没有咖啡。</u>

天下最有力量的催泪设计，就是在幽默中安排苦涩，让喜剧中突现悲情。有了最后的抒情，前面所有笑话都化作温情，而前面所有的故事都是抒情的依据。

二、直接抒情与间接抒情

一条行文线，前后分为两段，前段主要是叙事，没做抒情处理，后段完全是抒情，不含叙事信息，这便是直接抒情。所谓直接抒情，指的就是后段融情于理、直抒胸臆，因为处在段落结尾，给人印象深刻，鲜明而浓烈。

在同一条行文线上，叙事展开后，抒情随即与之交织，且叙且议，这就是间接抒情。它没有前段后段之分，而是相互缠绕、共同演进。由于不能始终热烈，避免过度，它是融情于事，给人的感觉是含蓄而淡然。

1. 直接抒情的应用

《让历史告诉未来》中有这样一组镜头，青藏高原、一段公路、一块巨大的岩石横亘在眼前，其解说词如下：

> 1975年，这里发生了一次大滑坡，10位坚守着自己岗位的年轻汽车兵被滑动的山体掩埋了，他们的身躯从此和山崖铸合在一起，大山从此有了灵魂。<u>每当过往的汽车兵看见它，就像看见10位战友永存的微笑。</u>

画线部分之前是叙事，撰稿人用"他们的身躯从此和山崖铸合在一起"打下伏笔，显示动人要素，却暂时不动声色。画线部分是直接抒情，因为水到渠成，抒情一句话兜底。

直接抒情也可能是全篇叙事后的最后段落，它可以是解说词，也可能是字幕语言。香港电台电视部制作的"杰出华人"系列专题片《赵无极》，通篇讲述了抽象派旅法画家赵无极的故事，结尾是赵无极在画室外的池塘边观鱼，当画面上出现睡莲下的游鱼，睡莲和游鱼之间便次第出现手写体毛笔字幕。

> 我不怕老去
> 也不怕死亡
> 只要我还能拿画笔
> 涂颜料
> 我就一无所惧
> 我只希望能有足够的时间
> 完成手上的画
> 要它比上一幅大胆
> 更自由

墨迹逐句浮现在水中，有横进，有淡出，犹如浮游的蝌蚪，或左或右，或上或下，诗情画意油然而生。

还有一种直接抒情法，前段是作品内容叙事，后段是评论者感叹。

2004年7月，崔永元摄制的《电影传奇》中的《铁道卫士：抓特务》一集在央视综合频道播出，其中有一个2分17秒的段落是暗藏在大陆的特务偷偷聚会，为美军即将攻打满洲里和北京感到欣喜若狂，纷纷展望变天后的美景。直到此时，全是黑白画面，忽然传来敲门声，特务头去开门，画面变为彩色，崔永元微笑着走进屋，看了一眼特务们围坐的餐桌方向，感叹说："嚯，都是腕儿呀。"然后对镜说出下面这段话：

> 只有小演员，没有小角色。过去拍电影的时候，别管你是多有名的演员，都会根据影片的需要，去串演各种小角色。现在，这样的事儿少喽。

说罢，他再次扭头望向餐桌，餐桌旁所有特务不见了，只留下几个大茶碗，彩色画面上叠加出老电影《铁道卫士》中大明星串演小特务的黑白影像。这个时候，受众可能才意识到，刚才在餐桌旁扮演特务的都是今人，这是一场出神入化的时光穿梭。

这种特殊的立体式直接抒情，前段叙事由再现表演完成，后段抒情是主持人的哲理小议，外加朴素的家常话。

要注意的是，无论采用哪种直接抒情方式，视频的直接抒情写作都必须在叙事段落做好暗示和预备，以便让最后的抒情顺理成章。

2018 年 7 月 23 日，央视网纪实频道《纪录片编辑室》推出《我们的 40 年》第一集《今天很好看》，它以意大利导演米开朗基罗·安东尼奥尼（Michelangelo Antonioni）1972 年摄制的电影纪录片《中国》片段为画面，讲述中国人的衣着变化。

> 虽然这是一部彩色电影，但是给人的观感，这似乎是一部黑白电影。
>
> 这是因为，镜头里人们的衣服，缺少色彩，太显单调了。
>
> 南京路是上海一条最繁华的商业街，而这个正在扫地的环卫工，衣服破旧不堪，却和周围的环境并没有形成强烈的反差。与其说这个骑车的老人衣服上打补丁，还不如说，这是一件用补丁缝制的衣服。一群小学生排着队走来了，他们当时穿的衣服和现在孩子的着装怎么比，没法比。拍摄这些电影镜头正是春夏之交的季节，正是姑娘们穿漂亮衣服的时光，这三个姑娘，只是穿着很简朴的白衬衫逛街。

这是叙事段落，为最后的直接抒情做好了充分的预备。可以看出来，叙事过程中确有情感显现，但纯粹的抒情在段落的最后一句。

> 从 1972 年到 2018 年，中间，也就相隔了 40 多年，当年的青少年成了当今的中老年。<u>虽然这只是一代人的记忆，却是恍如隔世。</u>

同类叙事信息第一次出现，我们直称为信息，其再次出现，那是强调，而第三次出现，却已是积累。没有足够的积累，直接抒情会缺乏理由。

2. 间接抒情的应用

重申一下间接抒情的特征，即在叙事进程中凸显动人要素，夹叙夹议。

2018 年 6 月 30 日，新华社新媒体《国家相册》系列推出第 97 集《信仰的力量》，作为纪念中国共产党第六次全国代表大会 90 周年的特别节目。首先，设置悬念：

> 这栋楼房毫不起眼，却牵动过两国领导人的目光。2010 年，时任国家副主席的习近平访问俄罗斯，向普京提出，重修这栋楼。这是一栋什么样的楼，竟让习近平如此挂念。

答案是，90 年前中国共产党第六次全国代表大会曾在此召开，那是唯一一次在国外召开的全国代表大会，也是最惊险曲折的一次党代会。

> 从 1928 年 4 月开始，六大代表分批秘密出发，踏上了一条险象环生的旅途……周恩来、邓颖超扮成一对古董商人夫妇，结果在大连被警探围住，一个警探甚至叫出了周恩来的名字，但周恩来泰然自若，警探最后又动摇了自己的判断。那两个小时，是未来的共和国总理人生中最惊险的时刻之一。瞿秋白的妻子杨之华负责哈尔滨接待工作，单个来的男同志，通常由她带着女儿瞿独伊一块儿接送，那年瞿独伊只有 6 岁，母亲教她，有人问，就说是爸爸。

先举一个化险为夷的例子，再举两个动人的例子，情感融汇在字里行间。

> 有些人倒在了赴会之前，六大筹备组成员罗亦农被叛徒出卖，于 4 月底英勇就义，他的新婚妻子李文宜藏身在一艘货船的底舱，踏上赴会的征途，陪伴她的是丈夫的一纸遗书。
>
> 1928 年 6 月 18 日下午 1 时，中共六大开幕了，142 位代表齐唱《国际歌》，那些牺牲战友的面孔仿佛又闪过眼前，有的代表不禁失声痛哭。
>
> 六届中央政治局委员、候补委员 14 人，他们的人生轨迹各不相同，有 8 人壮烈牺牲，4 人可耻地当了叛徒，只有两人走进了新中国。

从揭开悬念开始，抒情调性已经浸透在平实的语言中，没有任何一个段落是毫无叙事信息的纯粹抒情。

再请看北京木子合成影视文化传媒公司2019年上线的科学纪录片《影响世界的中国植物》第二集《水稻》中配以钢琴音乐的这段解说词：

这朵稻花的花药也是刚刚探出头来，这6个花药却飘在空中，没有下坠的迹象。像是一个来自大自然的残酷玩笑，她的花药中没有花粉。作为自花授粉植物，一粒花粉也没有，也就没有了生命繁衍的可能。出于本能，她还是开了花。出于本能，她还是开始了等待。其实等待的不只是她，这里有着整片的没有花粉的水稻，她们都在等待着，坚持着。

画面：一组极其抒情的稻田美景，镜头从各个角度拍摄微型无人机吹动稻田的景象，音乐激昂向上。

风来了，风中含有大量的活性花粉，这些花粉，是哪里来的呢？

镶嵌种植在大面积没有花粉的不育水稻中间的，是一排一排正常的水稻，无人机产生的风力，将正常水稻的花粉吹散开来，送给不育水稻。

到底是为什么，要将大片的不育水稻和正常水稻聚集在此呢？

这一大片稻田中正在进行的，就是誉满天下的杂交水稻制种。

授粉之后的水稻将开启她生命的最后一段历程。在这个季节，水稻开始面对生命中越来越多的离别。

叶片开始最先退场。从底部开始，叶片渐渐停止工作，开始变得枯黄，第13或第14片叶子，次第退出，为植株节省能量。只有最上面的几片叶子，依旧挺立。这些叶子光合作用产生的葡萄糖，被源源不断地输送到授粉后的稻穗中。这些葡萄糖在颖壳中被压缩成淀粉，储藏起来，为种子的休眠和萌发期储存能量。

大约45天的时间内，稻穗上的上百个颖壳逐渐被淀粉充满，就像是母亲在给远行的孩子准备行囊。整个植株从稻穗到叶片再到茎秆，都变得枯黄，她将所有的能量都给了种子。寒冬将至，她也许无法抵御风雪的摧残，只希望来年春暖花开之时，种子能给自己的生命一个新的开始。

将所有植物统统拟人化，统称为"她"，在叙事中赞誉生命的顽强，讴歌上一代为种子作出的无私奉献，她们像母亲一样牺牲自己，送子女进入未来。受众听到这样的叙事，已经受到感染，无须撰稿人在段落结尾做出总结。

三、视频抒情在多种元素配合中完成

如前所述，视频是运用综合语言，叠加传递多种信息，它包括如下元素：

（1）镜头语言

（2）环境声语言

（3）各类同期声语言

（4）旁白

（5）字幕

（6）音效语言

（7）音乐语言

其中，文字语言的表现形式只有旁白和字幕两种，而抒情文字并不总是居于综合抒情信息的统领位置，它需要处于配合状态的其他抒情元素助长其效。所以，视频抒情并非只依赖写作而存在，它是电子编辑的结果。

1. 抒情文字语言不要越位

如果视听抒情信息不充分，旁白当然要起主导作用。但当视觉元素和其他听觉元素足以带给受众一定的抒情信息，抒情文字只需传达自己应该传达的信息，不必抢功，去侵占别人的领地。

2006 年，央视播出大型系列专题片《新丝绸之路》，在第四集《一个人的龟兹》尾部有这样一个段落：

鸠摩罗什在长安圆寂之前曾对弟子们说：我自知愚昧，只是滥充传译，但愿所译出的经典都能传之后世，到处流传；我所译出的经典，如果都不失佛意，在我的肉身焚化后，舌头不会焦烂。

据《高僧传》记载，当他圆寂以后，弟子们依照佛礼，予以火葬。

解说词到此为止，随后画面上金黄的烈火渐散，日本古籍中露出"唯舌不灰"四字，伴以空旷高远的圣洁和声。

这个画面持续了 8 秒钟，镜头向"唯舌不灰"四字微微推近，四字处光线渐渐调亮，音乐做了情绪延长，此处已经不需要抒情文字。

2.解说词不要使用触景生情法

在视频作品中，静景中的情愫和动态环境中的氛围完全可由画面和其他声音手段表达，旁白不要画蛇添足，应该戛然而止。

专题片《竹——说竹论美》在介绍了竹子的一些特点后，画面中有一只竹筏沿溪划向竹林深处，解说停止，让受众静静地领略眼前的美景。

艺术心理学和电影接受美学将这种授受效果称为"空筐效应"，前面的解说词为受众编好一只空筐，至于筐里面装什么东西，受众自己决定，撰稿人不要把筐填满。当解说词写到情绪饱满的时候，撰稿人一般也不再过分渲染，让文字语言停止在景致画面之前，将情绪解释权留给受众，由他们自己去体味。

再看《新丝绸之路》第九集《十字路口上的喀什》尾部的这个段落：

> 100多年过去了，探险家斯文·赫定的遗迹，早已被历史所封存。今天的喀什，作为地处新丝绸之路的十字路口，它的变化，标志着这条商路的再度复兴，也意味着丝绸之路的，重新崛起。

解说词停止，新疆弹拨器乐仍在继续，一位维吾尔族老人站在画面核心，一大排绿色出租车由其身后极速驰过，在他前面相向而行的年轻路人，都因为行速太快化为恍惚的人影。

这个画面持续了11秒，老人一动不动，他是否象征着古老的商路仍在，他身处的环境是否象征着日新月异，这些皆由受众自己去理解。总之，撰稿人已缄口不语，让景致自己说话。

在视频作品中，寓情于景和借景抒情法，一般都由画面和非旁白音响最终完成，文字语言的作用只是它们的引子。

四、抒情支点的确立

视频抒情必须拥有一个值得抒情的支撑点，这需要发现和整理。

2021年6月23日，广东电视台电视新闻中心曾小强工作室的《小强快评》在抖音发布《深圳确诊阿婆的流调里，藏满"深漂"的奋斗和心酸》，它没有像其他媒介那样抨击64岁的确诊阿婆和35岁的萧先生传播病毒，而是发现他俩与当时几座城市中出现的传染源不同，他们不是在逛吃逛喝，而是在劳作和奔波。

阿婆的流调却让人直呼心疼，从 6 月 14 号到 22 号，刘阿婆不仅要去医院照顾生病的丈夫，回家带孙女，忙家务，还要在女儿开的老四川餐厅帮忙。其实，刘阿婆的活动范围只有三个地方——医院、餐馆，还有家，而餐馆和家还在同一栋楼的一二层，也就是说除了去医院看护丈夫，她的日常生活几乎不超出餐馆所在的这栋楼。我查了一下宝安区人民医院距离她工作和居住的东福围西街大概18 公里，地铁加上公交转乘至少需要一个小时。6 月 14 号，刘阿婆早上从福永赶去宝安区人民医院陪护丈夫，又在中午时分匆匆赶回，一直工作到晚上餐厅打烊。没有早茶，没有广场舞，没有任何娱乐，本该安享晚年的年纪却还不能松口气。不难推断出，刘阿婆是跟女儿一起从四川来深圳打拼的"老漂一族"。

像刘阿婆一样的"老漂族"还有许多，他们放心不下儿女来到大城市帮忙照顾儿孙，操持家务，但又想补贴家用，于是肩负起了环卫工、保姆、帮工这些力所能及的活儿。

而在另一份流调里，35 岁的确诊病例萧先生，每天都在上演着"双城记"。

萧某家住在东莞南城，却在深圳南山上班，两地相隔超过 80 公里，算下来每天往返的通勤时间接近 4 个小时。在 6 月 14 号到 17 号确诊前，他流调的地点集中在东莞南城的家里、附近的托幼中心，还有南山后海的办公室。从这个轨迹当中我们不难想象，这是一位处于工作和家庭双重压力下的父亲。35 岁的男人，上有老下有小，一肩担事业，一肩还要托举起这个小家的全部梦想。

但其实，不论是刘阿婆还是萧先生，他们忙忙碌碌的身影，不过是"深漂"的日常罢了。很多网友自嘲：我们不是在打工，就是在去打工的路上。深圳是一座奋斗的城市，不分年纪，不分地域，无数的人都来到这里打拼赚钱实现梦想。紧凑的三点一线，长年的背井离乡，养家糊口的重担都是他们在默默承受。过去40 年，深圳的GDP 涨了 1.3 万倍，也正是无数的普通人挥洒着汗水和泪水，这样用力地在生活，才换来今天深圳的发展奇迹。我想，深圳也绝对不能遗忘和丢弃这些来自天南海北的城市建设者。

由一女一男、一老一少、一个家务助手一个家庭顶梁柱入手，展现他们的艰辛不易，以此为支点，推及所有来到深圳的打拼者，将深圳奇迹归功于他们，呼吁理解，拒绝无妄指摘，辞顺而理正。

撰稿人对抒情支点含义的整理非常重要，支点是一个故事，故事的哪一点是抒情的着力点和方向，这是关系到抒情质量的大问题。

2021 年 10 月 7 日，抖音的一则视频《我不是故意保密，我只是没说而已》回顾了英国广播公司 1988 年的一场群访节目。节目的主角是坐在观众席中的一位老人，起先受众不可能特别注意他。

老人名叫尼古拉斯·温顿。1938 年，他还只是一个 29 岁的普通英国青年，却在第二次世界大战时从死人堆里，救出了几百条生命。在战乱中他悄悄帮助 669 个捷克儿童逃出纳粹集中营，安排 8 趟列车将他们送往英国，拿出自己全部的积蓄，为他们找好新的家庭，让这些孩子活下去。

他以一己之力拯救 669 条生命，最黑暗的时代里，温顿让人性的光辉，发亮到了极致。但是，他却把这段故事和全部的资料全都锁进了一个箱子里，随手一扔，扔进了地下室，一个积满了灰尘的角落里，整整 50 年他没有跟任何人提起这件事，哪怕是他最亲密的人，他也只字不谈。他把自己隐藏在人群中，仿佛地球上这个故事就从来没有发生过永远消失了一般。

直到 1988 年，温顿的妻子在打扫地下室的时候不小心踢到了一个旧箱子，当她打开箱子看到里面一张张孩子的照片、一沓沓获救的名单，这扇秘密的门，才终于被打开。当秘密打开时，门外站着的全是泪流满面的人。

BBC 得知此事后，邀请温顿来参加一档电视节目，主持人在台上慢慢地讲述当年的故事。忽然她提高音量，冲着观众席喊，请问现场有谁是温顿先生救过的孩子？哗啦一声，在场所有的观众，<u>齐刷刷地</u>全部站了起来。

那一刻，仿佛全世界都记着，只有他自己忘了。

当年那些一脸迷茫走下火车的孩子们，如今都已年过半百，白发苍苍。这 50 年来，他们甚至都不知道有这么一个人，曾经为了让他们活下去，用自己全部的力量，来对抗一整个时代的黑暗，在点亮了他们的生命后又悄悄地藏身暗处。

秘密揭晓了，荣誉瞬间涌来，英国女王亲自封他为勋爵，捷克领导人授予他最高荣誉，伦敦车站为他塑起了雕像，甚至，太空中的一颗行星，都以他的名字来命名。可是温顿却一如往常，平静。他说，做好事，不是为了让人知道，我不是故意保密，我只是，没说而已。

2015 年，温顿先生安详离世，享年，106 岁。

在善良的路上，可能孤军奋战，可能越走越孤单，但他仍然，永远，都值得我们选择。

先说视频的一个瑕疵，视频中用"齐刷刷"描述现场观众起身致意，但画面上看到的却是"参差不齐"地站起来，声画不一致。感激未经排练，不会整齐划一地精准做出同一个动作，哪怕是万分感激。不应该脱离画面语言的确定性，去拔高一些理性化的信息。

要特别赞誉的是，该视频的最高抒情点不是拯救，而是如此伟大的拯救却觉得没必要告诉别人。

五、情绪适当

可以说，众人表达感激一定"齐刷刷"就是撰稿人理解上的情绪不当，它过度强调了感激的仪式感。不过，这只是微弱的不当，严重的不当要过分得多。它主要表现为抒情时机不当和用语严重过度。

1. 不以直接抒情开篇

开篇即抒情，多半是撰稿人自己的情绪被故事内容激荡，压抑不住地先喊出来为快。遗憾的是，受众并没有听到故事，视频尚不具备抒情基础。于是，撰稿人白激动了，受众很有可能因为不知所云而没耐心等到故事出现便告辞了。我们前面已经说过，直接抒情必须以故事叙述作为前提，间接抒情是伴以故事叙述出现的，没有故事信息的抒情不能成立。

值得注意的是一种例外情况，即具有共知基础的抒情对象，一开篇便去讴歌它是可以接受的。例如《话说长江》第一集《源远流长》开篇便吟诵道：

> 陈铎：您可能以为，这是大海，是汪洋吧？不，这是崇明岛外的长江。
>
> 虹云：您可能会联想到，长长的飘带，洁白的哈达。是啊，多么美呀！这也是长江。
>
> 陈铎：如果说是三级跳远的话，那么，我们刚刚从长江的入海的地方起跳，中间，在三峡落了一脚，现在，已经跳到世界屋脊的青藏高原了。
>
> 虹云：长江就是从这儿起步，昂首高歌飘逸豪放地，奔向太平洋。
>
> 陈铎：长江在这个世界上，已经生活了千千万万个春秋，可他还是这样年轻，这样清秀，他总是像初生的牛犊一样，不知疲倦，永远充满着青春的活力。

长江是人所共知的大河，其古老、其长、其大、其势、其生生不息，毋庸介绍，可以直接感叹，受众会心领神会。新千年也是一样，这是人所共知的一个时间概念，临近它时，它是街谈巷议的话题，因此央视《相逢2000》的24小时直播开场也是直接抒情。

> 白岩松：我身后是世界上最高的山——喜马拉雅山，在水均益的背后是世界著名的瀑布——尼亚加拉大瀑布，组合在一起也就是我们面对 2000 年的一种祝愿，山水相连，四海一家。
> ……
> 水均益：说起来真是让人有很多的感慨，就在 100 多年前，著名科幻作家凡尔纳写过一本著名的小说《八十天环游地球》，在那个时候，80 天环游地球是一个幻想，是一个奇迹，而在今天，这早已不是科幻而变成了历史。比如在我们 24 小时特别节目中，你就会在 24 小时内环绕地球，并感受到各国走进千年的盛典。从某种角度说，这一个 24 小时的屏幕变换，浓缩的也许就是人类文明前进的脚步。

白岩松把对时间的抒情转化为空间抒情，其中包含着两个具象地标，使得开篇即抒情避免了空洞。水均益提及历史上的名著对时间的幻想，与人类今天的行动速度进行古今勾连，同样避免了泛泛而论。这是一个提示，即使是对拥有共同认知基础的事物开篇便抒情，但抒情中一定要有实在信息。

2. 抑制情感烈度

《西藏的诱惑》开场便放响歌声《朝圣的路》，画面上是一位老喇嘛和两名小喇嘛在风沙中行进。当云海、佛塔、大昭寺、雅鲁藏布江、绵延的山路、甘丹寺、刻有经文的牛角一一出现，解说词是一股脑儿的排比句：

> 我向你走来，捧着一颗真心，走向西藏的高天大地，走向苍凉与奔放。
> 我向你走来，捧着一路风尘，走向西藏的山魂水魄，走向神秘与辉煌。
> 令人神往的西藏啊，多少人向你走来，因为西藏的诱惑，因为那条绵延的雪域之路。令人神往的西藏啊，多少人向你走来，因为西藏的诱惑，因为神奇的西藏之光。

对于西藏，起首直接抒情不是不可以，但是用语不能如此空泛，用情不能如此激昂。一般而言，视频作品的抒情都只是朴素表达，不过多使用形容词和感叹句。堪萨斯大学广播新闻学教授马克斯·乌茨勒（Max Utsler）说："优秀的电视写作不是辞藻的堆砌，而是画面与文字完美的结合。"[1]

在视频的综合语言体系中，其他语言越是浓烈，文字语言越需要淡然；文字语言越是淡然，其他语言越会显得浓烈。如果文字语言与其他语言顺拐，抒情手段就用力过猛了，会带给人不适的感觉。

为视听节目撰稿，如果全无意识让用稿者在激动时刻抑制情感，就很容易为他们写出缺少实际内涵的大词，让他们连篇累牍地说些没有实在信息的空洞大话，这是在浪费受众的时间。

3. 朴素而实在的抒情表达

语言有内在含义和外在形式，最佳的语言表达是内在含义充实而外在形式简单，最糟糕的语言表达是内在含义匮乏而外在形式奢华。

当配乐音量超过寻常，解说词用大段议论式语言取代了细节记述，其外部形式会明显变得规整，连连使用排比句和大量形容词副词，甚至引用诗词，而配音员使用的是常人不具备的完美、激昂、深情的声音，这时候视频作品便会呈现出复杂而表面化的激情，其中反而没有打动人的实在信息。

我们不应该在语言的外部形式上浪费精力，应该避免对视频抒情进行奢华表达，用质朴而实在的言辞表现深刻的情感。

2012 年，笔者为凤凰卫视撰写医学史专题片《生死相托——北医的一个世纪》第三集片尾时，曾这样赞誉北京大学医学院老院长胡传揆教授：

> 1976 年秋天，胡传揆在大街上昏倒，苏醒后写下遗书。"遗体做病理解剖后，充分利用其他组织和骨架，以利教学"。于是，他就这样站立着，成了北医和北大医学部的标本。他只是一副骨架，却永不腐朽。

对于这位把一切献给了医学事业的圣人，要是使用大词，应该说"永垂不朽"，但它太常见了。笔者的用语是"永不腐朽"，它针对骨架而出，是特定语，很难和形容其他人的死重复。而"腐朽"是贬义词，加上否定词"永不"，才扭转为正面肯定，因此它不是大词。这种寥寥数语，针对实在信息而引发评论，笔者称之为宁静的内敛式抒情。

2014 年 5 月 18 日，上海电视台纪实频道播出《大师》中《林巧稚》下集，其

---

① 里奇. 新闻写作与报道训练教程：第 3 版［M］. 钟新，主译. 北京：中国人民大学出版社，2004：286.

片尾解说词如下：

> 这一年她得了脑血栓，一病不起。这位为保障妇女儿童的健康、提高生产和生命的质量而奋斗的科学家，这时却开始了一部大书的写作，《妇科肿瘤》。她在轮椅上、病床上，用四年完成了这部50万字的专著。这是她一生奋斗的最后努力，因为妇科肿瘤曾经让她看到很多人生的痛楚，伤害过很多女性的生命。
>
> 书完成了，林巧稚却走了。
>
> 音乐起。
>
> 1983年4月22日清晨，林巧稚在昏睡中发出呓语，急促地叫喊，"产钳！产钳！快拿产钳来"。她慢慢地平息下来，过了一会儿，她的脸上露出一丝微笑。"又是一个胖娃娃，一晚上接生了三个，真好。"这是林巧稚留下的最后的话。

这是间接抒情做结语，这里没有华丽的辞藻，只是平实的信息记述，却像是字字都在赞誉。试想，如果以情感过激的抒情语言完成这段记述，会不会适得其反，远没有情感适当的抒情语言力量大？

六、视频抒情的写作技巧

在研习过抒情文字写作的相关原理之后，我们多用一些篇幅来谈谈一些具体的写作技巧，以备实操之用。

1. 比拟，可变抽象为具象，可化有形为无形

抒情很怕空洞虚无，如果想让抒情信息变得形象，拟人仍是一个十分见效的办法。1958年冬末春初，荷兰纪录片大师尤里斯·伊文思（Joris Ivens）来到中国，拍摄纪录片《早春》。他赋予抽象的季节概念这样的视觉形象：牧童赶着水牛，踏碎水田上的薄冰，慢慢犁开土地。他的旁白是："春天，在江南的田野上，移动着她的脚步。"把没有生命的抒情对象比拟成各种生物，当后者呈现出来甚至行动起来，可视可感的局面就诞生了。

大多数情况下，视频抒情需要变抽象为具象，就很容易被理解了。

2001年，笔者为凤凰卫视撰写系列专题片《清华名人录》的《乔冠华》一集。片尾要感叹乔冠华的晚年境遇，那本应该是抽象表达，编导和笔者却用乔夫人提到的一棵梨树作为象征，具象表达了伤感。

那绝对是乔冠华外交生涯中的绝对高峰，而此后，他沉寂了下来，世间的一切都会引起他的无限伤感。

乔夫人章含之：当时那边有一棵老梨树，好像半死不活了，后来我就让外交部的总务司，我说把那棵树挖出来，换一棵新的梨树。可是种上他一，他一看见，他说，为什么要把这树挖掉？后来我说这树不行了换一棵新的，当时他就，蛮伤感的，<u>他说你们把，还有生命的东西就给挖掉了。就蹲在地上就看，说它还有生命呢，你就不要它了，</u>毕竟在你的院子里待了这么久了，你说不要它了就不要它了，然后他就在那个角落里头，就在那个，那个西边的那个角落里头，那是最背阴的一个地方，没别的地方了，他说你就给我种在这个地方吧。

乔宅这棵梨树是乔冠华之所爱。在他生前，梨树枝繁叶茂，年年花开。但他去世后，这棵树，好似为主人而泣，竟不再开花。

乔冠华曾为悼念前任外交部部长陈毅写过一首诗，这首诗完全可以写给他自己："去年出国时，萧瑟门前柳。落叶下长安，共饮黄花酒。"

在视听综合语言中，用喻体意象描述本体状况，将受众很容易会意的信息进行不充分表述，完成含蓄抒情，产生意味深长的效果。

但在少数情况下，为了增加特殊的抒情效果，也可以反其道而行之，把有形物变换为无形物。2012年，央视播放《舌尖上的中国》第四集《时间的味道》，讲的是由各种加工手法制成的储藏食物，它们获得了与新鲜食品不同的味道。片子的结尾是这样的：

旁白：冬天，金顺姬在北京的家里，种下了从呼兰河老家带回来的种子，<u>电冰箱里也被来自家乡的味道塞得满满当当。</u>

金顺姬：每次回家，我都会带很多东西，基本上平时都舍不得吃。

旁白：女儿也要自己做泡菜了。这是盐的味道、山的味道、风的味道、<u>阳光的味道</u>，这也是<u>时间的味道</u>、人情的味道。这些味道，已经在漫长的时光中，和故土、乡亲、念旧、勤俭等情感和信念混合在一起，才下舌尖，又上心头。

按照正常文法，"电冰箱里也被来自家乡的味道塞得满满当当"应该是"电冰箱里也被来自家乡的美食塞得满满当当"，或者是"电冰箱里也充满了来自家乡的味道"。"塞满"对应有形物，可视可触及。"充满"对应无形物，可闻可感觉。但交叉搭配它们，用"塞满"对应味道，这是令人意外又可以接受的指代修辞，即不直接指出要说明的事物，而借用与它具有密切关系的信息来代替它，可以用事物的局部代替整体，也可以用食物散发的气味代替事物。于是，《时间的味道》这一集的标题就很吸引人，而结尾最别致的句子正是"电冰箱里也被来自家乡的味道塞得满满当当"。另外还有"阳光的味道"这个短句，体会一下，其中是否包含着抒情的意味，而且还很自然？

2. 对比产生情感

这是 2003 年的一条电视简讯，试着找一找，这是什么和什么做对比？

> 正当全世界都在等待伊朗连体姐妹分颅手术成功消息的时候，负责施行这一手术的新加坡莱佛士医院昨天传出噩耗，神经外科专家们在经过长达 53 小时史无前例的手术后，终于将这对 29 岁的伊朗连体姐妹的头颅分开，但她们两人也都因为失血过多而先后不幸死亡。

连体姐妹术后不幸死亡的消息和全世界的愿望是不是一种对比？能感觉到这种对比的极大反差形成的巨大悲哀吗？是的，这就是对比产生情感的范例，是视频写作实践中非常有效的抒情手段。

2020 年 7 月 5 日，"呼叫网管"账号在抖音上发布《现实，可以有多美好》，记录世上第一款色盲矫正眼镜问世后色盲人试戴时的情景。在激荡的配乐中，12 个人戴上矫正眼镜，第一次看到色彩斑斓的世界，震惊不已，其中 6 人哭了。在没有故事铺垫的情况下，抒情解说词让我们理解了他们的反应。

> 他们感动，流泪，手足无措像个小孩。只因你眼中的平凡世界，是他们从未见过的璀璨星海。有人问，现实，可以有多美好。我想，这，就是最好的答案。

当"他们从未见过的璀璨星海"与"你眼中的平凡世界"形成对比，经由一"问"一"答"，用户情绪受到强烈感染。

这个视频制作粗糙，却获赞 87 万，引发评论 2.5 万条。

3. 发现并放大细节

本书已经数度强调细节在视频作品中的重要性，对于抒情写作而言，细节发现及放大而产生的效能一样不可小觑。

我们说过，不要使用触景生情法，因为画面自带情感，文字语言不必画蛇添足。但这个论断的所指对象是整幅画面，如果整幅画面中含有某个细节不易被注意，而它又非常重要，那就必须采用咏物抒情法，以小见大，渲染情绪。

1986 年 4 月 26 日 1：23，乌克兰基辅以北 80 公里的切尔诺贝利核电站发生猛烈爆炸，造成举世震惊的灾难。我们来仔细看一看多少年后香港亚洲电视台《寻找他乡的故事Ⅲ》中《乌克兰 绝望的死国》描述切尔诺贝利核电站遗址的解说词，请注意其中的细节描写。

> 一个曾经住过 45000 人的现代化城镇，人，不再在这里生活，鸟儿也不再在这里飞过，这里再也留不住一丝生命，留得住的只是生活过的痕迹。
>
> 曾经载着无尽欢笑的摩天轮依然屹立空中，不知要到何年何月才会再次转动起来，不会再有巴士停站的巴士站，不会再有电话铃响起的电话亭，街上见不到被丢弃的垃圾，只见到生锈的物品。一个曾经衣香鬓影的演奏厅，气派依旧在，乐声不再闻。歌声没有，乐声没有，大自然的虫声、鸟声也没有。
>
> 一梁一柱，一下子未必就能被岁月埋葬，但是却埋葬了点点滴滴的回忆。每一间丢空的房子都只有往日的影子和我们今天的足迹。
>
> 这家人匆匆撤走之前，可能正在煮一顿丰富的晚饭。这个钢琴的主人会不会很后悔没想尽一切办法将这钢琴带走呢？一间学校，大门口放满匆匆留下的防毒面具，学生的欢欣和学习的气氛，并不会就此烟消云散，因为黑板上面还清清楚楚地写着："永别了，我的母校！请原谅我。1986 年 4 月 28 日。"

摩天轮、汽车站、电话亭、演奏厅、钢琴、防毒面具、黑板，所有这些视野范围内的细节都有一个令人怅惘的共同点，使用它们的人都不知去了哪里，而最后黑板信息的展开放大，挑起了更高的悲伤情绪，"永别了"三字击打着人心。

4. 用现实的哲理反衬理想化的情感

2021 年 9 月 11 日，"恩恩妈妈"账号在抖音发布《学会释放 学会控制，化懦弱为勇敢，变急躁为冷静，这也是格斗带给我的……》。请注意，格斗教练的哲理与善良小弟的天性之间，最先是一对矛盾。

> 片中的小男孩正在和教练进行格斗练习，他被要求一次次地撞击，一次次

地拍打，我们可以听到教练很大声地鼓励他，再来一次，用力点。可是很快，教练的鼓励声，就被小男孩的哭泣声，给掩盖住了。教练问他为什么哭，他哽咽地回答，我，我不想用力地打你。

教练笑了，对他说，我知道你是一个很善良的孩子，但<u>善良有时候会成为敌人攻击我们的武器</u>。每个人心中都住着一只羊，还有一头狮子，如果你一直将这头狮子藏起来，那么无论是在训练场上还是生活中，你都会输掉。我们再来一次，这一次请放出你的狮子。

可是第二次尝试，也没有那么顺利，小男孩哭得更大声了。

教练拍了拍他说，我知道很难，我也曾经和你一样，我不喜欢这头狮子带来的愤怒和生气的感觉，可是如果你不将这头狮子放出来，你将永远学不会如何控制它。<u>愤怒本身不可怕，不会控制的愤怒才是可怕的</u>。我们再来一次，记住你<u>可以生气，你也可以控制</u>。

第三次尝试，小男孩做到了，我们听到他一声声大声地呼喊，一次次用力地撞击和拍打。教练擦了擦还挂在他脸上的泪珠对他说，你做得很好，我感受到你的力量，也感受到你的控制，我知道很可怕，可这就是变勇敢的过程。

在这里我想对那些天生很敏感的孩子说，我知道你很善良，但该生气的时候请生气，该反抗的时候请反抗，唤醒你心头那头狮子，并学会驾驭它，善良也可以勇敢。

不是吗？在一些孩子身上，善良和勇敢是分离的，甚至善良到在练习中都不肯使用勇敢的力量。这种善良让我们感动，但关于勇敢的哲理同样会感动我们，并能说服我们，当我们看到善良小弟也接受了勇敢的信念，我们会为他高兴。他的善良将会用勇敢来保护，他的勇敢不会让他放弃善良，抒情就这样完成了。

5. 计算出来的情感

有一个叫海龙的流浪儿，曾被公安局收留，在那里住了 13 天。有警察给他买东西，吃好的，穿好的，有警察陪他玩儿，最后还送他上飞机回家。临走的时候，海龙立下壮志，长大要当警察。《本周》记述了这个故事，并用一组数字，做了这条简讯的结尾：

在小海龙告别这最快乐的 13 天的时候，让我们再回头看看他不长却不寻常的人生履历。4 岁，父母离异。9 岁，开始流浪。10 岁，被人贩子拐卖。11 岁，坐飞机回家。小海龙今年 11 岁，换算下来也就是 4015 天，这最快乐的 13 天只占他人生经历的千分之三，实在是太少了。

我们不妨为小海龙这样设计他今后的履历：11 岁，上学；20 岁，上大学；24 岁，大学毕业，实现自己的梦想，当一名警察。

数字本没有情感，可在特定的条件下却可以计算出深情。

《本周》报道过一对重庆老夫妻的故事：老太太重伤后成了植物人，老伴儿一直守在她身边，一守就是 30 年；老太太渐渐苏醒了，但她把过去的一切全忘了，不知道眼前伺候她的人就是自己的丈夫；看到这个人对自己这么好，她又一次爱上了这个人，有一天，她突然拉着老伴儿的手说："我想嫁给你。"于是，两位年迈的老人又一次走上红地毯。故事的结尾是这样的：

有人计算过，一个人对另一个人一次真诚的微笑，要动用面部 13 块肌肉，一个小伙子鼓足勇气对梦中情人说出"我爱你"，需要消耗掉吃 2 个苹果的热量，而要验证这 3 个字，就需要消耗整个的生命和全部的情感。

这是王阳用在报上看到的一组数字做出的评论，最后一句话听了让人动容，高效完成了抒情。

6. 用总结综述情感

《半个世纪的爱》中有这样一组画面，原副总参谋长王尚荣中将瘫痪了，坐在轮椅里，夫人黄克推着将军的轮椅在院子里转悠，她的眼睛仅有一点点光感。它的旁白是：

每天都是这样，夫人推着将军在院子里散步，10 年了，天天如此。
将军的眼睛还能看见，夫人的腿脚也还能走动。
于是，夫妇两人都有了能看路的眼睛和会走路的脚。

这样的抒情解说词，需要撰稿人在事实总结中找出关联逻辑，并用精准而清晰的语言表述出来。否则，作者不可能点明"将军还能看"和"夫人还能走"的组合，解决了"将军不能走"和"夫人不能看"的难题，也就不可能如此精妙地描述将军夫妇相亲相携的情感。

7. 搭建结构凸显情感

视频叙事的结构和层次感可以为抒情铺路，尤其是讲述悲情故事，合理的结构和层层递进的清晰环节可以很好地引领和调动受众的情绪。

请看这个简讯的开篇解说词：

> 昨天早晨，马洛理学院两名大二学生在匆忙中开始了一天。
>
> 朱迪·艾布拉姆斯头天晚上学习到深夜，所以睡得很晚。她飞快地喝下早餐咖啡，然后跳进车里。此时离9点的上课时间还有5分钟。
>
> 富兰克林·斯塔雷特没有时间吃早饭，他快速跑进汽车，向学校驶去。他9点钟与英语指导老师有一个预约。
>
> 启程几分钟后，他们的车在校区以南的斯坦福大街相撞了，两人严重受伤。

它的结构非常简洁清晰，两条线索上的人在同一时间干了什么，他们急匆匆跑在各自的线路上，却在线路的交汇点上成为同一个事件中的当事人。生活经验会让受众感叹，只需相差1秒钟，他们就不会撞在一起。于是，事实带来的遗憾会缠绕在受众心头，让他们觉得这就是命运。

搭建叙事结构时，必然要考虑冲突的展现、悬念的设置、叙述层次的安排，这些要素运用得当，非常利于抒情表达。

视频编辑必须形成足够的牵动力，吸引受众看下去，撰稿人必须紧密配合编辑完成这个重任。要知道，真正吸引受众的都是带有冲突的事件。而在冲突之中，人物的选择更能表现人物性格。于是，视频不得不使现实冲突更为显著，并用危急时刻来表现人物。因为冲突的戏剧性，大多需要极端化的表现形式。

2006年7月17日，《本周》播出专题新闻《找亲人》，节目主人公回忆唐山大地震后抢救一个少女的往事，人类与自然、人性与私心、肢体与整条生命的冲突残酷地呈现在他们面前，每逢一个冲突，都构成一个悬念，让人不可能不看下去，请特别注意它就冲突设置的层层悬念。

> 这里，是北京市东城区的一户军人家庭，聚在一起的是三位老战友，綦建前、李江南和谭明。30年前，他们作为新兵参加了唐山大地震的救援行动，在那次行动中，他们曾经救起过一个15岁的女孩。
>
> 李江南：我今年49岁了，就随着年龄的增长总爱回忆过去，一想我就想到

她。我总想知道，她怎么样了。（同期声大悬念）

　　30年前，当綦建前和战友们正在赶往救援地点的时候，突然，一位大妈拦住了军车。（旁白悬念）

　　綦建前：就从马路边，一下子就走到了车前面了，扑通就跪那儿了。她说你们要救我的女儿，我女儿还活着，我女儿压，被，被埋在废墟里面。

　　当时，领导决定，让綦建前、谭明、李江南等6名新兵马上跟这位大妈去救她的女儿，高玉凤。

　　綦建前：当我们，来到一个新盖的一个楼房面前，她说我的女儿就在这儿，她就喊她女儿的名字，而这个女孩就答应了。

　　他们寻着声音往下挖，终于看到了，右臂被压在层层水泥板下的高玉凤。

　　綦建前：被所有的水泥板都那么挤压着，那么交叉着，这之间的厚度有多少呢？得将近有，2米多厚，没有办法救出来她。关键急呀！有余震呀！

　　李江南：咣咣咣咣，咣咣咣咣。

　　綦建前：如果余震再砸下来，这个人就彻底不能生还了。

　　就在这个时候，高玉凤的妈妈镇定地做出了一个决定。（旁白小悬念）

　　綦建前：把胳膊，锯断，她说能保命就行了。

　　綦建前和战友们从附近的野战医院找来了医生，就在废墟里他们给高玉凤做了截肢手术。

　　谭明：给她切割的时候，虽然打了麻药我想也很疼。

　　可就在这样的情况下，小姑娘也没有掉一滴眼泪，她的坚强让所有人感到震惊。做完手术后，因为医生要求孩子的断臂不能碰到任何东西，綦建前就爬进了废墟，用手托着孩子的胳膊，再让战友们拉着她的脚，把他们拽出来。可是，孩子却突然喊肚子疼。（旁白小悬念）

　　綦建前：我就意识到了，不对，左手就伸进她的肚子底下。我发现，有一个，大约有这么长的一个，一个钉子，然后我这只手就插上去，那个钉子就，就划到了我的手背上。我就这么抬着她，然后，他们就把她拉出来。

　　高玉凤终于被救出来了，但是，一直紧张等待的大妈，看到女儿之后却愣住了。（旁白大悬念）

　　綦建前：她看着，说了最后，愣了很长时间说了一句，"她不是我的女儿"。（同期声超大悬念）

　　这是别人家的孩子，大妈的一句话让綦建前和战友呆住了，这就意味着，大妈的女儿可能已经不在了，而他们救出的这个小姑娘也可能从此就是孤儿了。就在大伙儿

不知道该为这两个幸存者感到高兴还是难过的时候，眼前的这位母亲，又说了一句话。（旁白大悬念）

　　慕建前："她就是我的女儿！"一下就站直了说，"她就是我的女儿！"（感慨得左右摇头）

　　失去女儿的母亲和没有父母的女孩就在废墟里组成了新的家庭。

　　每次讲课给学生放片至此，笔者都禁不住热泪盈眶，为大灾难中小人物的大爱所感动。就在循着它的音频在电脑键盘上敲下最后这段文字时，笔者两度泪流满面，原片的综合情绪实在是太感人了。

　　客观地说，旁白中有两处瑕疵。一是"终于看到了，右臂被压在层层水泥板下的高玉凤"，如果那个时候就看见了少女，大妈应该当即发现她不是高玉凤，所以"看到了"应该是"找到了"。二是"小姑娘也没有掉一滴眼泪"，同样的道理，如果能看见她掉没掉眼泪，大妈也不会后来才发出她不是自己的女儿，所以这句话应该改为"小姑娘也没有发出一声哭喊"。不过总的来说，旁白穿针引线的作用发挥得非常好。

　　对于视频叙事而言，哪些情节先讲，哪些情节后讲，非常重要。《本周》这个简讯非常好地诠释了视频叙事结构和层次表述的原理，即矛盾复杂化（少女因右臂被压住救不出）、矛盾进一步复杂化（少女不是大妈的女儿）、形成情感高潮（大妈当场认亲）、矛盾得以解决（各自痛失亲人的母女结成患难家庭）。这是以结构搭建完成抒情意图的范例。

七、片尾的抒情

我们先来看专题片《浙江民居》结尾的抒情解说词：

　　在这片苍天赐予的风水宝地上，浙江人的祖先曾经创造了优雅而宁静的文明，建造过一个属于他们的福地。今天，地球的表面已经刷新了面貌。在中国，世家大族的消失、人口的膨胀、工业文明的姗姗来迟，使传统的家的概念瓦解了。值得留恋的一切，随着值得向往的一切的到来，都将像逝水流年一样，无情地消失。"小楼一夜听春雨，深巷明朝卖杏花"已呈追忆，"更喜高楼明月夜，悠然把酒对西山"早成旧景。在我们为一切良辰美景已成残梦而奈何天时，我们倒是更应该想想，我们还能不能建设一个比我们的祖先曾经优游徜徉过的天地更加美好明净的新家园？家园对于每个人来说，永远只有一个。但愿我们有福气，生活得比祖先更惬意，而不仅仅是更富有。

视频的抒情结尾切忌拖沓，应该简练有力，如果结束的时间到了但解说词依然喋喋不休，受众会心生厌烦，没心思感受抒情意味。所以说，《浙江民居》结束语的最大毛病是太长，再就是用语华丽却太空洞，另外逻辑紊乱，多处不知所云。我们为片尾撰写抒情解说词时，必须避免这些严重错误。

以下，笔者介绍几种有效的片尾抒情写法。

1. 用字幕交代事件和人物的结局

1993 年，上海电视台《纪录片编辑室》栏目播出《德兴坊》，其片尾是除夕，响起欢乐的烟花爆竹声，画面字幕却说，片中主要人物王凤珍老人在除夕前过世了，受众在观看节目过程中对老人积累起来的情感受到冲击，惋惜老人再也无法感受到人间的热闹。

2004 年 4 月 5 日，《新闻调查》栏目播出《命运的琴弦》，调查音乐学院不录取几名二胡拉得极好的少年究竟是什么原因，结尾有三个画面，分别是三个落选少年演奏二胡，凄婉的曲调诉说着他们无助的命运。其间，出现两段字幕，一段是名叫于洋的落选少年随父回乡的信息，另一段是为艺校发榜画面做注解。这些视听元素结合在一起，让人痛恨音乐学院的暗箱操作。

比较而言，视频结尾如果铺陈抒情歌曲，再配以字幕，效果会更好。

2005 年 12 月 3 日，央视《走近科学》栏目播出《听命湖的秘密》，其尾部是一曲清凉悠扬的、歌颂高山湖水的流行歌曲，时而左进时而右进的字幕补充了傈僳族的一个寓言，外加节目拍摄过程中的感想，令人更觉得听命湖珍贵。

2007 年 1 月 8 日，凤凰卫视《小莉看世界》栏目分析俄罗斯原特工利特维年科在英国中剧毒身亡事件，结尾是一首忧伤的俄罗斯歌曲，字幕是俄罗斯对外情报局和普京对特工中毒事件的态度、特工即将在英国尸检的消息、其灵柩停放在哪里、英国警方排除了特工死亡与俄罗斯有关的可能性，让人哀叹利特维年科的不幸，死都不知道是怎么死的。

片尾字幕有一种功效，就是勾起受众对全篇的回味，产生挥之不去的情感。

2. 援引情绪一致的艺术作品

本章前面提及的《清华名人录》中《乔冠华》一集，笔者为其做结，用的就是乔冠华的五言诗《怀人》，那首诗怀念的是陈毅元帅，但调性却与他自己的晚景状况一致。第六章中提及笔者撰写的《百年中美风》中第四集《苦撑待变》，其结尾援引的是西蒙诺夫的名诗《等着我吧》，笔者自己配音诵读，讴歌中国军队在完全没有外援的恶劣环境中的顽强意志。

3. 用环境声延长解说词的韵味

央视用 16 毫米彩色胶片拍摄的电视专题片《雕塑家刘焕章》，其结尾画面是刘家门外，地上堆放着许多树桩和石块，镜头渐远，唯见一条宁静的胡同。在陈汉元撰写的解说词结束后，环境声做了情绪延长。

> 假如你要来找刘焕章的家，那太容易了。不必记门牌号码，只要记住胡同就行了。因为在他家的窗户外面，长年累月摞着那么多怪里怪气的大树桩。他在不在家呢？你听——
>
> 音响：深沉的劈木声和凿木声，一直延续着，直至职员表结束。

早在 1983 年，非虚构影视中的典型人物都是高大全，《雕塑家刘焕章》的主人公也不例外，但其结尾的安排还是堪称经典。

4. 用歌声配合主持人出镜陈词

2006 年 2 月 19 日，凤凰卫视《名人面对面》栏目播出许戈辉对斯琴高娃的专访，斯琴高娃回答完最后一个问题，画面中出现她的几幅剧照和她出演的几个影视片段，歌曲《呼伦贝尔大草原》响起，先是童声演唱，后是男声演唱，一段画外解说词过后，许戈辉在音量渐低的歌声中对镜陈词，最后几句话如下：

> 对于她欣赏的人，对于她热爱的事业，她还是克制不住让自己在弥散着酒香的空气中，起舞沉醉，她就是这么个，性情中人。

在背景歌声中，主持人、主播或播音员、现场报道者即时发表感想，提升全篇过后的余味，可以非常明显地加大抒情效果。

5. 用镜头语言外化解说词的意味

英国广播公司布里斯托尔（BBC Bristol）摄制的《冬至》（*Winter Solstice*），其

结尾变换四种镜头表现冬季之美，为解说词提供视觉证据。

> 仰拍：群鸟盖天。
>
> 解说：冬天是艰辛的季节，我们可以与严峻的情况隔离，但依然可以欣赏到冬天的美景。
>
> 平拍：小女孩从室内打开门，抬头望天，大雪漫漫。
>
> 俯拍：小女孩站在高高的廊柱旁。
>
> 解说：即使萧煞凛然的冬天，也会令我们着迷。
>
> 航拍：小女孩在走廊下，抬头望天，淡入结束字幕。

许多视频都是通篇讲好一个故事，恰好满足了直接抒情的需要，于是结尾非常重要，它常常是有意为抒情预留的空间。不过在实际操作中，以上手段并非孤立自持，它们可以交叉组合。比如《冬至》的结尾，它不可能没有音乐，也可以上字幕，加入环境声。实践总是需要我们灵活而恰当地运用所学手段。

本章结语

抒情是决定视频信息由反映层次向表现层次提升的关键。视频能否做到情感动人，是其是否优秀的重要指标。当然，抒情效果不是一个定量，它有不同的程度，从微醺开始，逐级而上，直至大哭，都属于有效抒情。视频的抒情文字语言不一定非要使人大哭，但绝对不能是0，否则就不能称得上优秀。

本章思考题

一、有一个小男孩，家门前种着一棵大树，热了，在树荫下乘凉，累了，靠在大树上睡觉。男孩上学了，大树给他一枚叶子做书签。男孩长大成人，爱上一个姑娘，大树让他在树干上划个心的形状，取悦对方，还让他用树枝做草帽，去打扮姑娘。男人想有个家，大树让他砍下粗壮的树枝盖房子。男人想漂洋过海去留学，大树让他砍下树干，做了一条船。男人走了，只剩下树桩等待着他归来。半个世纪过去了，男人回来了，已经年逾古稀。此时，树桩要对老人说出怎样的话，能让读者大为感动？

二、2022年11月30日，美国人工智能研究中心OpenAI发布聊天机器人程序

ChatGPT，它能通过学习和理解人类语言来进行对话，甚至还能写诗、写论文、写视频脚本。如果让你撰写一篇关于ChatGPT的简讯，你觉得会有抒情空间吗？

第九章
基于常识的思想性

本章提要：首先缩小思想性的外延，将其确定为常识性的见解，而任何一种视频都可以带有这种思想性，只是在拥有足够时长的深度报道节目中、在具有篇章结构的非虚构片中、在时长得到扩展的简讯中、在专题视频中，它可以更多地展现。其次要了解视频呈现思想性的前提及其体现思想性的方式，理解赞誉和批评能分别带来怎样的思想。其中，在批评带来思考的小节中，我们会专门探讨两个问题，一个是对愤怒的控制，一个是对愤怒的释放。最后要强调的是，视频思想性的表达应该格外重视不同意见的交流碰撞。

《亚特兰大宪法报》执行主编拉尔夫·麦吉尔（Ralph McGill）曾说，你必须把干草放在骡子能够得着的地方。[①]意即现实一些，勿把对"深刻"的渴望置于太不现实的高处。而资深媒体人何日丹又说，理解之灯如果悬挂得太低，那等于是一根诱入歧途的拐杖。[②]也就是说，干草放在张口就能吃到的地方不利于骡子正确前行。笔者赞同这两种说法，并将其理解为，养料应该放在正确的方向和恰当的位置。另外非常重要的是，养料应该是什么，是康德和黑格尔式的深邃思想，还是被忽视或被曲解的常识？笔者选择后者。

曾经有一条报纸新闻说，成都有一个 7 岁女童特别爱吃零食，她把家里给的零花钱全都买了零食吃。有一天，她痛下决心，把不再吃零食的保证书贴到了校门口。校长以此为契机，号召全校孩子都不吃零食。

这条新闻被很多媒介转载，得到很多家长的赞同，可爱吃零食是孩子的天性，这是基本常识，能吃多少只是度的问题。笔者在有限的视野中，只看到王阳替孩子

---

① 门彻.新闻报道与写作：第 9 版［M］.展江，主译.北京：华夏出版社，2003：185.
② 何日丹.电视文字语言写作［M］.北京：中国广播电视出版社，2001：358.

们说了公道话：

> 有一天，小姑娘长大了，回忆起自己的童年，她的童年没有了香香的美味豆，没有甜甜的冰激凌，那样童年一下子少了多少甜蜜，少了多少快乐呀！小姑娘的学校校长还说，让全校孩子都把零食戒了，真让我吓了一跳。要是真这么干了，等这些孩子都长大了，回忆起自己那个缺少甜蜜的童年，那还不得骂这个写保证书的小姑娘？话说回来，小姑娘能下这么大决心戒零食，说明她完全有能力管好自己，把零食控制在合理的范围内。

在集体的庸见面前，这种维护常识的见解是珍贵的，它关乎社会的健康。一个社会的健康，与其说是建立在伟大智慧的基础上，不如说是建立在基本常识的基础上。因此，本章所述的思想性是关于常识的思想性，是对思想性的有限读解和有效传播。

一、思想性最易施展的区域

写作者应该知道，自己在为哪些类型的视频撰稿时可以显露或释放思想性。这个问题或许这样表述更为准确，撰稿人在为哪些视频写稿时必须带有思想性。

1. 拥有足够时长的深度报道节目

无论是美国的《60分钟》和《20/20》，还是中国的《新闻调查》和《面对面》，它们都在长篇报道中蕴含着不同程度的思想性。应该明确指出的是，其中的思想性没有论著式的艰深逻辑，无须烦琐烧脑的推理，没有难以理解的观点，它们表述的都是常识，维护的都是最基本的社会规则，批评的尽是违背基本伦理的行为，揭露的全是缺乏基本道德的意识。

2. 具有篇章结构的非虚构片

非虚构片的很大一部分传播力量来自结构，总策划和总撰稿殚精竭虑搭建结构，除了力求用它吸引受众从头看到尾，更是希望它能利于表达自己的意图。

（1）沿时间轴线组织结构

按照事物在时间轴线上的发展进程，纵向结构全篇、安排材料。

《藏北人家》是从第一天黎明开始，到第二天黎明结束，顺序记录了措达家一整天的生活，展示他们的生活状态、生存方式、人生态度，让受众了解藏北牧民的境遇。至于是应该帮助他们过上和我们一样的生活，还是应该把他们的生活状态视为一种文化现象任其自然延续，受众可各持己见，片子和撰稿人没有给出态度和结论。可以看出的是，对措达一家在艰苦环境中表现出的顽强和精神自足，撰稿人肯定是赞许的。

作为纪录片，《藏北人家》是以观察对象自身的发展逻辑为时序，创作者从介入开始，直记事物本身的起承转合。但是，专题片与之不同，受众看到的时序是创作者立足当下又回溯历史整理出来的。

央视摄制的大型系列专题片《香港沧桑》和《邓小平》，都是12集，按时间顺序结构，讲述香港历史和邓小平波澜壮阔的一生，但编导和总撰稿的介入时间都在1997年前后，他们必须运用纵向思维，向历史深处探身。

不管是纪录片还是专题片，撰稿人都有很多机会和足够的时间完成思想表达，使所有事实信息拥有灵魂。

（2）沿空间路线组织结构

尽管在播出时间上有先后，但按空间线路组织起的结构其实是横向式的，各个篇章的素材大致是在同一时段拍摄，后期编辑将它们并列衔接，一一展现。

25集《话说长江》按照自西向东的流向，自源头起，直至入海口，展示长江流域的风光和文化。1986年，央视播出34集《话说运河》，大致是由北向南，金线串珠，走一处说一处，展现大运河的沿岸文化。1987年，央视播出20集《唐蕃古道》，按照文成公主进藏路线展开。1991年，央视播出12集《望长城》，由主持人自东向西的报道路线组织结构。

在大结构依照空间路线组织的前提下，每一集的内容其实同样是按照空间路线展开。2006年，为纪念红军长征胜利70周年，央视新闻频道开播50集《我的长征》，由崔永元带领26名队员自井冈山启程，重走长征路。比如《翻越雪山》这一集，节目的空间路线严格依照长征队员翻越夹金山的行程来体现。这样做，便于受众理解空间关系，吸纳信息时不会发生紊乱。

以空间延展方式制作的非虚构片的思想性更多地表现为历史观和文化观，会突破常识的边界，但撰稿人都会自控，免得走出太远。

（3）时空定点的放射式结构

在时空上确定一个点，从这个点放射出若干条线，每条线上显现出相对独立的内容，所有这些线索汇聚成面，节目便构成了。

2011年，央视《东方时空》栏目推出特别节目《记忆》，其中每一集都有一个时间定点，由其放射出多条线索，构造全篇。以《梅兰芳》一集和《梁思成》一集为例，前者的定位时间是1930年，36岁的梅兰芳在美国巡演获得轰动，后者的定位时间是1937年，36岁的梁思成在山西五台山发现唐构佛光寺，撰稿人由这两个时间点向前向后，跳进跳出，沿数条线索叙事，展现出两位大师的一生。

2023年2月7日，系列时政微纪录《习近平的文化情缘》上线第二集《只此敦煌》。它的空间定点是莫高窟，而多条话题线索分别指向河北正定县、古商业对当时世界的影响、哈萨克斯坦、舞剧《丝路花雨》。

这是一种大树系统，时空定点是树干，线索是所有枝条。结构清晰，撰稿时便会有条有理、收放自如。这种结构蕴含的思想性常常表现为命运感。

（4）围绕主题构成单元式结构

在同一个主题下，几组故事并列，互无交集。

2002年，央视《经济半小时》栏目推出了10集专题片《人在单位》，其中第七集是《流动的故事》，通过三个人的职业经历反映社会变迁，是典型的单元组合型结构。

第一个人物是李京红。20世纪80年代，她是北京北子湾物资储运仓库的保管员，在人民出版社《人物》杂志社的招考中，她的成绩高居第二位。《人物》杂志社决定录用她，但仓库没有人事权，她只好跑到西四找上级公司请求调离，但往返20多次，毫无结果。她去北京市委反映，接待员把她介绍给刚成立的北京人才交流中心，几番周折，她终于离开了北子湾物资储运仓库。后来，李京红成了《人物》杂志社出色的编辑。这是计划经济时代体制内调动难的典型。

第二个人物是马德新。他是足球记者，因与上司发生冲突而辞职，做了自由撰稿人。但每次采访，总有人问他：哪个单位的？这是社会转轨时代的典型。

第三个人物是陈非。他17岁来京报考艺校，未果，于是不断转换角色，干过很多工作。经过7年打拼，他成了有名的造型师。他的成功得益于改革开放。

三个人的故事在时间上虽有递进关系，却是并列安排，故事之间毫无瓜葛，但在说明同一个主题。这类节目的主题通常是具有思想性的常识。

3. 时长得到扩展的简讯

自特德·特纳（Ted Turner）创办美国有线电视新闻网成功之后，简讯报道已开始注重深度。通常，电视简讯是90秒时长，但美国有线电视新闻网的许多报道是90秒的几倍长，它们在提供信息的同时给出了解释、分析和点评。

4. 专题视频（Feature）

这是数码媒介时代常见的视频形态，时间不长，一事一议，急匆匆而赤裸裸地普及常识性的道德理念。

2021年5月21日，"科学大魔王"账号在西瓜视频发布《盔犀鸟从6000只到不足百只，此鸟为何因80万的头骨遭遇灭族？》。

这是个价值80万的艺术品，鸟嘴栩栩如生，雕刻的人物算得上是巧夺天工，上面的弥勒佛笑得是不知人间疾苦。在你惊叹雕刻家的精湛手法时，殊不知这些比黄金还贵重的文玩，正是建立在盔犀鸟的痛苦之上，因为这些，正是用它的头骨雕刻的血腥文玩。

因为它的头骨大且实，而且外红内黄，质地细腻，便于雕刻，用知情人的话说既有玉的手感，又兼顾玛瑙的色泽，还具有黄金的价值。

作为不幸被人选中的角色，盔犀鸟怎么都没想到自己的头会遭人惦记。

随着一些古玩的爱好者对鸟骨爱不释手，盗猎者们发现了这种来钱快的生意。自此，这个以京剧唱腔闻名的盔犀鸟，其头骨是实心的，由坚硬的角蛋白组成，如同一顶头盔一般，牢牢套在自己突出的喙上面，尤其是在求偶时，雄性的盔犀鸟会用自己坚硬的头骨和对方决一胜负，追求到配偶后它们会终生配对，除非一方死亡。对于体长1米的盔犀鸟，真是匹夫无罪，怀璧其罪。

为了获取这一珍品，猎人们的手法残忍到见者伤心，闻者落泪。为了防止盔犀鸟的头骨在取的时候破损，人们先是活生生地割下它的上喙，这意味着什么？等同于人没了一半的嘴巴，导致的结果是，对这盔犀鸟而言，疼痛饥饿折磨着它，即使食物就在眼前，身上的缺陷已经决定无法再吃下去，直到自己饿死才算解脱。之后，就把头骨给留下，身体丢弃。

接着经过雕刻大师的一番打磨，顿时，9000元一枚的鸟骨，成为价值80万的艺术品。最讽刺的是上面还雕刻着一些佛祖啊菩萨的小像。

要知道，只有雄性盔犀鸟才有，色泽红润的头骨。也就是说每取一只盔犀鸟的头骨，就会有一对盔犀鸟家庭支离破碎。

在追求美的这条路上，只有你想不到的，没有他们做不到的。

这类专题视频的思想性，不仅仅存在于视频内容本身，而且会在评论区里大量显现。盔犀鸟这期视频，有332.3万人次观看，评论超过1300条。

二、视频呈现思想性的前提

"思想的前提"是黑格尔提出的哲学概念，意指构成思想的根据、推演思想的支点、评价思想的尺度、检验思想的标准。笔者这里所要讨论的并非哲学概念，而是思想性在视频中得以表述的技术需求。

1. 有所发现，简练表述

视频的思想性一般表现为评论，评论如果不想拾人牙慧，必须拥有自己的独特发现。陈汉元在专题片《雕塑大师刘开渠》中写道："给历史造碑的，是人。给人造碑的，是历史。"湖南电视台 2002 年摄制的政论片《世纪宣言》第五集《世纪新篇》中有一句解说词："中国的发展变化是巨大的，也许，唯一不变的就是变化本身。"两句话的凝练表述令人拍案，但它们的文字力量其实来自对社会规律和历史规律的发现。

《本周》有过这样一段解说词，起首第一句便属于自己的小发现。

> 图板上这 11 个国家单提出来，没一个能称得上是强国，可它们联合在一起就有了一个强大的名字，"石油输出国组织"，这就是欧佩克。面对一年疯涨了两倍的油价，全世界都傻了眼，眼巴巴地看着它们。这 11 国的石油产量占了全世界的一多半，可以说，它们掌握着地球的血液。
>
> 在上轮石油价格上涨的时候，欧佩克盲目扩大生产规模，结果，每桶石油的价格跌到了 10 美元左右。这个惨痛的教训，让欧佩克各国携起手来限产，仅一年多的时间，石油的每桶价值就突破了 35 美元。
>
> 欧佩克本周尽管做出了日增产 80 万桶石油的决定，可面对全世界每天缺油 200 万桶的大窟窿，世界油价又涨了近 1 美元。
>
> 联合起来的欧佩克让任何国家都不敢轻视，即使是最发达的欧美强国，这时也只能耐心地等着欧佩克再出台增产计划。

后面的陈述均建立在小发现的基础上，小发现很聪明，所有陈述也就不俗。这其中还包括联合至强的道理，它是一个常识，却被许多弱者忽视了。

2. 思想内容的可视化

电视广播时代，节目都有相当的时长，所以必须综合使用多种视听手段，使受众不感到冗长、沉闷、单调。而没有视觉意识或视觉意识不强，将文字语言音频径直配进与之没有关联的画面，那不过是借荧屏发表文章，企图单独发挥解说词的力量，是不可能取得预期传播效果的。视听制作，必须对各类信息的表述和世界观的表达进行肢解，使之变成技术上可以图解的镜头。

《大国崛起》第五集《激情岁月》的尾部有这样一个段落：

先贤祠，被称为法兰西思想和精神的圣地。从大革命爆发两年后的1791年起，这里成为了供奉法国伟人的地方。<u>200多年来先后安葬在先贤祠的72人中，有思想家、作家、艺术家、科学家，其中仅有11人是政治家。</u>

是否能安葬于先贤祠，必须经过国民议会讨论，并由总统最终签署命令。

2002年，对于大仲马是否应该被安葬在先贤祠一事，法国人展开了激烈的争论。有人认为他只是一位通俗作家，而先贤祠中供奉的都是代表法兰西精神的伟人。希拉克总统说："这是我们国家的大事。"

最后，国民议会讨论通过，大仲马成为第72位安葬于先贤祠的人。

这段撰稿词，很容易编辑画面。画线一句是价值观，撰稿人没有使用抽象语言来表达，而是形象化地拿出对比数字，编辑只需找到先贤的画像或图片，做一下非政治与政治的分群，画面语言便形成了。此外，由先贤祠外部进入内部的运动镜头、先贤祠内部的各个局部、法国政要来先贤祠凭吊的历史素材、法国总统签署命令的旧照或影像、大仲马的著作、国民议会讨论国是的情景，都可以配合文字表达撰稿人的意图。

但同样是表达这些意思，解说词如果写成下面这样，画面编辑就会无从下手。

对思想和文化的尊崇早已浸润了法国人的灵魂，他们对伟大思想家、作家、艺术家、科学家的景仰，远远超过对政治家的重视。

一个懂得尊重思想的民族，才会诞生伟大的思想。一个拥有伟大思想的国家，才能拥有不断前行的力量。

它没有任何具象的提示，完全是抽象的议论。优秀的视频文稿要能提供给摄编人员外化文字信息并进行分解操作的可能性，不能只顾自己，一意孤行。

3. 思想内容在极短的时间里说完

其实在电视广播年代就已经有了新闻评论员就当前热门话题或社会现象发表述

评的节目，比如乔冠英在央视主持的《周末热门话题》栏目、阮次山和曹景行在凤凰卫视轮流主谈的《时事开讲》栏目。不过，电视节目都有一个共同的特点——"长"，所以《周末热门话题》不得不频频插画面，《时事开讲》不得不设置一个基本不说话的主持人做主讲嘉宾的视觉提示器，同时便于导播时而切换镜头，缓解受众的视觉疲劳。

但在视频传播时代，情况变了，言论型的视频都是 5 分钟以内的微短视频，用户来不及疲劳，视频已经结束。特别是那些具有足够思想力度的微短视频，基本不用考虑其他视听手段，评论者对镜独白即可。

三、体现思想性的方式

在表达思想性的方式上，视频文稿与纸质文稿唯一的不同是要考虑视觉化的可能性，而在本质上是完全相同的。

1. 只讲故事，不表意图，给受众留下无限的思考空间

上海美术制片厂 1986 年制作了一个平面动画片《超级肥皂》：摊贩在街头卖超级肥皂，不仅能去掉任何油污，而且能把任何颜色的布料变成白色。所有人买了肥皂，使世界变成一片白，肥皂摊变成了超级肥皂公司。后来，画中竟出现一个黄衣粉裙的小女孩，大家好奇地追着她，跑到超级肥皂公司门口，女孩扑到商人怀里，喊了声"爸爸"。众人抬头看，公司已经换了名号，变成超级颜料公司，售卖可染色的彩色肥皂。于是，哄抢又开始了。

这个动画片只讲了这样一个故事，没有任何评论。自 2018 年起，不停地有视频创作者放原片复述这个故事，却纷纷做出自己的评论，抢去了空白空间，但没有一个评论是到位的。这样的寓言故事，还是像原片那样不说出寓意为好，应该让受众自己去理解。

2. 只陈述事实，却显露出表示赞同的价值观

2020 年 12 月 2 日，"前沿科技"账号在抖音上发布短视频《苹果公司新总部》，介绍苹果公司花了 50 亿美元营造的环形建筑集群。

你可能认为花了这么多钱得建满房子，实际上苹果总部种植了近 9000 棵树，一度把整个州的树都买完了，大多数是水果树，杏、樱桃、柿子，当然还有苹果

树，绿化面积达 80%。

地下还有非常大的停车场、交通道，把这些都建在地下，才能保证地上 80% 的树木覆盖。

"把整个州的树都买完了"属于不当夸张，但视频文稿对苹果公司新总部的绿化意识、全球最大的太阳能屋顶系统、主建筑的自然通风系统、充分利用自然光的弧形玻璃墙显然抱有好感，带有明显的推崇意味。

3. 夹叙夹议，不断表明看法

请看《大国崛起》第 12 集《大道行思》中的这个段落：

1955 年，一位名叫盛田昭夫的日本商人来到美国拓展市场，美国一家大公司决定向他订购 10 万台小型收音机，条件是必须换上美国公司的商标出售。

10 万台的订单对于刚刚起步的商人来说是个极大的诱惑，但盛田昭夫却坚持使用自己的商标，放弃了这宗生意。因为他看重的不是一笔买卖，而是公司的品牌。盛田昭夫所坚持的品牌就是今天的索尼。

没有人知道，如果不是盛田昭夫的坚持，索尼的命运会怎样。但<u>有一点是可以肯定的，日本在战后崛起为一个仅次于美国的经济大国，正是靠了像索尼这样一批跨国公司</u>。

简要叙述一个故事，然后发表议论，并亮明自己的看法。

4. 用故事的前后翻转带来思考

2018 年 9 月 13 日，某螺蛳粉品牌在网易推出广告，但它没有展示螺蛳粉的美味可口，而是在短短的 5 分 49 秒中分层展现了 5 个与美食无关的哲理故事。

五个故事的第一轮展现：第一，"她握着法律的武器却为了魔鬼在辩护"。杀人犯对女律师说，只要你把我弄出去，你开个数。其悬念是，女律师会不会为了钱罔顾事实，去搭救杀人犯。第二，"她被誉为蜡烛却只有少数人被温暖"。女教师因为男生做错一道题而指责他，这道题已经讲过好几次。男生被同学们嘲笑，心怀不满。悬念是，女老师是不是因为某些学生成绩差就不喜欢他们。第三，"当高一级成为一种权力，就可以处处把你踩在脚下"。刚刚毕业走进职场的姑娘遭上级责骂，被要求改不好就不要回家了。第四，"当怜悯成为一种正确，就可以让施舍不再感恩"。餐厅老板可怜乞丐，一连给了他两份食物，乞丐还想要第三份。其悬念是，乞丐是不是贪得无厌。第五，"当生命的权杖掌握在别人手中，又怎知是命运如此，还是被利益左右"。医生从手术室出来，对泪流满面的患者家属说："很遗憾，我们已经尽力了。"患者家属瘫坐在地。用时 1 分 36 秒。

五个故事的第二轮使矛盾达到高潮：第一，女律师遭众人指责，说她是杀人犯的帮凶，其家门上贴着辱骂她的纸条，门口丢着垃圾，但旁白和字幕却是"在你看来，谩骂，不过是为内心讨一个公道"；第二，男学生在老师面前撕书示威，旁白和字幕是"呐喊，不过是安慰不被善待的成长"；第三，职场姑娘看见上司在老板面前点头哈腰，发誓找机会向老板告他一状，旁白和字幕是"冲撞，也许是挽回尊严的唯一选择"；第四，餐厅老板拿起扫帚吓走乞丐，旁白和字幕是"你认为，善良，也要带一些锋芒才有价值"；第五，患者家属认为医生是因为没收到小费而不用心救治患者，愤怒地把钱抛向两位医生，并殴打其中的年轻医生，旁白和字幕是"你觉得，愤怒，才能填补太多太多的遗憾"。用时 1 分 27 秒。

五个故事的第三轮展现出 360 度暖心大转折：第一，职场姑娘果真要向老板告状，老板却告诉她，你的上司保得了你一次，保不了你第二次，原来老板想开除她，是她的上司点头哈腰苦求，保住了她的职位，旁白和字幕是"其实你只看到苛责，却没有看到机会"；第二，女老师让男生家长多陪陪孩子，不要打骂他，也不要拿他和其他学生比较，旁白和字幕是"其实你只看到偏心，却没有看到用心"；第三，女律师告诉杀人犯，她只是维护每个人的权利，该做的她会做，不该做的她绝对不会做，旁白和字幕是"其实正义只是不曾声张，它从来都不会缺席"；第四，餐厅老板偶然看到，向他讨饭的乞丐正在喂一群流浪小狗，终于明白乞丐为什么要向他多要食物，旁白和字幕是"其实被照顾不总是贪得无厌，他也想尽力施以援手"；第五，被患者家属打伤的年轻医生哭得泪流满面，不是因为被误解，而是责备自己没能救活病人，旁白和字幕是"其实你未曾了解，眼泪不是为了洗清误解，只是为了担起生命的分量"。用时 1 分 48 秒。

五个故事的结尾：第一，职场姑娘心甘情愿地加班修改策划案，上司关怀地来问她为什么还不回家；第二，乞丐吃着盒饭，餐厅老板给他和小狗分别送上两份饭；第三，女老师慈祥地俯视男生；第四，餐厅老板大步离开，乞丐在其身后鞠躬致意，旁白和字幕出现，"总有一些温暖，包裹着冷若冰霜的外表"；第五，女律师低头，手摸胸前的律师徽章，旁白和字幕是，"总有一些误解，不去了解，是不会解开的"。用时 45 秒。

最后，画面隐黑，出现唯一一句广告词："螺蛳粉的美味，了解过才知道。"

任何事都要走进去了解，才能知道它到底是什么样子，就像人们对于螺蛳粉的误解，起初都认为它是臭的，但尝过了才知道它是美味的。五个故事的剧情反转，刚好演绎了螺蛳粉被大众接受的过程。

这种表述模式的特点是，先前信息总是被后续信息否定。结构第一层，安排表象信息。结构第二层，加强对表象信息的误解。结构第三层，显露事实。结构第四层，达成和解。这个视频的点击量超过了 662 万，因为设计精巧，因为意外和感动，也因为学会了消除误解的常识。

5. 完成整篇讲述，最后发出思考信息

2020 年 6 月 8 日，"越哥说电影"账号在哔哩哔哩网站上传《评分一直往上涨，今年的口碑新片，美到窒息，每一帧都能当壁纸》，讲述尼古拉·瓦尼埃（Nicolas Vanier）执导的新电影《给我翅膀》。其主要内容是，法国少年托马斯原本深陷互联网游戏而不能自拔，随父亲从事科学实践后，他驾驶超轻型飞行器，引领父亲培育的大雁认识迁徙路线。视频结尾是这样一段话：

> 伴随小雁们成长的过程中，托马斯慢慢变得有责任，有爱心，有担当，有勇气，这种与自然和动物相处中所带来的心灵成长，或许才是能够让我们变得，越来越温暖的东西。而现在，全世界可能都在面临一个难题，那就是随着科技文明的发展，我们的孩子从出生开始，就被钢筋水泥和电子元件所包围，他们不与自然接触，不与动物接触，那么，一直在这样的环境下成长的他们，会形成怎样的世界观和价值观呢？会像机器一样，冰冷而僵硬吗？我们要寄希望于他们在网络世界中，获得内心的强大以及心灵的成长吗？我们一直在思考人与自然的关系，而相比于这个命题，还有一个更加迫切的，需要思考的问题，那就是，我们的孩子，与自然的关系。

总结全篇故事，提出具有迫切性的社会问题，指明思考方向。其实作者的态度已经一望而知，显而易见。

四、赞誉给出经验

2020 年 6 月 14 日，"彭楠的创业故事"账号在知乎发布《在新发地卖菜的亿万富翁们》，这是赞誉型的短视频。

这个大姐叫毛永席，是河南商水的农民，早年生活不行啊。

1998 年她刚结婚，老公就瘫痪在床了，小孩奶粉钱都不够。她只能跑到新发地给人剥蒜啊，剥一个小时赚 3 块。20 年后，她已经成立了自己的品牌，"勇习大葱"。每天凌晨 1 点她就起床卖葱，每日发货量 130 吨，年销售额 1.2 个亿。

而这个沧桑大哥叫闫学强，13 岁就出来混社会了。

90 年代他在北京卖菜一天赚 5 块钱，攒了两个月的钱就为了给自己买身军大衣，这样冬天出摊才不至于被冻感冒。现在呢，他是新发地的黄瓜大王，给家乐福、永辉等超市供货，你现在北京买的黄瓜和西红柿至少有一半是过他手的。谈到一年的交易额时，大叔羞涩地低下了头，几个亿吧。

在新发地差不多 3000 个摊贩中，有 88 个人年销售额过亿，他们通过自己的勤奋和智慧，实现了自己的中国梦。

那关注我的朋友应该已经对我的观点十分熟悉了，想赚钱，创业是唯一的出路。那今天呢，再分享另外一个重要的经商小提示给大家，做生意一定要往产业链上游走，不论是卖水果、卖服装，还是卖鞋，一定要批发，尽量回避零售。零售是菜鸟入局必经之路，而批发才是大佬致富的出路。

三言两语，讲完两个励志故事，以此为证据，让人们消除对北京新发地菜商的刻板印象。最终给出"往产业链上游走"的提示，这本是常识，但在许多人那里却是模糊认识。与此同时，彭楠并没有否定零售阶段的价值，那是"菜鸟入局必经之路"，只是最终的致富出路一定是批发。

再看"老鸣TV"账号 2020 年 10 月 18 日在西瓜视频上发布的《深埋 700 米 69 天，救援成功率仅 1%，10 亿人观看感动流泪》，讲述的是智利的圣何塞铜矿大救援。这本是 10 年前的旧闻，但智利矿业部刚刚把 10 月 13 日定为全国矿业安全日，这个新闻恰恰源自这个老故事。

2010 年 8 月 5 日，圣何塞铜矿突然塌方，地下 700 米深处的 33 名矿工生死未卜。而危机处置重任落在刚刚上任 4 个月的矿业部部长戈尔伯恩的身上，他下令无论花多少钱，活要见人，死要见尸。

首先要确认矿工们是否逃进了地下避难所，但如果向 700 米深处的 50 平方米的地下避难所打孔，每打一个孔，要十几天时间，而且不敢保证能笔直地打向目标。戈尔伯恩调来 13 台机器，同时向下打 13 个孔。矿难后第 17 天，其中一个钻头打进了避难所，向下送水送食物。

至于如何把矿工们救上来，美国国家航空航天局拿出三套方案，但都要耗时三个月左右，而且没有一个方案可以打保票。戈尔伯恩"一锤定音，三套方案同时上"。其间，智利海军与美国国家航空航天局合作，设计出"凤凰号"救援胶囊，它每次进入地下只能救上一个人，如果松散层塌方，胶囊中的矿工将九死一生。10月13日，也就是10年后被定为全国矿业安全日的这一天，戈尔伯恩认为不能再等了，必须冒险启用"凤凰号"。

这一天，全球10亿人观看了救援直播，感动于人性的温暖。

避难所里的工友推选泰科纳第一个出去，因为一个月前他的妻子刚刚生下女儿。而最后出来的是矿工负责人乌尔祖阿，他告诉总统："我已经按照约定，把整班工人都带回来了！"

"老鸣TV"最后说：

> 今天，当你问智利人，他们的国家名片是什么，智利人会不假思索地告诉你，我们没有迪士尼，没有高铁，甚至没有一个，叫得出名字的建筑物，但我们，曾经举全国之力，在地下700米，救回过，33个汉子，一个都没少，智利矿难就是我们的名片。这张名片是对生命的尊重，对同胞的热爱。

"老鸣TV"盛赞圣何塞铜矿大救援为世界救援史添上了精彩一笔，也为日后其他救助行动给出范例，提供了宝贵经验。2010年到2020年的10年间，智利的矿难死亡率降低了75%。这个长视频有718万人次观看，因为感动，用户留下了近4900条评论。

五、批评带来思考

批评会带来思考，这是所有人都懂得的常识，但同时人们也知道，批评会带来不快。因此，并不是所有人都欢迎批评，这也就意味着并不是所有人都愿意并且敢于批评别人。当批评被长时间视为危险的行为，人们便会趋利避害，在思想意识和思维习惯上远离批评。

有好事者虚拟出一个案例：一个老太太摔掉四颗门牙，假设它发生在三个不同地区，当地电视媒介会对它做出何等反应。这像是一组互联网段子，但从笑料中确实可以瞥见真实的状况，体会出各个地区大不相同的批评意识。

美国哥伦比亚广播公司《晚间新闻》栏目播出《60岁老夫人状告白宫》

60岁的珍妮夫人，在华盛顿街摔倒，四颗门牙当场摔掉。经医生鉴定，绝无修复可能，珍妮在征求律师的意见后，状告政府保护公民不力，要求赔偿1.3亿美金。联邦法院已于昨天收到诉状，根据经验，这场官司至少需要耗时5到15年时间，但珍妮女士表示非常有信心，她已经委托加州大学物理学研究专家仔细研究过她的四颗门牙，因此胜券在握。

据了解，专家们已经得出结论，珍妮摔倒并撞掉门牙肯定与路面不平整有关系，而路面建设和保养应由政府负责。不过，司法专家对珍妮胜诉持怀疑态度。他们认为，导致珍妮摔倒并掉牙的原因有很多，不光是路面原因。他们表示，60岁的女人在大街上摔倒的概率不小，有记载的每年摔倒并导致门牙脱落的60岁女人有13441人，其中因晕眩导致摔倒的占30.34%，受外力撞击而摔倒的占43%，完全能证明是由于路面不平而摔倒并致门牙脱落的只有5.6%。

但珍妮获得了女权主义者的支持。妇女组织发言人在演讲中称，牙的作用不光是用来吃饭的，它对提高生活质量起着巨大作用，无法想象珍妮戴着假牙的生活境遇。该发言人还指出，如果莱温斯基小姐像珍妮女士一样少四颗门牙，或者戴着假牙，她还做得了白宫实习生吗？克林顿总统还会对她有兴趣吗！演讲结束后，共有300名妇女举着提高妇女地位的牌子去白宫游行，并且向路人展示了珍妮摔掉的四颗牙。

随后，全美牙医协会和全美假牙协会也表示了对珍妮的同情，认为假牙只是权宜之计，不能取代真牙在生活中的地位和作用。全美医疗救助者协会则提出，牙治疗价格过高，要求政府在这方面加大财政拨款，减少军费开支。

据悉，白宫发言人昨天在一次非正式活动中提及珍妮女士，对珍妮女士的遭遇表示遗憾。他表示，美国宪法规定，政府必须为保护每一位公民的生命和财产而不懈努力，珍妮女士的门牙不光是珍妮生命的一部分，也是她个人财产的一部分，应当受到尊重。另外，希拉里发表讲话，同情珍妮的遭遇，并希望成立全美老年门牙保护基金会，但对妇女组织发言人关于莱温斯基的言论表示不同意见。珍妮的诉讼引起了好莱坞的浓厚兴趣，21世纪福克斯公司计划投资5亿美元拍摄一部电影，片名是《为门牙而战》。

台湾东森电视台《东森新闻》栏目播出《老妪摔脱门牙，党棍再起争端》

今晨一陈姓老妪，出行不慎摔倒，送医院诊治时，发现门牙不见了，恐遗落在现场。针对近期多位老年人在同一地点摔倒而致伤，公用局官员虽然已经做出过解释，但今日陈老妪的摔伤事件还是增加了市民的愤怒，他们纷纷指责公用局光吃饭不干事，挥霍纳税人的钱，有挪用道路修缮资金的嫌疑。

有媒体要求公用局负责道路维修的官员引咎辞职，立即公开道路维修资金的去向，并且迁怒于自民党，指责它纵容党徒不务正业，致使民众受到伤害，出行缺乏安全感。而自民党发言人提示市民不要轻信谣言，断言是国民党栽赃陷害，小题大做。国民党主席则在午间记者招待会上指责自民党不仅工作不力，更是对民众严重缺乏同理心，他甚至扬言道，"试试摔脱你老母的大牙，看你心疼不心疼"，矛头直指自民党主席。自民党晚间召开记者招待会，详细解释了老妪摔倒事件是普通的出行伤害事件，认为国民党不负责任的指责完全是丧失理智。民进党当晚也发表言论，强烈指责国民党和自民党大放厥词，发言人情绪激动，使用了"满嘴喷粪"这样的字眼。

据悉，台岛廉政公署明日将着手调查公用局道路修缮资金的使用问题，并令公用局负责道路修缮的官员停职，接受调查，不久将给公众一个满意答复。

香港电视广播公司《新闻透视》栏目播出《今晨一老妪摔掉门牙》

今晨一老妪出行时，因路面不平而扑倒，摔掉门牙。路人将其扶起，对老妪的不幸表示同情，并纷纷指责港府近年来整治道路不力，导致市民摔倒事件频发。据记者了解，数月来，此处已有多名市民摔倒，严重的需要到医院救治。虽然港府发言人已向摔倒市民致歉，并由公共事业局立即开启对公共设施的改善工作，但各界仍有微词。自今年年初以来，港府不仅在公共设施的投入上出现贻误，而且在教育以及公共卫生事业上都显得不够主动和积极，引起很多市民的不满。虽然在港府努力下，经济有了复苏，但由于去年港内发生巨贾被绑架事件，港府及警方的行动不力，使他们在市民心目中的形象大打折扣，人们缺乏安全感。

在现实世界中，上述报道当然是不可能的，但它至少是个警示，批评是弥足珍贵的，不能没有，也不能过火。

1. 视频批评以客观呈现为基础

2002 年 2 月 12 日，山东电视台齐鲁频道《每日新闻》栏目播出批评报道《改革改出 52 个镇领导》。它的开篇解说词是这样的：

今天上午，记者在菏泽市牡丹区马岭岗镇采访，正赶上镇里开五大班子联席会。会议室外面雪花纷飞，室内这么多人济济一堂，虽然没有空调暖气，倒也不显得冷清。会议室里这 20 多人，可不是一般的工作人员，全都是副镇长以上级别的领导。这次会议的主要内容是部署提高政府工作效率问题。

不用形容词，不必做主观评价，只记述提高工作效率的会议上 12 位副书记和 13 位副镇长济济一堂，已经足够反讽。

视频批评写作不仅要客观描述今日之事态和昨日之背景，而且要说出它们对明日之影响。请注意其选题要求：必须典型；事件具有异常性；批评具有建设性；必须考虑社会承受力。视频批评有没有社会责任感，主要取决于它是否高度重视后两条标准。

2. 对愤怒的控制

批评常常使批评者表现出愤怒，但职业性历练会让许多媒介工作者评而不怒，他们批评、谴责、鞭挞，但从不声嘶力竭、歇斯底里，甚至会对大多数人愤怒的事情平心静气，发现其中令人遗憾和心痛的逻辑，而不是一味地批评。

批评之前，控制住愤怒，就会认真调研，避免先入为主。批评之时，控制住愤怒，就会表现出职业素养，不以偏激情绪影响受众。

3. 批评的愤怒表达

数码媒介时代，绝大多数操持个人媒介的都是普通人，他们进行批评时大多不会遵从职业报道者的规范，表现出质朴的情绪。

例如，抖音账号"卡车洪哥一车队"，它只有一个主题，即为改善卡车司机的生存环境而呐喊。洪哥旗帜鲜明，说理水平不低，但从不掩饰愤怒，而评论区中没有留言对他的愤怒表示厌恶，相反，他的愤怒被用户们视为公益良心。

六、互动：意见的碰撞

喜剧作家哈尔·罗斯伯格（Hal Rothberg）曾经说，任何作品最初和最终的目的都是交流。[①] 即便是在旧媒时代，互动交流极为困难，但前辈已经开始了探索。《话说运河》摄制完成是 1986 年，在播出中期，撰稿人李近朱谋划了《一致观众》

---

①　赫利尔德.电视、广播和新媒体写作［M］.谢静，等译.北京：华夏出版社，2002：237.

和《二致观众》，开篇便宣读受众的批评来信，然后回答受众看片时产生的疑问。他说，片子做得好坏，不在领导怎么看，不在专家给不给奖，而取决于受众，没人看的片子是白费力气。李近朱执导《庐山》是 1993 年，他开篇提出问题"庐山你在哪里"，然后是天安门前的游人对这个问题的各种各样的回答。素不相识的人们诉说着他们想在节目中看到庐山的什么，李近朱正是通过这些片言只语，对拍摄和编辑的重点做出判断。

数码媒介时代，与视频用户的互动简直太方便了，但颇为遗憾的是，许多视频创作者只是把互联网当作发行媒介，依然没有注意到"互动"二字是视频写作必须考虑的重要因素。思想性内容，哪怕只是涉及常识的观点，都是最容易引发互动交流的东西。为视频撰稿时，应该注意要用思想性的内容引发怎样的讨论，当讨论在评论区展开后，应该浏览和回应它们，它们是作品的延长部分。

有些视频，用户看了就会拍手叫绝，迫不及待地留言评论，然后与人分享。他们为前文所述螺蛳粉广告打出的弹幕超过 42000 条，评论区的留言超过 12000 条，讨论医患问题、广告的价值、律师的意义。

有些人认为，其中的那个职场故事具有真实性。"暖疯么"说："世界上还是有这些温暖的，我以前的上司和那个主管一模一样。"但有些人认为，那个医患故事不真实。

许多人对于动人故事竟是为螺蛳粉做广告感到不适应。"你屏幕上有根头发_"说："最后那个螺蛳粉广告让我猝不及防。""卿之三昧"说："我纸巾都准备好了，你让我用来擦嘴。""70337137228_bili"说："爷爷问我为什么对着螺蛳粉流泪。"

也有人认为，五个故事反映出的哲理与认识螺蛳粉的特点和本质十分贴合，没有分裂感。"近朱者甜啊"说："我觉得螺蛳粉就蛮契合这个主题的，总有一些东西需要了解才知道，螺蛳粉就是啊，不要被外表（臭）而蒙蔽，其实它很香的。"

而"Luna 小馒头"坚定地说："如果广告都这样，我愿意看，广告怎么了，应该支持这种用心的！""MagicDarling"说："我感觉这种广告不错，比花几百万直接请明星代言说几句土土的广告词好多了。"

许多人的文字表达能力有限，仍努力参与争论，贡献自己的意见。"小圆宵__koyori 单推man"说："我们不过是开着上帝视角在一旁当键盘侠罢了，谁能知道或许一个衣冠楚楚的人实际就是罪犯，现实中的'犯罪嫌疑人'或许其实是无辜的人？他说'弄'出去真的是他的犯罪吗？他是否只是性格恶劣，形容词贫乏，加之不懂法而已？我们能站在所谓'对'的方向，是证据做底气，但有时也仅是主观臆断。几年后翻案的案例又不是没有。某人仅仅是长得丑，说话粗暴，性格恶劣，就此被大众断定为罪犯，真正罪犯逍遥法外，这明显就不对。所以无论是什么人，被告时都应该有自己的辩护律师。"

正是因为留言有价值，许多视频都会恳求用户发言，谈谈各自的看法。

2021 年 6 月 25 日，"路灯摄影"账号在抖音上发布《太不可思议了？贵阳机场厕所惊现远古化石，专家称距今已有 4 亿年》，说中国矿业大学地质系主任陈尚斌在贵阳龙洞堡机场上厕所，偶然发现洗手台和小便池墙布满化石残骸，便发了朋友圈。中国科学院沈树忠院士确认，那些化石是 4.39 亿年前的石阡拟壳房贝。

"路灯摄影"在视频最后说：

> 网友在网上也是评论很多。有人说，这是史上最凡尔赛的厕所。有人说这到底是文物，还是古生物研究的资料，还是公共设施建材呢。也有网友说，这化石屈才，还是厕所太豪华了。也有网友说，证明这家店的老板特别实在，确实卖的是天然石材。
>
> 后来针对这个事，贵阳龙洞堡机场也回应了，说这些石板确实是化石残骸，是从正规渠道采购而来的。
>
> 有网友说这板材是不是需要拆下来，进行保护呢？把它放到博物馆里面呢？你觉得这些板材，是继续留在厕所呢？还是把它，搬下来，放进博物馆呢？欢迎大家评论留言。

这似乎是个小发现，但它引发的问题涉及文物保护观念，这种讨论带有思想性。过去，讨论这些问题的只是专家，现在所有人都可以发表自己的意见。

2022 年 2 月 18 日，"大兵说史"账号在西瓜视频上发布《广东老人拿出游击队欠条，连本带息 3 万亿，最后拿到了吗？》，往事重提，说 2009 年冬天广东江门市的梁诗伟老人走进蓬江区民政局，拿出 1944 年抗日游击队第三中队李兆培借梁家 60 斤白米的借条，上面写着抗战胜利后由当地政府按每年一倍的利息偿还，于是民政局以奖励的名义向梁诗伟发放 2 万元奖金。老人用这钱翻修旧房，在补屋顶时又发现一张李兆培签署的借条，写着借梁家白米 38 石 40 斤、大洋 5000 元、每块一两的金条 8 块。民政局一算，应支付梁诗伟 3 万多亿元。

"大兵说史"介绍了欠条为什么会藏在屋顶，描述了民政局支付巨款的为难之处，最后他向用户发问，让大家说说怎么办最好。

> 身在广东，敌寇环伺，干革命有多么的不容易。这两张欠条虽是解了革命

队伍的燃眉之急，但是对梁家来说，就是个烫手山芋，不知道哪天被人发现便会是个爆炸的炸弹。为了以防万一，鸿文三姐只好将欠条小心地藏在房檐之上，从前借钱借粮的事儿，更是没对一个人说起过。

……这些事情也被她永久地带进了坟墓里。要不是梁诗伟老人，估计这段往事便永远成了秘密。

真相已经大白，那这张欠条的过往，当地政府也是了解得清清楚楚。可是，到底应该怎么办，却再一次让大家犯了难。如果按借条上写的，3万亿估计谁也拿不出来，但要是不有所表示，对政府的公信力也会造成一定的冲击呀。怎么给，给多少，成了困扰大家心头的难题。

看得出大家难处的梁诗伟老人站出来，就说了，其实，自己拿来这张欠条，压根儿就没想过政府会给自己多少钱，他只是想为自己的三娘正名，证明她曾经是咱革命事业的一分子，至于欠条上的钱嘛，政府适当补偿就好啦。

适当补偿，嗯，听起来没什么毛病，可究竟多少才是适当呢？所以呀，这事儿拖到现在，也没有解决。不过这么一曝光之后，鸿文三姐的冤屈算是彻底洗清了，梁家为革命的贡献，也得到了大家的肯定。至于赔偿一事嘛，就要看当地政府的考量了。

各位看官，你说这事儿，该如何解决呢？

这像个离奇的虚构故事，却涉及现实中的大问题。比如，我们如何对待对民族救亡有过极大贡献的乡绅，民政局该不该百分百兑现历史承诺，梁诗伟有没有资格继承全部债权。这个视频的观看量超过615万，评论超过5800条，许多用户提出必须为梁家三娘立英雄碑。而"山东二哥观察"问，梁诗伟最后说的"赔偿"是他的原话，还是"大兵说史"的口误？欠账还钱并不是赔偿。更多的人为梁诗伟老人应该得到多少钱提出各种各样的方案和理由。

有许多视频，看画面上的弹幕和看评论区里的留言，几乎与看作品内容一样有趣。其中，有聪明的表述、思想的辩白、各种常识和观点的碰撞，说什么的都有。

本章结语

与人们的普遍认知相反，其实最重要的事情常常最容易写，比如日本投降了、总统就职了、人质释放了、股票大跌40%，其中事理鲜明，理解和表述起来实际上并不复杂，而真正考验撰稿人思想水平的却是小事件。

平时训练时，不必在大是大非上浪费时间，要在看似平凡的小事上多花精力。更多的情况下，我们遇到的都是小事，这些小事是社会生态的主要部分，它们以数量取胜，正确评说这些小事可能比聚焦为数很少的几件大事更重要。

一个视频作品，在面对小问题时有没有适度的思想性，是否有效普及了应有的常识，这决定着它是否优秀。

本章思考题

一、你如何评价"顾客就是上帝"这个说法？

二、给你一杯清水和一杯污水，请你写出一句关于清水和污水的真理。你的答案会是什么？并且，你的头脑中是否出现了表现这句真理的一组画面？

第十章
视频结构与视频写作

本章提要：在观察对象中找到聚焦点，并确定观察视角，严格限制观察范围，然后落笔写出标题，传达创作意图。选择好写作视点，便可以由较小的切入点设计开篇方案，要掌握以危险信息设置悬念开篇、设问开篇、激情开篇、选择特殊时间点开篇、选择特殊位置点开篇等方法。在主体结构方面，本章要补充关于双线并行结构的做法。在主体叙述方式方面，本章强调倒叙和插叙方法，而慎用顺叙方法。最后是视频的收尾方式，我们应该掌握自然结尾法、问式结尾法、呼吁式结尾法、呼应式结尾法、总结式结尾法，慎用展望式结尾法。

掌握了前面九章的内容要旨，知道了视频写作的四条及格线，明白了视频写作要达到优秀水平所须具备的三大特征，现在，只需最后过一遍文稿架构的诸要素，我们就把握住了视频写作的全部要义。

关于视频文稿的架构要素，前面章节中时有零散涉及，本章将自标题始，至结尾终，集中总揽一遍各要素的实用方法。

一、聚焦点·视角·标题

选择观察对象，确定聚焦点，预定视角，属于策划范畴，要在动笔之前完成。随后即可拟标题，这是下笔的第一步，是视频文稿的出发点。

1. 观察对象与聚焦点

观察对象就是视听产品的选题。电视节目一般要选择规模较大的观察对象，形成多个聚焦点，以填充时长。视频作品通常选择较小的观察对象，只确定一个聚焦点，在很短的时间内完成叙事。

面对观察对象，我们直接产生的聚焦兴趣往往是定式思维的结果。我们能这样想，别人也能这样想。由此做出的决定，常常是司空见惯的大路货。因此，要想摆脱俗套，需要排除第一反应，弃用第一选择。

中国传媒大学教授徐舫州曾让学生以"药"作为观察对象做聚焦练习，他自己预想了药的方方面面，想到西药、中草药、汤药、丸药、膏药，甚至想到了假药、农药、毒药，但这些统统是我们一提"药"字便首先映入脑海的概念。收到作业后，徐教授惊喜地发现，其中一个学生的聚焦点出奇制胜。该学生写道：

> 世界上的药有千百种，大多是治病救命的，但是使用量最大的药是什么药呢？是"炸药"！[1]

选题范围是"药"，并没有限定是吃的药，但绝大多数人首先想到的便是医药，于是以炸药为聚焦点便是独树一帜。

当聚焦点特别小的时候，会直接显示出撰稿人的思维状况、立场和态度，如果在这些方面有缺陷或考虑不周道，便会引发异议。

2006年5月7日，38家电视台同时播出《翻阅日历》栏目，其中有一个历史故事是现代足球在中国的诞生。节目录制前，撰稿人的原词如下：

> 第二次鸦片战争以后，外国在中国驻扎了很多士兵，他们没事的时候，就踢足球，这也算是把现代足球引入了中国。

最后的短句会引起质疑：一种由侵略军带来的游戏，中国人就这么轻易接受啦？我们后来的足球事业发展，难道要感谢当年的侵略军？本来没人知道这事，你们是想为侵略军树碑立传吗？所以，笔者作为总撰稿兼主持人，在录像时将这段话做了如下调整：

> 一项有趣有意义的竞技项目引进中国，当然是一件好事，但如果把这个项目引进中国的是侵略军，多少带有复杂苦涩的味道，五味杂陈。足球就是这样一个项目，把它引进中国的是西方列强，时间是在第二次鸦片战争之后。

---

[1]　徐舫州，李智.电视写作［M］.北京：中国传媒大学出版社，2017：96.

面对民族屈辱，要有最基本的态度和立场，至少要表现出对那段历史的不悦。从技术角度看，撰稿人和总撰稿的聚焦点都是外国士兵和足球，但前者的支点是外国士兵，外国士兵是句子的主语，是他们为中国引进了足球，似乎是贡献，后者的支点是足球，足球是段落的主语，它是被外国士兵带进中国的，是战争的副产品。

所以，当聚焦点不大的时候，要格外注意文稿的叙事支点。

但更需要注意的是，切忌不择重点，把整个观察对象都作为讲述内容，那样做只会泛泛而论，很难精彩。

2. 以视角约束观察范围

视角首先是观察方向，但更为重要的是观察广度。实际上，视角的广度和聚焦点的大小相互作用，两者成正比。优秀的视频文稿，可以说是较小的聚焦点形成了较小的角度，也可以说是小角度严格限制着观察范围。

1999 年 5 月 14 日，《焦点访谈》报道专机接回驻南斯拉夫使馆的受伤人员以及罹难者骨灰的过程，敬一丹开场即从专机型号说起，设定了报道视角。

> 我国政府派专机前往南斯拉夫，接回我国遇难烈士骨灰和受伤人员。飞机型号是CA9999，这不同寻常的四个"9"让人们心中震颤不已，它让人想到了十万火急救助我们的同胞亲人，也让我感到了期盼和平的善良人们的美好愿望。人们希望平安久久，健康久久。

当年是 1999 年，而"9"是中国人的吉祥数，与救人的"救"和长久的"久"谐音。节目没有大幅度重现和展开我国驻南斯拉夫使馆被炸事件的过程，也没有用大量篇幅抨击美军的暴行，而是缩小视角，聚焦于回家、相聚与平安愿望。

可以说，小视角就是为了聚焦，聚焦也只能是小视角，其目的具有一致性。

3. 标题：创作意图的第一表达

切忌以整个观察对象确定标题，标题应该是关于聚焦点的精练表达。

互联网视频标题的作用远远大于电视节目标题的作用，绝大多数用户是通过标题筛选自己想看的作品，一个标题吸引不了他们，他们便会查看下一个标题，直至找到自己感兴趣的视频。

所以，互联网视频的标题不必像电视节目标题那样求短，它可以长一些，相当于把电视节目导语精简为三个短句，尽量说清视频内容是什么。

视频标题的任务是简练揭示主题，有五种基本方式。第一，聚焦矛盾冲突，提炼爆点。第二，顺应从众心理，寻找一致或相近的高频词汇作为关键词。观察现在的许多视频标题，由于写作者文字水平差，写得语无伦次，却依然能吸引用户，原因就在于标题中含有高频关键词。第三，强调反差，表明事件与常识认知有相当大的距离。第四，运用疑问句，设置悬念，让用户欲罢不能。第五，使用极富动作性的动词，增加形象感，调动用户兴趣。

必须要注意的是：标题一定要具有直接性，切忌隐晦，不要让用户绕几道弯子还琢磨不透；尽量让封面图片发挥作用，帮助标题吸引用户，画面不宜花哨，元素太多会让人一下子看不懂，最好突出肢体语言和表情，图中如果有对应标题的悬疑点，应该明确圈出来。

二、视频写作的视点

视点指的是观察者所处的位置。实际操作中，观察点也要在下笔之前确定，它同样应该是策划的结果。观察者所处的位置不同，叙事方式会大为不同。

1. 对虚构创作视点的借鉴

1972 年，法国结构主义叙事学家热拉尔·热奈特（Gérard Genette）指出小说创作有三种叙述视点，即非聚焦型全知视点、外聚焦型客观视点、内聚焦型限知视点。[①] 这套文学叙事理论完全可以被媒介的非虚构创作所借用。

（1）内聚焦型限知视点

人物身处事件内部，是当事人和亲历者，但他们的视角只能在他们的位置点打开。如果处在同一地点，他们的视野会因为方向不同而产生差异，也可能完全相同。如果位置很近，他们的视野交集就大一些。如果他们根本不在一起，他们看到局部会全然不同。

这便是新闻调查节目必须多方采访当事人和亲历者的原因。

视频撰稿人的信息来自当事人和亲历者，说服力最强，但要注意的是，对他们提供的信息必须交叉印证，不能偏听偏信。

在实际写作中，撰稿人复述一个事件，可以时而使用一个人的视点，时而使用另一个人的视点，而这两个人都无法知道对方的存在。还记得第五章中提及的敦豪

---

① 热奈特.叙事话语　新叙事话语［M］.王文融，译.北京：中国社会科学出版社，1990：129.

货机和巴什基尔客机吗？它们就是在互不相知的情况下相撞的，而地面的航空管制员也完全不知道两架飞机上的防撞系统已经发出了正确指令。在那个视频中，两个机组和航空管制员分处二个内聚焦型限知视点。

（2）外聚焦型客观视点

叙事者处于事件外部，只能呈现某些外部观察，无法完整描述事件的内在逻辑。实际上，大部分知情人和所有目击者其实都是这种状态，所以记者只有在接触不到当事人和亲历者的情况下才会以知情人和目击者的话为依据。

视频撰稿人可以避免使用他们提供的信息，而由编导直接运用他们的同期声去表达各种意见。撰稿人模拟这种视点进行写作，顶多是在开篇暂时扮作局外观察者，描述可见事实，但旋即就要进入内视状态。

（3）非聚焦型全知视点

"非聚焦"的意思就是没有视点和视角的限制，叙事者无所不在、无所不知，有能力说出任何秘密。这是媒介叙事者渴望达到的境界，但事实上我们无法像虚构作品创作者那样掌管所有角色的命运，安排所有故事的进程，我们只能通过采访尽可能知道得更多。视频撰稿人必须在未知部分留白，不能臆断，但对已知部分的记述，完全可以站在全知视点，合理安排结构。撰稿人对敦豪货机、巴什基尔客机和航空管制员的记述，就是站在全知视点，把它们连接在一起的。

2. 非虚构撰稿视点

视频创作拥有独属于自己的一套视点概念，理解起来要简单得多。如果觉得虚构创作视点理论太烦琐，你可以忘记它，直接学习非虚构撰稿的视点原则。

（1）客观视点

不附加自己的偏好、情感、意志等主观意识，客体观察事物，将事物看成与自己不相关的独立存在，并且客观表达事物，让它不受自己的控制。

例如，视频上是女明星在首映式上偷偷脱下高跟鞋，意识到被别人发现了，急忙又穿上。以客观视点进行观察，不能说她觉得脚很累，只能展示这个情景。

这就意味着，客观视点表达只是画面编辑的事，撰稿人不必复述受众已经看到的信息，如果撰稿词说明女明星穿高跟鞋很累，那就变成了主观判断。

（2）主观视点

它是视频中人物的视点，也就是说，视频中人物看到的事物就是受众看到的事物。制作这种视频，撰稿人可以大显身手，只需把视频中的人物称为"我"，并以"我"的眼睛进行观察，可以直接抒发感情。

央视纪录片制作人孙曾田 1997 年制作完成的纪录片《神鹿呀我们的神鹿》，记录了大兴安岭剧变中的三代女人，却只是通过第三代女人柳芭的视点完成叙述。2006 年 7 月 17 日，央视《纪事》栏目播出 11 岁的张炘炀上大学的故事，记者以主观视点完成了报道，所有旁白也都是第一人称叙事。

主观视点撰稿有一种特殊情况，我们称之为"特定视点"撰稿。例如，2003 年第九届电视法制节目研究委员会年会的获奖作品《我是谁家的猪》，以猪的第一人称行文，模拟生物的视点完成叙事，让法制节目变得妙趣横生。

不过，这种报道会受到主观视点的局限，不能腾挪转移。

（3）多向视点

最能自如进行时空转换的是多向视点叙事，其内容是客观视点和主观视点组合观察的结果，因为是第一人称和第三人称交叉使用，所以它兼有客观叙事和主观评议的双重特点。也就是说，撰稿人可站在片中任何人的立足点上展开叙事，打开媒介制作者的全视角。

总之，同一事件，同一组画面，不同的撰稿人从不同的视点出发，会站在不同的立场，聚焦不同的对象，持有不同的观点，形成不同的主题。如果撰稿人传播的信息不是虚假的，也没有恶意扭曲事实，其叙事差异就是正常的。

三、切入点与开篇设计

切入点决定着开篇，开篇会呈现切入点。在视频写作实践中，开篇与切入点息息相关，最好放在一起讨论。

这两个问题极重要，用户对标题和封面感兴趣，点开视频后还要经历一个短暂的犹豫期。如果切入点和开篇与其期望不一致，他们会立即离开。而用户此时的留与去，会直接影响数码媒介平台的流量推荐判断。

抖音的流量推荐以 5 秒为一个波段，如果点开视频的用户超过 50% 在第一波段结束观看，那么系统会判定该视频无效，停止推荐。所以，在短视频平台发布作品时必须防止冷启动，前 5 秒一定要抓人。

1. 切入点越小越好

反向说就是，切入点越大越不好，规模宏大意味着没有聚焦点，人们很难对没有具体细节的视频长时间感兴趣。

切入点越小，就越具体，越不容易雷同。其实，再宏观的场景，再重大的题材，也都可以通过找到很小的切入点以小见大，逐步展开。

请看笔者撰写的《百年中美风》第一集《中国女皇号》的开篇切入点：

> 美国建国初年，探险家理亚德告诉同胞，如果你在北美西海岸用 6 美分买一张海獭皮，你可以在广州卖到 100 美金。此话，被大多数人视为天方夜谭，但还是有少数商人想去碰碰运气。1784 年，美国人乘坐中国女皇号，第一次抵达广州，获得了第一份贸易奇迹。此外，他们还听说，统治中国的根本不是什么女皇，而是乾隆爷，他已在位 49 年。

中美宏大的 200 多年的外交史，仅以一张海獭皮和一艘商船为切入点，避免了与同题材作品撞车，也避免了抽象空洞。紧接着，笔者聚焦华盛顿纪念塔内墙上的一块石碑，为主持人陈晓楠写下第一段串场词，由此引发对中美之间相互打量对方的形象化描述。

> 在美国首都华盛顿的市中心，有一座，华盛顿纪念塔，为的是，纪念美国的开国总统华盛顿。纪念塔的内墙上镶嵌着 188 块来自世界各地的石碑，其中有一块是，清朝宁波地方政府所赠。石碑上说，华盛顿简直是一位奇人，他起义的时候，比陈胜吴广还要勇猛，而割据的时候，赛过曹操刘备。石碑上还说，美国呢，废除了世袭制度，幅员万里不设王侯，一切社会问题都可以公议，这简直是开创了古今未有之势。赞叹当中，有着不解，不解当中又含着赞叹，而这正是道光年间中国人，对美国的印象。

对于视频开篇的设计，优秀做法与习惯做法截然相反，而优秀做法中的细节切入主题一项是促成其他几项优点的关键。

表 10-1　优秀开篇与平庸开篇的对比

习惯做法	优秀做法
概论：长篇大论	纪实：开门见山
大角度	小角度
面面俱到的宏观综述	由细节点切入主题
宏大而抽象	微小而具象
注重时间梳理	注重空间关系

细节，肯定是微小而具象，打开的一定是小角度，它无须长篇大论，开门见山地说出来即可，而将细节放置在空间关系中，总是比把它放置在时间顺序中形象得多。

2. 开篇设计方法

陈汉元在一次纪录片研讨会上说："纪录片的开头就像一个人的脸。"[①] 其实，所有视听产品的开篇都像是人脸，是最吸引人们目力的部分，也是最容易被人辨别美丑的地方。所以，精心设计开篇等于为自己的孩子精心化妆。

（1）以危险信息设置悬念

开篇设置的悬念一般是结构性悬念，也称"大悬念"，要对全篇起构筑作用，为叙事发展提供动力。这种大悬念不会被马上解开，会贯穿全篇。受众在观看过程中会带着对大悬念的疑问，跟从编导和撰稿人的思路，一步步感受片子所要呈现的意义。大悬念开篇即被提出，目的是立即抓住受众。而危难局面和危险信息如何面对，常常是最佳的悬念材料。

1997 年 5 月 6 日，美国《国家地理》公映了一部专题片，纪念 60 年前这一天发生的一场灾难。那时，德国兴登堡号飞艇准备着陆新泽西州莱克赫斯特海军航空总站，不知什么原因，它在 32 秒之内就被烧毁了。

请看这部专题片的开篇是怎么设置结构性悬念的：

画面：火灾

　老翁：我只担心如何逃生，我心想，完了，今次必死无疑！

画面：火场

　老妇：这是一次罕见的撞船意外，很大的火团和浓烟……天啊！就好似火球一样，火光熊熊，这是毕生难忘的经历。

画面：纳粹和希特勒的黑白纪录片片段

　旁白：有人认为是一次意外，亦有人认为是故意谋杀。究竟这次灾难是如何造成的呢？半个世纪后的今天，美国国家航空航天局的工程师或许能揭开这个谜。"我发现他们早已知道飞船有问题"，这就是兴登堡灾难的原因，亦为飞船的黄金时代画上句号。

画面：巨大的飞船，众人拉绳，纳粹旗帜醒目。

画面复原火情，由两位幸存者的回忆渲染灾难气氛。随即，由纳粹旧影像引发悬念，因为这个片段突然出现，缘由不明。随即用旁白加重悬念，画面再次出现纳粹信息，暗示这一切与希特勒有关。全片将为受众解开这个大悬念。

1998 年，东方卫视播出《危急时刻——东航分级机 9·10 成功迫降纪实》，演播室主持人手拿 MD-11 型飞机模型，说出以下开场白：

> 9 月 10 日 19：38，一架载有 120 名乘客、17 名机组人员的 MD-11 型客机在上海虹桥机场起飞。这是一次非常平常的起飞，但是谁又能知道经过 3 个小时之后，它却拥有了一次<u>极不平凡的返回</u>。

客机起落架收放失效，机上人员面临危险，飞机是如何成功迫降的呢？

大凡生死考验，总是最大的悬念，非常吸引人。

需要指出的是，那些长视频，除了开篇设有结构性悬念，后续还要设置若干阶段性悬念。长视频很难仅靠一个开篇悬念吸引受众持续关注，因此需要不断出现小悬念，也就是片子的兴奋点，以保证视频始终锁定受众的注意力。另外，所有悬念最好的结果都应该是既在意料之外，又在情理之中。有些视频的谜底揭开后，与悬念期待相去甚远，甚至毫不相关，这会使受众产生上当受骗的愤怒情绪，让整个视频的信任度在他们心中大打折扣。

（2）设问开篇，预备释疑

这种开篇方式的吸引力固然没有设置悬念力度大，但仍会调动受众的好奇心，增长他们对获取答案的渴求。

著名编导金铁木 2004 年制作完成的专题片《复活的军团》是这样设问的：

> 这是一支创造了历史的军队，然而，多年以来，人们对它的了解并不多，它真实的形象一直模糊不清。秦军强大的根源在哪儿？它靠什么建立了空前的丰功伟业？回望秦军统一中国的步伐，那是一段漫长而曲折的历史。

"漫长而曲折的历史"暗示受众要有点儿耐心，全篇会详解秦军消灭六国靠的是什么。这种开场白不是提出问题就直接进入正片，而是给出一个方向。

请看重庆卫视《特别关注》栏目 2010 年 5 月 26 日播出的《会说谎的作文》，其主持人的开场白同样是提出两个问题再做好答疑预备。

本月，《中国青年报》社会调查中心进行了一项调查，调查问卷直指小学生作文撒谎，结果83.3%的人承认自己在上学期间编过作文。孩子们为什么要撒谎？他们究竟有什么难言的苦衷？为此，我们的记者走访了我市金山路小学和五里店小学，发放并回收了30份关于撒谎作文的调查问卷，希望能从中找到答案。

大致告诉受众，本台记者做了什么，答案可能就在其中。

（3）开篇激情四射

激情洋溢的开场白一般会用于真人秀的开篇，但单听主持人的串场词未必会感觉到十足的激情，它要配以揭秘式的镜头并配以富于动感的音乐。

福克斯广播公司播出的《美国偶像》第五季第一集开篇，主持人一边大声说着开场白，一边收雨伞，一边走进体育场。

这座城市的确名副其实，风城，但它没能吹走今天来到这里的所有人的热情。我是Ryan Seacret。这就是我们的目的地，谁会沿着Kelly、Carrie、Rueben、Fantansia的足迹走来，我们会在芝加哥找到下一位美国偶像吗？

摇臂摄录机追拍主持人走到一排参赛者前面，受众本以为参赛者就是这些人，但摇臂摄录机抬起，越过主持人头顶，露出数千名热烈的参赛者。

美国全国广播公司制作的《学徒》第五季第一集的开篇，唐纳德·特朗普（Donald Trump）自驾银色奔驰跑车，停在自己的大型专机下，边向镜头走，边说开场白。

我是唐纳德·特朗普，常在物色有天分的人。我在寻找天生的领袖，我在寻找策略思想家，我在寻找一名学徒。

然后，他在一组节奏极快的短镜头中走上飞机旋梯，飞机起飞，越过哈德逊河上的华盛顿大桥，进入纽约上空。特朗普的画外音大声说道：

我正飞往纽约，与18位求职者会面。他们是我从100多万人中挑出来的，要接受最严峻的面试，在未来15个星期要挑战能力极限，超乎想象地拼尽全力。

此时的画面是即将参加职场打拼的年轻人从四面八方赶往会面地点，然后是他们的同期声画外音，讲述各自的职场理想。最后一个镜头是特朗普在专机舷窗边对镜留下问题："谁胜谁负？谁能成为我的学徒？"全长1分49秒，镜头短促紧凑，音乐动感十足，开篇气势压人，却引人入胜。

（4）选择特殊时间点开篇

云南电视台纪录片创作室导演兼摄录师魏星1999年制作完成的纪录片《学生村》开篇是大理白族自治州云龙县唯一一所小学的地理环境，山坡土路上的孩子们走进路两边属于自己的木屋，打扫尘土，校长吹哨叫出孩子们，通知买教科书的时间，孩子们从山坡上坐木板轱辘车滑下。这是一个平凡片段，却是一个特殊的时间，是寒假结束的开学第一天，会有更多的开篇细节在这一天出现。如果是第43天或第89天，意义不大，除非这一天发生了戏剧性的事件。

特殊时间点具有值得人们关注的价值，具有仪式性。

黑龙江抚远市有一个黑瞎子岛，一直为人们所关注。2004年，普京访华，签署《中华人民共和国和俄罗斯联邦关于中俄国界东段的补充协定》，将黑瞎子岛西侧归还中国。2011年7月20日，黑瞎子岛向游人开放。这一天，黑龙江电台播出专题节目《乌苏人家的守望》，其开场白如下：

凌晨2点的苏乌镇，天刚露出鱼肚白，一位面色黝黑、头发花白的老人，哼着小调，走在黑龙江江畔的青石小路上。老人名叫张胜海，是乌苏镇的镇长。说是镇长，实际上这个镇只有一户居民，就是张胜海和他的老伴。

中国每天最早迎接阳光的地方原来是乌苏镇，夏至日2∶10天亮。而一江之隔的黑瞎子岛在它东北边，从2011年7月20日这天开始，游人再来迎接最早的阳光，都要改在黑瞎子岛了。于是，整个报道以黑瞎子岛第一个开放日为轴。按理说，乌苏镇本该有点儿悲伤，但是不是这样呢？那就听听《乌苏人家的守望》怎么说。

（5）选择特殊位置点开篇

2012年12月30日，青岛电视台播出专题节目《"蛟龙"探海——中国载人深潜海上试验纪实》，其开篇设计如下：

字幕：2012年6月24日，太平洋马里亚纳海沟

潜航员：我们三位潜航员，祝愿景海鹏、刘旺、刘洋三位航天员，与天宫

一号对接顺利！

　字幕：2012 年 6 月 24 日，神舟九号航天员乘组

　　航天员：在我们顺利完成手控交会对接任务的时候，喜闻"蛟龙"号创造了中国载人深潜的新纪录，在此，我们向叶聪、刘开周、杨波三位深潜员致以崇高的敬意！

　　旁白：这是一次跨越海天的对话，就在神舟九号与天宫一号首次手控交会对接成功的同一天，"蛟龙"号载人潜水器顺利到达马里亚纳海沟 7020 米深的海底，在世界载人深潜的榜首刻下了中国人的名字。这个日子，注定要载入史册。

这个日子固然特殊而重要，但它缺少一些形象感，不容易记忆。相比之下，开篇中的两个地点更抢眼，而且上下反差巨大，一个是距地面 340 千米的太空，一个是海面下 7 千米的海沟。极端化的东西总是非常吸引人。

四、主体结构中的叙事方式

主体是视频组成部分中最重要的内容，所占篇幅最大，是信息集结重地，因此是视频的生命。开篇和结尾再精彩，没有主体屹立其间，视频便没有价值。

1. 主体的任务

真正满足受众的信息需求便是视频主体的任务。从原理上讲可以这样理解，如果导语是视频的骨髓，那么主体便是视频的血肉。主体必须补充导语，把导语提及的信息全面展开，并支持导语中显现的态度。

2004 年 3 月 4 日，黑龙江电视台播出《王发的官司"赢"了》，它的导语提出海伦市向荣乡向众村的农民王发比秋菊执着，比秋菊受的苦更大。

　　还记得电影《秋菊打官司》吗？为了讨个说法，秋菊拖着怀孕的身子，四处奔走。在我省海伦市，农民王发比秋菊还要执着，受的苦也远比秋菊大。今天，好不容易打赢官司的王发却挨了法官一顿打。

既然导语这么说，受众就要看到王发被打，主体还必须证明王发确实比秋菊执着且吃的苦更多。也就是说，导语中所有的简要陈述都必须在主体段落中以具体事实提供充足的证据。

这里要做个说明，有人会问，在讨论主体结构之前为什么没有讲讲导语。请回忆一下，第四章中的"找重点，讲重点"，其中讲到过"由导语进入讲述重点"，里面已经分门别类地详解过关于导语的知识，所以本章不再重复。

2. 双线并行结构

关于主体的结构方式，在第九章讨论"思想性最易施展的区域"时，也已在"具有篇章结构的非虚构片"的小节中做过详解，此处同样不再赘述，只是需要补充介绍一种方式，即双线并行结构，也称"辫子结构"。

这种结构具有相互对应的两条线路，彼此跳跃交叉进展。

1999 年，央视《东方时空》栏目摄制的《大阅兵》，讲述军人家庭两代人的故事。老一代是 83 岁的张竭城将军和 76 岁的张翠英夫人，新一代是他们的孙子张小丁，时年 26 岁。两代人在年龄上形成鲜明对照，但在气质上却拥有共性，他们在两条线索上轮流展现、互相辉映。

以北京电视台《身边》栏目《生命缘》系列节目 2012 年 5 月 7 日播出的《生命中的第一次拥抱》为例，它讲述的是助产士的故事，在开篇部分快速呈现出两条线索的端点。

> 在北京妇产医院，共有 6 个分娩室，现在有两个产房在同时接生。
>
> 穿绿衣服的是医生，穿蓝色衣服的是助产士。
>
> 在第一分娩室内，替产妇接生的助产士名叫李菁，今年 37 岁，是所有助产士中年龄最大的一位，她是今天当班助产士的组长。今天，她必须用最短的时间让胎儿出生，因为仪器显示，这个胎儿的胎心明显低于正常水平。胎心慢，意味着孩子在母体内已经缺氧了，如果长时间处在缺氧的条件下，很可能，会危及胎儿的生命安全。
>
> 在第二分娩室内，替产妇吕翠接生的助产士，名叫陶然，她今年只有 24 岁，没有生过孩子，也没有结婚。产妇吕翠的情况同样复杂，因为产前的 B 超显示，胎儿的脐带缠在了脖子上，如果不能尽早出生，很可能导致胎儿窒息。

两条线索上的人物旗鼓相当，双线并进，尽管处在不同的分娩室，却是一样的劳碌。两个人不同的是年龄，因此摄录机分别进入她俩的家庭时，情况各不相同，李菁的家里有丈夫和孩子，陶然的家里只有母亲，但完全一样的是家人全都理解和支持她们的工作。

要说明助产士的不易，以一个人为例，其说服力远不如在两条线索上看到两个人几乎相同的生存状态。

3. 结构主体的叙述方式

视频作品叙述方式的种类，其实与纸媒作品相同，都是顺叙、插叙和倒叙三大类。在对它们使用频率的认知上，人们的误解也是相同的，绝大多数人误以为使用频率最高的是顺叙。但实际上，只要是媒介作品，无论是纸媒作品还是视听作品，使用频率最高的永远是倒叙。

（1）倒叙使用频率最高

为了避免平铺直叙，创作者经常把事件的最新进展或事件的最终结果提到最前，用待解之谜形成悬念，使节目产生吸引力，激起受众的好奇心。

在视频中，最先出现的信息多是发生在不久前，然后便一下子回溯到事情的原初点，继而再一步步走至尾部，渐渐回到不久前，这便是媒介报道惯常使用的典型的倒叙法。

这类叙事作品首尾都是"不久前"，那么中间一大段"过去"，完全可以视为首尾之间的大插叙，而单看自事件原初点至尾部的叙事，又肯定是顺叙。

所以，各种叙事方式并非井水不犯河水，有时它们是衔接出现，有时它们却会相互叠加，这么看是这种叙事方式，那么看是那种叙事方式。

（2）补充必要信息的插叙

由于信息传播的需要，暂时中断叙事线，插入与之相关的其他信息。这就是插叙。但插叙分为小插叙和大插叙，小插叙插入的是与叙事线直接相关的背景材料或充实材料，大插叙插入的是与叙事线没有直接关系的另一件事。

2001年4月7日，央视《新闻调查》栏目播出《绛县的经验》，批评山西绛县搞"农业科技示范县"假典型一事。副县长接受采访，谈到上一年大面积种植西瓜成功了，插入县里组织庆祝西瓜丰收的宏大场面。农民接受采访，向记者吐苦水，说收成不好，插入去年西瓜又小又少的段落。这两处都是小插叙。

在整个叙事结构中，插叙内容只是与主述事件有关的片段，是枝叶，不是主干。插叙结束后，叙述要续上主线，不能把它忘了。

（3）顺叙做好不容易

顺叙是一种比较老实的排序结构，是按照事物发展进程的时间线或空间关系逐步进入高潮。它符合自然时序的本体特点，也符合受众的顺向思维习惯，但就是因为缺乏设计安排，没能让受众因为异常而感到刺激，很难吸引人。

对于简要叙述的故事，特别是突发灾难新闻或大家一直在关注的热点事件，其叙事时间很短，起首便是高潮，使用顺叙方式没有问题。例如 2011 年 9 月 20 日晚间重庆电视台播放的简讯《嘉陵江一餐饮船翻沉，11 人落水》，主体解说词就是顺叙。

> 今天下午，湍急的江水导致嘉陵江渝澳大桥水域一艘餐饮船与陆地连接的部分缆绳发生断裂。下午 4 点多，救援人员登上这艘名叫周洪渔船鱼的餐饮船疏散被困的 10 名船员，突然，餐饮船和陆地间仅剩的一根缆绳断裂，船只向下游漂去，1 分钟后与另一艘餐饮船发生碰撞，导致周洪渔船鱼餐饮船翻沉，船上 11 人全部落水。
>
> 事发后，海事局和市公安消防总队立即展开施救。由于担心出事船舶对下游的渝澳大桥和嘉陵江大桥造成破坏，市交巡警总队对大桥进行了交通管制。
>
> 经过紧急施救，到下午 6 点左右，落水的 11 名人员全部获救，鑫缘渔港餐饮船断缆漂流至渝澳大桥处固定，暂未危及下游桥梁和船只。

这条突发险情简讯很短，它以事件发展时间为轴线，从"下午"部分缆绳断裂开始，直接讲到"4 点多"最后一根缆绳断裂，继而介绍"事发后"政府的行动，"6 点左右"呈现事件结果。不过要想一想，这只是主体内容，它前面的导语与它的关系其实还是倒叙。

央视《东方时空》栏目早期节目《梁祝》确实是时间顺叙结构，而且时长近 30 分钟，它仅用 11 句旁白便把大量同期声素材组织了起来，其间配以字幕，穿插《梁山伯与祝英台》优美的小提琴曲，整个节目浑然一体。

不过，那个节目没有收视率的压力，这部小提琴协奏曲又足够著名，如此优美的音乐究竟是怎么诞生的也确实有人关心。

顺叙结构真正的杰出典型是黑龙江电视台的简讯《林蛙不归路》，在 2000 年度中国广播电视新闻奖的评奖过程中，没有一位评委提出异议，是全票通过获得的一等奖。其导语并未将后续时间前置，而是为主体给出时间顺序的起点。

> 今年入秋以来，被誉为"森林环保卫士"的国家级保护动物林蛙，由于具有极高的营养价值，在伊春林区遭到偷猎者的大规模捕杀。昨天，记者在大西北岔林场拍摄到了林蛙前往冬眠地路上的悲惨遭遇。

新闻要素完整，简洁却不乏信息量。时间是"入秋以来"，地点是"伊春林区"，人物是"偷猎者"，事件是林蛙被"大规模捕杀"，原因是其"具有极高的营养价值"。请看它的主体解说词，注意其时间顺线中的空间线索。

　　画面：半山腰，蜿蜒千米的塑料布沟，一只林蛙在塑料布里上下跳窜。

　　旁白：林蛙有着固定的迁徙路线，春上山捕食，秋下河冬眠。在这不足千米的回归路上，林蛙要闯过三道生死关。由塑料布做成的、数千米的矮墙将一个个山头围得严严实实。

　　画面：落入陷阱的林蛙，搭梯逃生，一个摞一个往上蹦。

　　旁白：林蛙在矮墙前蹦来蹦去，一不小心就掉入了捕蛙人事先挖好的陷阱里。而另一些林蛙只好挤在一起搭阶梯，为逃生拼死挣扎。

　　画面：潺潺小溪，溪中的网箱。

　　旁白：这是一条从山上流下的不足500米的小溪，捕蛙人设置了10多个这样的网箱，逃过矮墙的小部分林蛙多数又被收入这样的网箱中。

　　画面：林蛙入河，嗡嗡响的电流声，被电鱼设备电死的林蛙浑身战栗。

　　旁白：侥幸逃过前两关的小部分林蛙进入山下冬眠的深水区，就进入了死亡之渊。同一条河的200米内，两伙捕蛙人的电棍所到之处，强大的电流使林蛙遭到了灭顶之灾。

　　画面：人们从袋中拿出林蛙，剥皮，洗净，下锅，淋上酱油，大片遭虫害的森林，树枝上虫迹斑斑。

　　旁白：回家冬眠不成的林蛙最终出现在农贸市场和人们的餐桌上。目前，伊春林区林蛙密度已由过去的每平方公里10000只下降到不足1000只。今年，伊春林区发生了大面积森林病虫害。

主体是讲林蛙被捕杀的过程，过程有先后，只有顺序介绍才不会紊乱。而在时间顺序中，可以看见三个空间环节以及每个环节中的盗猎工具，顺叙得以形象化。结尾三句话，摆出三个事实，发人深思。

我们是否可以看出来，在成功的直叙型结构中，叙事走的并非一条直线，而是由空间环节衔接起来的数条线段，线段和线段之间可能产生弯曲。

五、视频的收尾方式

开篇只是视频的起点，要挑起受众的期望，而片尾（Tags）是视频的落点，要满足受众的期望，毋庸多言，精彩片尾比精彩开篇更重要。

1. 自然结尾

水到渠成，事尽文毕，时间顺序的截点恰是事件的结局。

2010 年 5 月 11 日，青海电视台播出《我们的快乐球场》，其尾部如下：

> 旁白：一个月前，当玉树高原被地震撕扯得满目疮痍时，这片土地还是草木枯黄的季节。今天，废墟上的白杨已生出了铜钱般大小的绿叶，春天正以不可阻挡之势在高原的山水中向人们走来。
>
> 玉树第二民族中学的学生们：我们要好好学习，将来争取考上北京师范大学，Yeah!

这种方式的结尾多采用空镜，运用空间延伸效果，给受众留下回味空间。

2. 问式结尾

提出问题，令受众深思，包括三大类型。

（1）反问做结

反问的作用是加强语气，并不需要作答，是只问而不答。例如，陕西电视台《今日点击》栏目主持人在《透视"贵族图书"》中的最后一问，其实答案已经包含在问句之中。

> 我们国家还是发展中国家，吃饱肚子的时间并不长，远没有富到钱多得没处花，非得用黄金造书来炫耀奢侈的地步……你想，读书人是喜欢倚在床上看一本简装轻便的《三国》，还是愿捧着一块 3 斤多重的精装大砖头摆谱呢？

第一段话其实已经预先给出了答案，最后的问题不言而喻，只是要表达出主持人明显而强烈的否定态度。视频评论一般会避免直白地给出明确结论，所以经常运用反问句做结尾，让受众意会。

2011 年 5 月 15 日，央视《焦点访谈》栏目播出《茅台镇上的强迁之痛》，请注意其结尾反问句包含的态度。

> 商户们的遭遇在人们的心里留下了一个个问号挥之不去，地方政府搞特色

建设提升形象，要不要同时坚持以人为本的原则，而相关群众的切身利益又被放在什么样的位置上呢？茅台镇要求一些商户在两天内搬迁，却不考虑实际情况，不解决搬迁损失，不考虑生活补偿，如果提出异议，就采取强行措施，随意叫停商户合法经营，扣押合法财产。茅台镇政府负责人竟然说这是在依法行政，这依的究竟是什么法呢？

这个反问句的意思是，镇政府不可能拿出法律依据，毫无疑问是错的。

（2）设问做结

设问的作用是引起注意，并非索要答案，是明知故问，自问自答。

医学界早有共识，让早产儿持续吸氧最好不超过3天。否则，会致其视网膜剥离，如果不及时治疗，他们会双目失明。东方卫视记者对这类医疗事故做了调查，发现它们一方面与少数医生医术不精或缺乏责任心有关，另一方面也与医院片面追求经济效益有关。于是，他们制作了一期评论节目《是谁让我坠入黑暗》，编后语结尾是一个设问句。

有数据证明，我国早产儿的存活率有了很大提高，在让每个早产的生命得到安全保障的同时，能不能给予他们更高的生命质量？毕竟，生命并不仅仅只意味着存活。

"能不能给予他们更高的生命质量"，直接答案是"应该能"，但这跟没说一样，且直白没有韵味，于是撰稿人退后一步，给出了"应该能"的理由。

（3）问责做结

东方卫视《深度105》栏目与新华社联合制作的《走样的经济适用房》，批评硬要在经济适用房用地上建别墅的违规事件，其运用的就是问责做结。

目前，虽然已经有了调查结果和处罚决定，但是还有一系列的问题没有答案。比如说砍伤村民的恶性暴力事件伤人致残，难道就这样不了了之吗？违规建造的别墅和楼中楼虽然已经被责令停工，但实际上已生米煮成了熟饭，那接下来该如何处理呢？前不久中共中央办公厅和国务院办公厅印发了《关于实行党政领导干部问责的暂行规定》，其中就有对职能部门管理、监督不力的问责，新华社的评论文章也指出，"经济房变别墅"事件有关部门的责任人，该负什么样的责任？受什么样的处罚？人们期待最终的定论。

问责结尾大多是一事一议，直接指出必须解决却尚无答案的问题，但会在一定程度上放宽视野，发出完善制度的呼声。

3. 呼吁式结尾

2011 年 4 月 17 日，广西电视台《今日关注》栏目播出新闻调查《名不副实的"公考"培训班》，揭露广西公务员考试培训市场中的严重乱象，主持人在结尾做了两个呼吁。

> 2010 年广西公务员考试泄题事件其实就是培训市场混乱无序、监管缺位所导致的恶果。今年的公务员考试马上就要开始了，我们希望有关部门，能真正地负起责任，净化和规范公考培训市场，堵塞权力寻租空间，为国家选拔人才创造一个健康良好的外部环境。我们也理解考生迫切的心理，只是这种心理，不要被人利用就好了。

我们通常见到的结尾呼吁，要么是呼吁政府相关部门严加管理，要么是呼吁消费者自我保护。好的呼吁式结尾，应该两者兼顾，大家一起努力。

2012 年 1 月 9 日，《辽沈晚报》报道沈阳商业幼儿园于 2011 年冬天购买的"大鼻子"校车迟迟上不了牌照，沈阳交通局告之，没有可给标准校车上牌子的法规。于是，沈阳电视台制作了一期节目，使用的是呼吁式结尾。

> 在我们呼唤校车安全的今天，这样一辆校车竟然无法上路。而就在几天前，我们也曾经报道过在康平、苏家屯两个区，幼儿园的孩子被强行禁止乘坐校车的消息。这样的事情简直让我们感到滑稽，却又真真切切地发生在我们身边。
>
> 校车问题，理应被相关部门高度重视，但如果我们过度重视，甚至背离了事物发展的规律，带来的恐怕就是这样一场场闹剧。
>
> 希望我们能在马路上早日见到商业幼儿园的这辆校车，也希望每一个乘坐校车的孩子，能够安全地到达他们的目的地。

受众看完节目，已经形成大致相同的看法，所以节目结尾可以发出感情色彩浓烈的呼吁，它基本上就是受众的心声。

4. 呼应式结尾

视频主题一般在片首就有过交代，在主体内容中又得以展现，为了凸显结构感，使全篇浑然一体，撰稿词可以在结尾处用点睛之笔进行明确呼应，加深受众对主题的领悟和记忆。

2012 年 3 月 11 日，央视《看见》栏目播出纪念日本大海啸一周年的节目《気仙沼的这个春天》，是这样开篇的。

> 画面：远处海岸线上的一棵老松，海啸幸存者平山仁义为中国记者引路。
>
> 平山仁义：现在看到的那棵松树，看起来像一条龙，经常被用在报道里。
>
> 画面：老松全景，俯瞰气仙沼市的大全景。
>
> 旁白：这棵树还活着，它站立的这片海滩，在日本东北地区的沿海小城气仙沼。一年前，日本大地震，这里被史无前例的大海啸洗劫。
>
> 画面：平山仁义走近老松。
>
> 旁白：这棵树，成了它的同伴中唯一，活下来的。
>
> 平山仁义：没错，原来这里有更多的，现在只剩下这一棵，这是原来那一片里靠边的一棵。
>
> 旁白：灾难过后，海滩上几乎所有站立的东西都已不在。后来，人们意外地发现了这棵还活着的树，于是叫它"复兴之树"。每天，都有人来这里看它，希望从它身上获得力量。

气仙沼这一带，海啸前宾馆林立，观光客非常多，但海啸后一切荡然无存。这棵 250 多岁的老松成了当地人的精神寄托，他们希望气仙沼早日恢复到灾前的样子，让观光客都能再来。

结尾，画面又回到老松这里，这是核心形象的回环设置。于是，整个节目的起和落都不是在说失去了什么，而是在强化什么依然活着。活着的，不仅是这棵老松，还有人们的信心。

5. 总结式结尾

2011 年 10 月 23 日，上海电视台播出《聚焦医患"第三方"》，结尾借用患者家属的意思，概括了中介调解在医患纠纷中的特殊作用。

在采访中，患者家属告诉记者，医患纠纷人民调解让他们体会最深的是沟通方式的不同，和医院谈往往是直奔主题，目的就是分清对错，但是当老娘舅介入后，往往首先是相互倾听，纾解情绪，消除误会，看似多了一道程序，其实是以柔化刚，以退为进，让矛盾双方回归理性，让调解得以继续。

我们不能说第三方的出现就能马上治好医患纠纷中的种种顽症，但至少它提供了一个沟通的新渠道，一个重建信任的新平台，一个社会管理的新角度。

最后一段话是节目制作者的理解和总结，再次强化了报道主题。

2013 年 6 月 12 日，央视《焦点访谈》栏目播出《急救车怎成"要命车"？》，结尾先是总结出自己认为最大的危险性，然后设置一个反问，既暗示自己的态度，又明确问责，最后一句话相当于呼吁。

救命车不救命，涉事的责任人当然必须得到惩处，不过更应该引起我们警觉的是，这个假急救车却是真 120 派来的，这种风险，让我们老百姓根本就无法防范。急救中心是为社会提供公共服务的，为什么有人可以轻而易举地利用这个资源谋取私利，而且这种情况还能够多次发生呢？公共卫生服务机构的渎职懈怠、管理混乱造成的危害非同小可，这件事应该有一个什么样的说法，我们将密切关注。

这再次说明，我们的类型辨识都是为了学习而做出的学理分析，在实践中它们经常是叠加出现，甚至不分你我。

6. 展望式结尾

2001 年 10 月，中央财经大学财经研究所研究员刘姝威发表 600 字短文，分析蓝田股份的业绩造假，蓝田的贷款黑洞暴露，随即陷入危机，他们恫吓并起诉了刘姝威。2002 年 3 月 23 日，央视《面对面》栏目播出对刘姝威的专访——《与神话较量的人》，结尾解说词如下：

目前，蓝田股份有限公司并没有撤销对刘姝威的名誉诉讼，这起官司何时开庭还是一个未知数。据了解，中国证监会正在对蓝田进行全面调查，相信不久，蓝田真相将大白于天下。

这就是展望式结尾。事实上，2003 年 5 月 13 日，蓝田股份暂停上市交易，5 月 23 日终止上市。这种惊天骗局在被揭穿前能安然存世，且风生水起，被揭露后敢于有恃无恐地威胁揭露者，受众知道了多少会对社会环境感到失望，因此展望式结尾不仅是对事物发展趋势给出预判，更重要的是提升受众的信心。

不过很多时候，运用展望式结尾，只是因为一时找不到改变不合理事物的有效办法，不得不把希望推给未来。

2010 年 5 月 26 日，重庆卫视《特别关注》栏目播出《会说谎的作文》，调查孩子们为什么会在应付作文作业时造假，主持人做的展望式结尾如下：

> 我们相信，通过作文评分标准的修改，老师拓宽题材，启发思路，家长带孩子体验生活，孩子们一定能够写出真诚而美丽的作文。

这是没有根据的相信。强迫字词掌握量极为有限的小学生驾驭他们不会书写的文字，去表达成年人期望的思想，相当于要求尚不会站立的婴儿去跑步、跳远、打篮球，这种情况下孩子们只有一种出路，就是造假。一项严重违反教育科学的教学内容，应该讨论的是能不能尽早废止，而不是如何改进并寄望于未来。所以，展望式结尾需要一个正确的主题做先导，否则只能依靠未来掩饰无望。

本章结语

视频产品是一个有机整体，有标题和封面，有开篇和导语，有主体内容中的段落、过渡和高潮，有结尾和评论互动，如果文字语言的创作者担任总撰稿，且要在摄制之前拿出文本，那么他是视频结构的主导者，但如果不是这样，只是为粗编好的视频填空，那他的任务便是配合编导完善结构。

前者的任务更重，更需理解整体结构对视频产品的决定性作用。

后者的工作也不可轻视，要懂得编导的意图，助长它，而不是破坏它。

本章思考题

一、如果制作一系列同主题视频，你觉得要不要把第一个视频制作成总论，把最后一个视频制作成总结？

二、锻炼一下结尾设计能力。试想，在一个风雨交加的夜晚，一位年轻男子开着车，行驶在乡村公路上，经过一个车站时，他看到那里有三位等车的人，一位是得了重病要去医院的老奶奶，一位是救过自己一命的医生，一位是自己朝思暮想的姑娘，而他开的车只能再搭一人。请问，这位年轻男子有没有万全之策？